电工电子国家级实验教学示范中心系列教材

单片机原理实验教程

主　编　秦晓梅　王开宇
副主编　巢　明　赵权科
参　编　孙　鹏　商云晶　程春雨
　　　　姜艳红　陈育斌

电子工业出版社
Publishing House of Electronics Industry
北京·BEIJING

内 容 简 介

本书按不同层次、不同要求设置实验内容，其中验证性实验内容与课程内容同步对应，可以巩固相关理论知识；设计性实验内容具有一定的工程应用价值。本书中的每个实验都分为验证性实验和思考题编程两部分。验证性实验的实验电路及实验程序已经给出，便于读者学习；思考题编程则需要读者在验证性实验的基础上进行适当修改并独立编写出所要求的程序。这种方法有利于读者更好地掌握和灵活地运用单片机的相关知识，并且培养读者发现、分析和解决问题等实践创新能力。

本书既可作为高等院校电子信息类、电气信息类及相近专业电路课程配套的实验教材，也可供相关领域的人员参考。

未经许可，不得以任何方式复制或抄袭本书之部分或全部内容。
版权所有，侵权必究。

图书在版编目（CIP）数据

单片机原理实验教程/秦晓梅，王开宇主编. —北京：电子工业出版社，2019.3
ISBN 978-7-121-35592-9

Ⅰ. ①单… Ⅱ. ①秦… ②王… Ⅲ. ①单片微型计算机－高等学校－教材 Ⅳ. ①TP368.1

中国版本图书馆 CIP 数据核字（2018）第 261052 号

策划编辑：竺南直
责任编辑：底　波
印　　刷：北京捷迅佳彩印刷有限公司
装　　订：北京捷迅佳彩印刷有限公司
出版发行：电子工业出版社
　　　　　北京市海淀区万寿路 173 信箱　邮编 100036
开　　本：787×1 092　1/16　印张：19.75　字数：505.6 千字
版　　次：2019 年 3 月第 1 版
印　　次：2019 年 6 月第 2 次印刷
定　　价：49.80 元

凡所购买电子工业出版社图书有缺损问题，请向购买书店调换。若书店售缺，请与本社发行部联系，联系及邮购电话：（010）88254888，88258888。
质量投诉请发邮件至 zlts@phei.com.cn，盗版侵权举报请发邮件至 dbqq@phei.com.cn。
本书咨询联系方式：davidzhu@phei.com.cn。

前　言

　　本书是配合本科生单片机教学而编写的实验教材，侧重基本知识与概念，强调程序的调试过程，注重开发学生分析问题与解决问题的能力，培养学生的创新实践与工程设计的能力。本书采用 Keil 集成调试软件，对于学习 MCS-51 单片机具有一定的参考价值。

　　本书中的每个实验内容包含了相关模块的知识点分析、相关 SFR 初始化方法以及应用电路和编程思想的描述，读者可以参考在实验台上的实际电路以及对应的程序来进一步加深对内容的理解和掌握。本书中每个实验都分为验证性实验和思考题编程两部分。前者的实验程序已经给出，便于读者学习、掌握；后者则需要读者在验证性实验的基础上进行适当修改，独立编写出所要求的程序，这种方法有利于读者更好地掌握和灵活地运用单片机的相关知识。

　　汇编语言是一个面向单片机底层硬件的设计语言。从存储器（RAM、ROM 等）的单元寻址到程序的结构设计，严格而确切，是初学者最好的学习途径。本书所有的实验例程均采用汇编语言和 C 语言两种方式编程，给读者提供更多的选择。

　　本书的内容如下。

　　第 1 章对实验系统的硬件和软件调试平台的运行模式进行了描述。

　　第 2 章介绍了 Keil C51 的使用步骤及不同的调试方法。

　　第 3 章介绍了 MCS-51 系列单片机的主要特征、最小系统的概念及组成。

　　第 4 章以 MCS-51 单片机内部各个功能模块为基础，描述了存储器、并行接口、定时器、中断系统、串行接口等单片机内部基本模块的组成、工作原理、初始化方法及其对应的大量的编程实验。本章包含直流电动机的 PWM 调速、调向，LED 数码管动态扫描和矩阵键盘电路的程序设计，步进电动机控制，电子琴设计，12864 液晶显示模块的应用，单总线接口温度采集技术，SPI 接口的 A/D 与 D/A 转换器接口芯片及编程实验，I^2C 总线接口芯片的模拟编程等。本章还包含 Wi-Fi 通信模块、ZigBee 通信模块和蓝牙模块等现代通信技术的实验内容。

　　第 5 章介绍了远程实体操控实验应用举例。

　　第 6 章介绍了基于实验系统上的综合设计题目。

　　附录提供了 MCS-51 单片机模拟 I^2C 总线通信子程序、MCS-51 单片机指令系统一览表、综合设计报告书样板示例等，这些资料可以供读者在实验编程时参考。

　　对于单片机的学习，我们强调两点：一是注重理论，掌握单片机内部的存储单元寻址、功能模块的组成结构和工作原理及特殊功能寄存器的初始化等；二是上机实践，一个好的程序不是写出来的，只有经过不断上机调试、寻找程序中的错误，才能将程序的功能完善。所以学习单片机没有任何捷径可走，需要熟练地阅读、编写程序，在调试程序的过程中培养一种认真、坚韧的作风，而这个过程是每位读者不能回避的重要环节。

　　工程技术人员也可以参考本书学习 MCS-51 单片机，在自己动手设计的 PCB 上进行编程实践。我们也建议有条件的读者自己设计、搭建一个"单片机最小系统"，以提高动手实践的能力，深化学习效果。

　　本书由秦晓梅、王开宇主编，巢明、赵权科副主编，孙鹏、商云晶、程春雨、姜艳红、陈育斌参编，其中秦晓梅和巢明完成了第 4 章的编写，王开宇完成了第 1 章的编写，程春雨完成了第 2 章的编写，其余各章由秦晓梅编写，赵权科、孙鹏、商云晶、姜艳红、陈育斌也参与了部分书稿的讨论、撰写工作，秦晓梅和王开宇完成了统稿工作。感谢金明录教授、盛贤君教授、王宁副教授和张立勇老师仔细审阅了初稿，并且提出了宝贵的修改意见。在编写本书的过程中也参考了大量书籍及网上资料，同时还得到了南京润众科技有限公司陆辉总经理的协助，在此一并表示感谢。

本书所给出的实验参考程序在实验台上均已调试通过。由于编者水平有限，书中难免有疏漏和不足之处，敬请读者批评指正。

编　者

目 录

第1章 单片机实验系统简介 (1)
1.1 实验系统的构成 (1)
1.1.1 硬件调试平台 (1)
1.1.2 软件调试平台 (3)
1.2 实验台各个功能模块介绍 (4)

第2章 Keil C51 集成调试软件使用简介 (24)
2.1 模拟仿真模式 (24)
2.2 在线调试模式 (36)
2.3 在线调试步骤速查表 (38)

第3章 MCS-51（AT89C51）单片机的基本结构及最小系统 (40)
3.1 MCS-51 单片机内部的基本结构及特点 (40)
3.1.1 MCS-51 单片机的基本结构 (40)
3.1.2 MCS-51 单片机的主要特点 (40)
3.1.3 MCS-51 单片机的存储器配置 (42)
3.1.4 MCS-51 单片机的特殊功能寄存器 (44)
3.2 MCS-51 系列单片机常用产品型号及主要规格 (47)
3.2.1 常见的 MCS-51 系列单片机型号 (47)
3.2.2 MCS-51 单片机的引脚定义 (47)
3.3 MCS-51 单片机的最小系统 (48)

第4章 MCS-51（AT89C51）单片机基本结构及典型接口实验 (51)
4.1 MCS-51 单片机数据存储器（RAM）的结构及读写实验 (51)
4.1.1 知识点分析 (51)
4.1.2 存储器读写实验 (51)
4.2 MCS-51 单片机的并行接口结构及实验 (53)
4.2.1 知识点分析 (53)
4.2.2 MCS-51 单片机并行接口实验（一）：输入、输出实验 (57)
4.2.3 MCS-51 单片机并行接口实验（二）：流水灯驱动实验 (59)
4.2.4 MCS-51 单片机并行接口实验（三）：直流电动机驱动实验 (61)
4.2.5 MCS-51 单片机并行接口实验（四）：步进电动机驱动实验 (64)
4.2.6 MCS-51 单片机并行接口实验（五）：LED 数码管动态扫描驱动实验 (67)
4.2.7 MCS-51 单片机并行接口实验（六）：12864 液晶显示模块驱动实验 (76)
4.3 MCS-51 单片机中断系统结构及外部中断/INT0 实验 (88)
4.3.1 知识点分析 (88)
4.3.2 MCS-51 单片机的外部中断实验（一）：/INT0 中断加 1 实验 (92)

    4.3.3　MCS-51 单片机的外部中断实验（二）：中断优先级实验 …………………（95）
  4.4　MCS-51 单片机的定时/计数器结构及实验 ………………………………………（99）
    4.4.1　知识点分析 ……………………………………………………………………（100）
    4.4.2　定时/计数器实验（一）：秒定时实验 ………………………………………（103）
    4.4.3　定时/计数器实验（二）：蜂鸣器及蜂鸣器驱动实验 ………………………（106）
    4.4.4　定时/计数器实验（三）：简易电子琴设计实验 ……………………………（109）
    4.4.5　定时/计数器实验（四）：PWM 电路及直流电动机调速实验 ……………（112）
    4.4.6　定时/计数器实验（五）：步进电动机调速实验 ……………………………（116）
  4.5　MCS-51 单片机的串行接口 SBUF 结构及实验 ……………………………………（119）
    4.5.1　知识点分析 ……………………………………………………………………（119）
    4.5.2　MCS-51 串行接口实验（一）：单片机之间的点对点通信实验 ……………（122）
    4.5.3　MCS-51 串行接口实验（二）：单片机与 PC 之间的通信实验 ……………（126）
    4.5.4　MCS-51 串行接口实验（三）：通过蓝牙透传模块实现无线通信 …………（131）
    4.5.5　MCS-51 串行接口实验（四）：通过 Wi-Fi 透传模块实现无线通信 ………（135）
  4.6　SPI 接口的 TLC549 串行 A/D 转换器接口芯片及编程实验 ………………………（140）
    4.6.1　知识点分析 ……………………………………………………………………（140）
    4.6.2　SPI 接口的 TLC549 串行 A/D 转换实验 ……………………………………（143）
  4.7　SPI 接口的 TLC5620 D/A 转换器接口芯片及编程实验 …………………………（146）
    4.7.1　知识点分析 ……………………………………………………………………（146）
    4.7.2　TLC5620 实验：双通道信号发生器 …………………………………………（149）
  4.8　单总线接口 DS18B20 智能温度传感器的特点及编程实验 ………………………（154）
    4.8.1　知识点分析 ……………………………………………………………………（154）
    4.8.2　单总线接口 DS18B20 实验 ……………………………………………………（160）
  4.9　单片机的同步串行接口及 I^{2}C 总线的结构、工作时序与模拟编程 ………………（169）
    4.9.1　知识点分析 ……………………………………………………………………（169）
    4.9.2　I^{2}C 总线外围器件实验（一）：24 系列 EEPROM 芯片 AT24C02 存储实验 …（181）
    4.9.3　I^{2}C 总线外围器件实验（二）：ZLG7290B 动态显示驱动芯片编程实验 …（197）
    4.9.4　I^{2}C 总线外围器件实验（三）：ZLG7290B 键盘扫描实验 …………………（217）
    4.9.5　I^{2}C 总线外围器件实验（四）：A/D 转换的十进制显示实验 ………………（230）
    4.9.6　I^{2}C 总线外围器件实验（五）：PCF8563T 低功耗时钟芯片编程实验 ……（244）
第 5 章　远程实体操控实验应用举例 ………………………………………………………（264）
第 6 章　单片机综合设计题目 ………………………………………………………………（267）
附录 A　由汇编语言编制的 I^{2}C 总线通信子程序 …………………………………………（271）
附录 B　MCS-51 单片机指令系统一览表 …………………………………………………（276）
附录 C　综合设计报告书样板示例 …………………………………………………………（281）
附录 D　虚实结合远程实验平台使用说明 …………………………………………………（285）
参考文献 ……………………………………………………………………………………（307）

第1章 单片机实验系统简介

学习单片机知识离不开单片机实验系统,通过单片机实验系统可以将书本上的理论知识付诸实践。因此,单片机实验系统是学习、掌握单片机知识的一个重要工具。

1.1 实验系统的构成

单片机实验系统由硬件调试平台和软件调试平台两大部分构成。

1.1.1 硬件调试平台

整个系统的硬件调试平台由三部分构成。

1. 计算机系统

计算机系统也称"上位机"。对计算机资源的最低要求如下。
- 具备 USB 接口的台式计算机或笔记本电脑。
- 具备 Pentium、Pentium-Ⅱ或兼容的处理器。
- Windows 7 或 Windows 10 操作系统。

2. 单片机实验台

本书使用的实验台在结构上采用"模块化"设计,适合 MCS-51、PIC18F452、STM32 等诸多型号的单片机实验。本书介绍的相关软件、硬件都是针对 MCS-51 单片机而言的,其他单片机的相关知识将在其他教材中描述,这里不再介绍。

实验台由"通用底板"加"接插式功能模块"组成,由底板提供各个模块的工作电源。底板上可直接插入9个功能模块(见图1.1),实验者也可根据需要更换其他模块。

图1.1 单片机实验台的9个功能模块

3. TKS-52BU 仿真器

TKS-52BU 仿真器（见图 1.2）的 4 个并行端口、定时器及中断等硬件资源全部开放。仿真器通过仿真头与实验台"单片机模块"的 40 引脚插座连接，实现对程序的调试和运行。TKS-52BU 仿真器支持 Keil 调试软件。

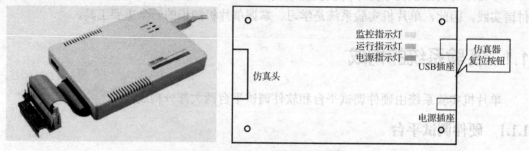

图 1.2　TKS-52BU 仿真器及顶部俯视图

TKS-52BU 仿真器单独供电，采用专用的外正内负的直流 6V、2A 插头的电源适配器（见图 1.3）。应当注意，仿真器必须采用专用的电源适配器，使用任何高于 6V 的电源都会造成仿真器的永久损坏。

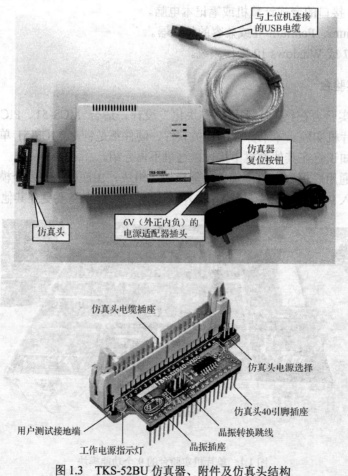

图 1.3　TKS-52BU 仿真器、附件及仿真头结构

实验系统"在线调试"模式时的硬件系统连接如下。

上位机、TKS-52BU 仿真器和实验台连接在一起，在 Keil 软件的环境下实现对实验台上相应模块程序的"动态"调试、运行；在这种模式下，上位机与实验台之间的信息交换是靠 TKS-52BU 仿真器中的监控程序协调工作的。在线调试过程中，可以运用各种方法（单步、断点或连续运行）通过对观察各种变量（寄存器、内存单元）的监控完成程序的调试工作。

TKS-52BU 仿真器上行与上位机 USB 接口连接，下行由 40 线的扁平电缆通过仿真头与实验台连接。实验台由 220V 交流电源供电，仿真器单独由一个外正内负的 6V 电源适配器供电，其在线调试、运行模式示意图见图 1.4。

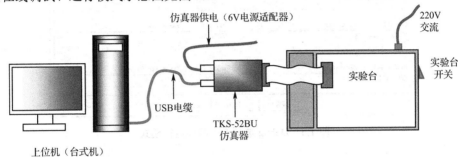

图 1.4　在线调试、运行模式示意图

1.1.2　软件调试平台

TKS-52BU 仿真器的调试软件为 Keil C51。Keil C51 μVision2（简称 Keil）集成调试软件是德国知名软件开发公司 Keil 公司开发的基于 80C51 内核的单片机开发平台，内嵌多种标准的开发工具，可以实现从工程建立、编译、连接、目标代码的生成，到软件仿真、硬件的在线调试等完整的开发过程。其中内嵌的 C 编译器目前在产生代码的准确性和效率方面都处于较高的水平。系统支持汇编和 C 语言编程。

Keil 软件具有两种运行模式，即"模拟仿真模式——Simulator"和"在线调试模式——Use"。

1. 模拟仿真模式——Simulator

利用上位机运行 Keil 软件，实现用户程序的编辑、编译（包含语法检查）。在这种模式下不需要仿真器和目标系统（实验台），因此适合项目的前期准备工作和学生实验之前预习阶段程序的编写、语法的检查等。

2. 在线调试模式——Use

在这种模式下，上位机、仿真器（TKS-52BU）、目标系统（实验台）构成一个整体。在程序的调试过程中，Keil 软件不仅可以完成对目标程序的编辑、编译（语法检查）等，还可以实现用户程序在目标系统上的运行，可以利用"单步"、"断点"和"观察变量"等方法及手段对程序进行跟踪调试。在 Keil 软件的界面屏幕上将程序的各种状态、变量数据进行动态刷新、显示，使程序运行的整个过程"透明化"。当用户的程序调试工作结束后，要将最终程序代码（_.hex）通过专用设备（编程器）烧写到单片机中。

Keil 软件的两种运行模式是通过 Debug 选项卡来设定的。有关 Keil 软件的使用方法参见

第 2 章的内容。Debug 选项卡中两种运行模式见图 1.5。

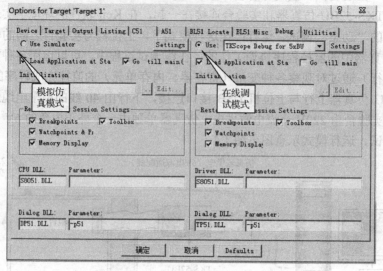

图 1.5　Debug 选项卡中两种运行模式

1.2　实验台各个功能模块介绍

实验台共设计有 11 个功能模块。每个功能模块的右下角都设计有一个模块板的电源开关和电源指示 LED 灯，实验时对应的功能模块应接通电源，并将不用的模块电源关闭。模块的左下角分别设计有地线的插口和地线的 U 形裸线，为使用示波器或万用表提供方便。

实验台共配置了 11 个功能模块，其功能介绍如下。

1．一号板：单片机模块

单片机模块板是针对 MCS-51 系列单片机设计的 MPU 功能模块。该模块由两部分组成。

（1）以一个 DIP40 引脚带锁插座为核心，配备两种 I/O 接口类型的单片机模块电路，即 8 芯排线插座和 8 个独立的插孔以适应不同的需求。电路已配有"上电/手动复位"电路，为单片机提供系统时钟（11.0592MHz）的有源振荡器电路。单片机的四个 I/O 接口都设计有 10kΩ 的上拉电阻，以提高接口的 I/O 能力。在实验中通常将 DIP40 插座与仿真器的仿真头连接，也可以直接插入已烧写程序的单片机芯片以"脱机模式"运行系统。

（2）一个以 CH340（异步串行与 USB 电平转换）电路为核心的电平转换电路，可以实现"TTL 电平的异步串行数据"与 USB 接口信号之间的转换，可以方便地实现单片机系统与上位机之间的数据通信。

一号板的布局见图 1.6，电路见图 1.7 和图 1.8。

图 1.6　一号板的布局

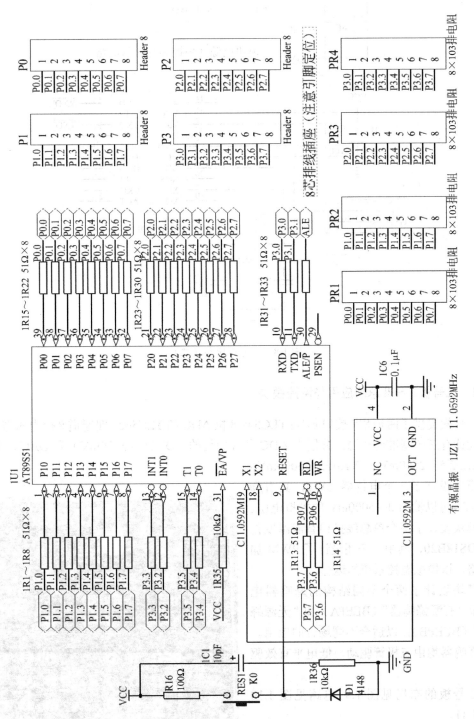

图 1.7 一号板电路（一）

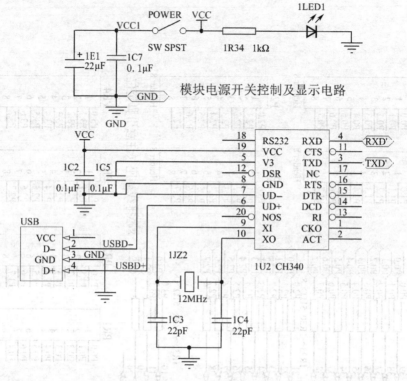

图1.8　一号板电路（二）

2. 二号板：SPI 总线应用与温控模块

二号板提供了两种 SPI 接口芯片：TLC549 8 位 ADC 和 TLC5620 四通道 8 位电压型 DAC。配套设计有三个基准电压源：分别为 ADC 芯片使用的 ADREF（5000mV）和 DAC 芯片使用的 VREF2.5（2500mV）、VREF5（5000mV）。

模块设计了一个电位器 5W1，其引脚（VOUT）可以输出 0~5000mV 的模拟电压。

模块设计了两个单总线接口智能温度传感器 DS18B20，其中一个还设计了 PWM 加热电路，以模拟温控系统的运行。

模块设计了两个不同结构的蜂鸣器电路，即"有源蜂鸣器"（BEEPA）和"无源蜂鸣器"（BEEPB），以适合不同场合的应用。两个蜂鸣器均由三极管驱动，低电平有效驱动。

二号板的布局见图1.9，电路见图1.10和图1.11。

图1.9　二号板的布局

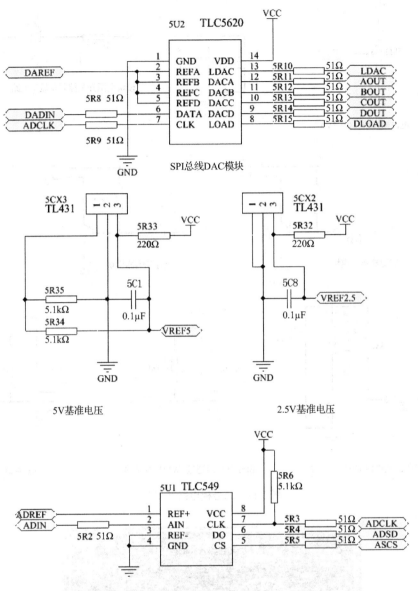

图 1.10 二号板电路（一）

3．三号板：电动机控制模块

三号板设计了直流电动机和步进电动机。
- 直流电动机由"H 桥电路"L298 驱动，可以由单片机的 I/O 接口控制电动机的转速和转向，其中 IN1、IN2 用来控制直流电动机的转向，ENA 控制直流电动机的转速。
- 步进电动机由"七路达林顿"驱动器 ULN2003 驱动。

两种电动机均设计了转速检测电路（P11 和 PJ），单片机可以利用定时器模块检测电动机的转速。三号板的布局见图 1.12，电路见图 1.13。

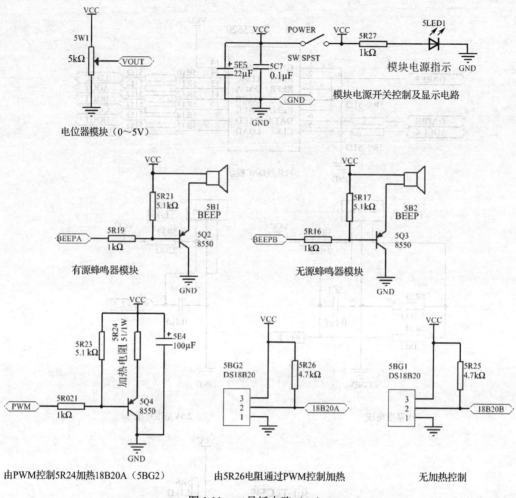

图 1.11　二号板电路（二）

图 1.12　三号板的布局

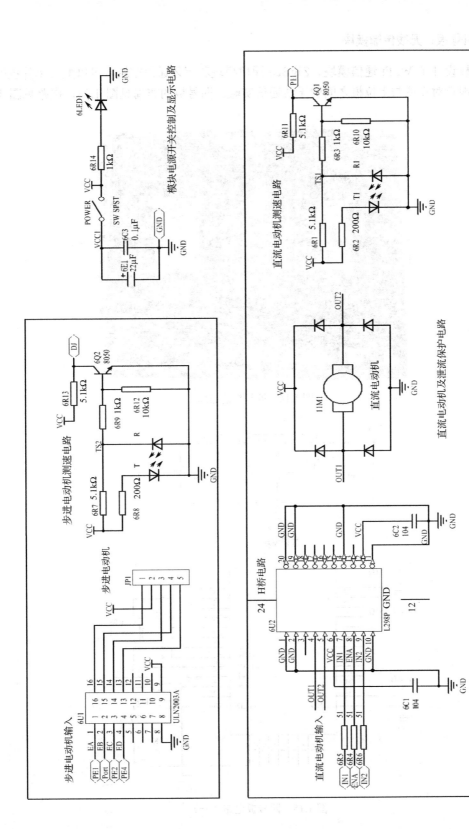

图 1.13 三号板电路

4. 四号板：无线传输模块

四号板设计了 Wi-Fi 通信模块、ZigBee 通信模块和蓝牙通信模块，可以配合单片机的串行通信实现点对点或与上位机之间的无线通信实验。四号板的布局见图 1.14，电路见图 1.15 和图 1.16。

图 1.14　四号板的布局

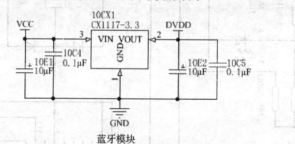

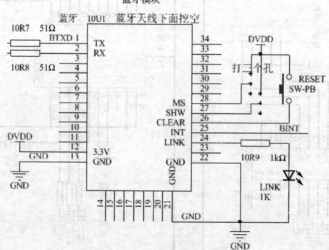

图 1.15　四号板电路（一）

第1章 单片机实验系统简介

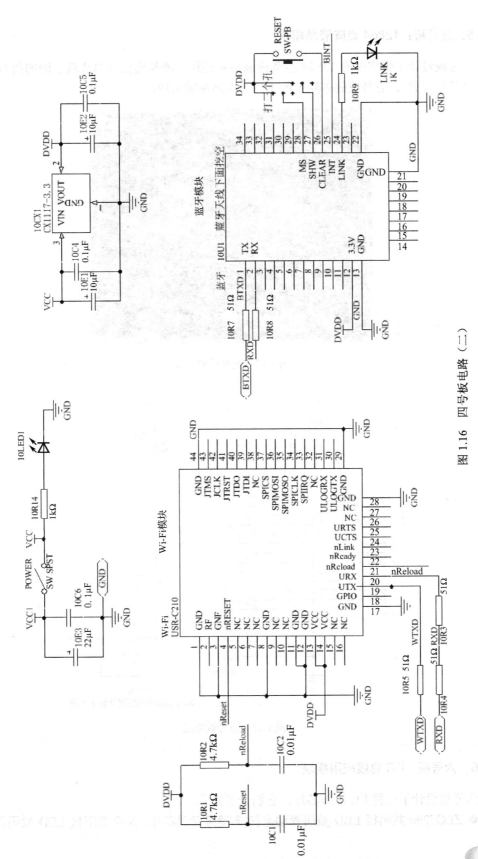

图 1.16 四号板电路（二）

5. 五号板：12864 点阵液晶模块

五号板设计了带字库的 12864 点阵液晶显示模块，液晶模块与单片机之间的数据格式固定为"并行方式"。五号板的布局见图 1.17，电路见图 1.18。

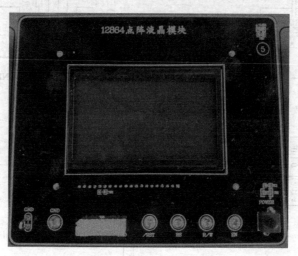

图 1.17 五号板的布局

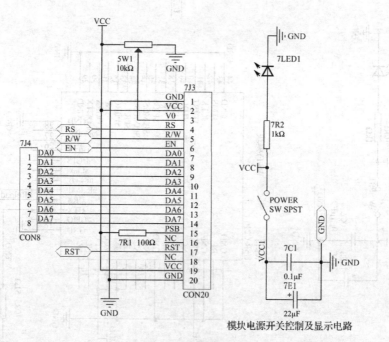

图 1.18 五号板电路

6. 六号板：I^2C 总线应用模块

六号板设计了三种 I^2C 接口芯片，它们分别如下。
- ZLG7290 共阴极 LED 数码管动态扫描/键盘管理芯片，8 个共阴极 LED 数码管和 16

个按键。
- 24C02、24C64 两个非易失性EEPROM存储器芯片,其存储容量分别为256B和8192B。
- PCF8563 低功耗日历芯片。

模块的 I^2C 总线已经设计了两个 5.1kΩ 的上拉电阻。六号板的布局见图 1.19,电路见图 1.20 至图 1.22。

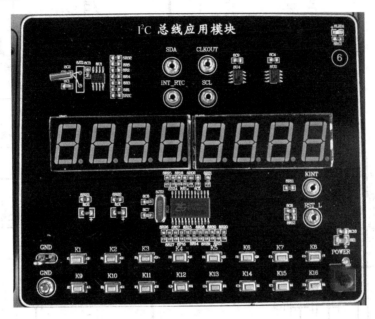

图 1.19　六号板的布局

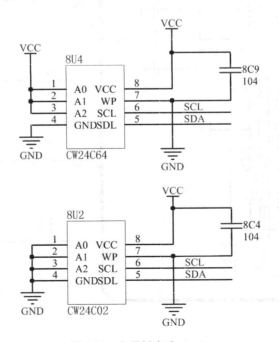

图 1.20　六号板电路（一）

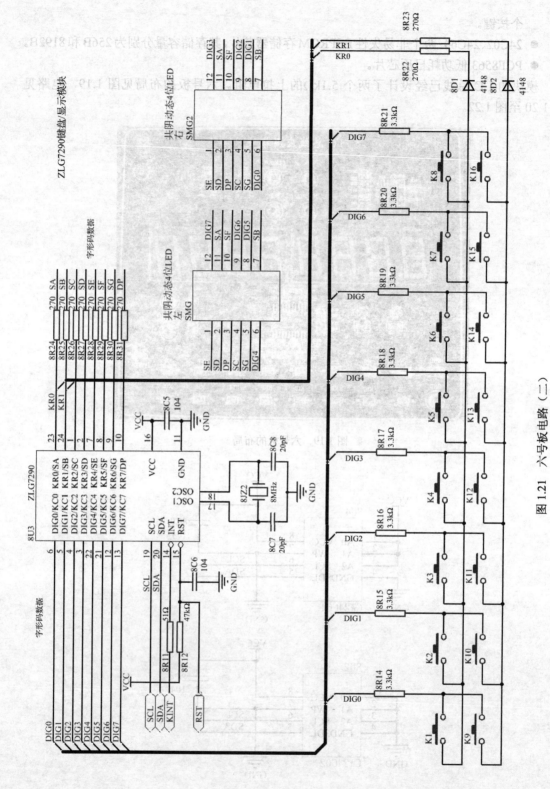

图 1.21 六号板电路（二）

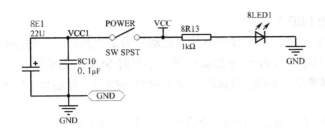

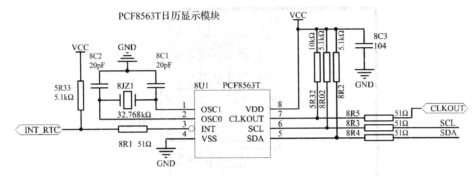

图 1.22　六号板电路（三）

7．七号板：逻辑信号产生与显示模块

七号板的布局见图 1.23，电路见图 1.24 至图 1.26。

图 1.23　七号板的布局

七号板设计了三组 I/O 数据产生与显示电路。
- 8 位 LED 显示电路 L0～L7，采用"正逻辑"设计，即输入一个高电平，对应的 LED 灯亮，反之，LED 灯不亮。
- 8 位按键开关 K0～K7。不按时输出高电平，按下时输出低电平，松开后又回到高电平，其输出状态由对应的 LED 灯显示。
- 8 位 "拨动" 开关 S0～S7。实际操作不是 "拨动" 而是 "按动"，开关的两种输出状态由对应的 LED 灯显示：亮时 S_i 输出高电平，不亮时 S_i 输出低电平。

三组电路均有两种数据接口：8 芯排线插座和 8 个单独的插口，以适合不同的需求。

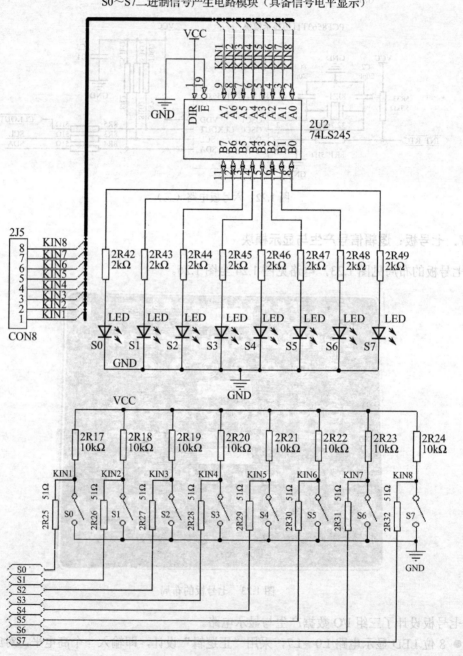

图 1.24 七号板电路（一）

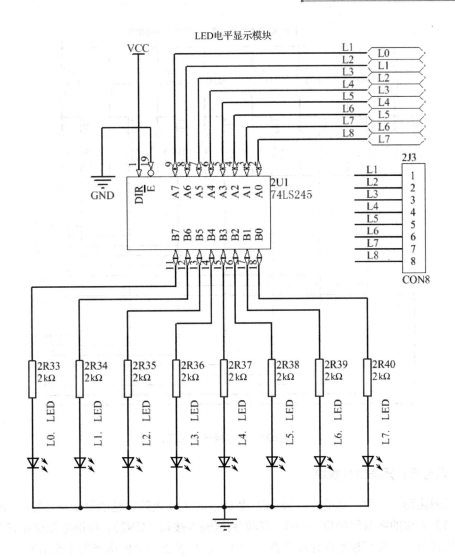

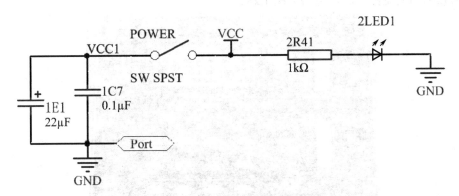

图1.25 七号板电路（二）

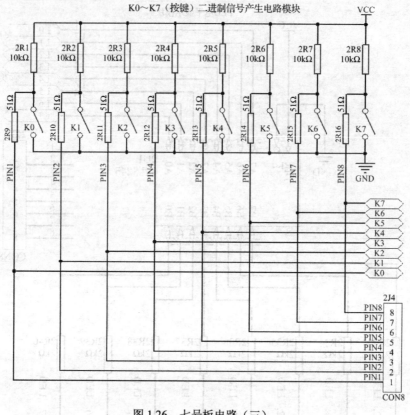

图1.26 七号板电路（三）

8. 八号板：矩阵键盘模块

八号板由两个四位一体的共阳极 LED 数码管和 4×4 矩阵键盘的显示与扫描电路组成。模块的接口为 8 位的字形码接口（CN1）和位/列码输入接口（CN2）。按键电路设计有"按键中断"输出接口，只要有按键操作就会在"/INT"接口输出一个低电平的中断信号。

八号板的布局见图 1.27，电路见图 1.28。

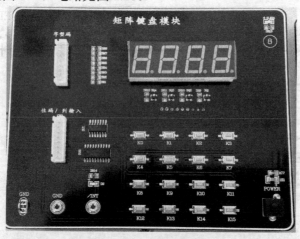

图1.27 八号板的布局

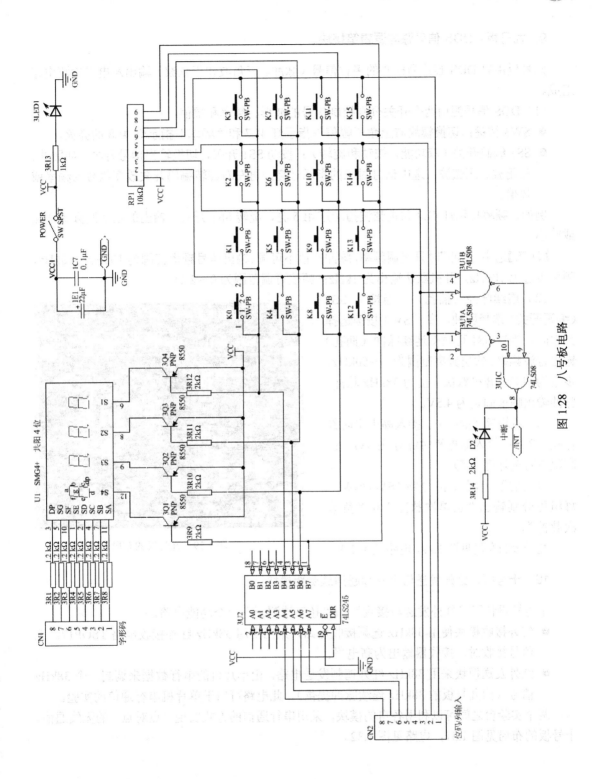

图 1.28 八号板电路

9．九号板：DDS 信号源与逻辑笔模块

九号板由以 DDS 芯片为核心的多种信号（脉冲、三角波和正弦波）输出及电平检测电路组成。

（1）DDS 信号源由两个开关分别控制信号的波形、频率和幅值。

- SW3 按键：切换模块右上角"幅值"指示灯 4L7 和"频率"指示灯 4L8 的亮灭。
- SS1 编码开关（双功能，按动和旋转）：按动 SS1 开关，切换输出信号种类，如脉冲、三角波、正弦波；选中信号对应的指示灯亮，再左右旋转编码开关改变信号的频率或幅值。

例如，频率指示灯 4L8 和正弦波指示灯 4L5 亮，旋转 SS1 开关，输出的正弦波频率增加或减小。

【注意】选中"脉冲"时只能调频率，脉冲幅值不可调。输出信号频率范围为 100Hz～10kHz，频率步进为 100Hz，开机默认输出为 1kHz；幅值可调范围为 0～2.2V。

（2）连续脉冲（插孔）。当按下 SS1（编码开关）选择脉冲，按下 SW3 按键选择频率时，旋转 SS1 可改变连续脉冲（插孔）输出方波频率。输出频率范围为 1～50kHz，步进为 1kHz；开机默认输出为 38kHz 脉冲；脉冲输出幅值固定为 4.5V。

（3）逻辑笔（插孔）。接入高电平时红灯亮（R）；接入低电平时绿灯亮（G）；高阻态时黄灯亮（Y）。

（4）两组"单次脉冲电路"SW1/SW2，每组可分别输出"正单次脉冲"和"负单次脉冲"。

九号板的布局见图 1.29，电路见图 1.30。

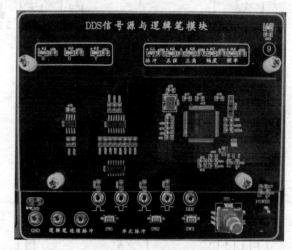

图 1.29　九号板的布局

10．十号板：红外发送与接收和超声波测距模块

十号板设计了"红外发送与接收"和"超声波测距"两个功能电路。

- 红外接收模块使用 38kHz 选频接收电路，采用专用 38kHz 红外接收电路 TSOP17。无信号接收时，接收器输出为高电平。
- 红外发送模块采用 38kHz 红外调制发送电路。由单片机的串行数据来调制一个 38kHz 信号（由九号板的 38kHz 连续脉冲提供）。此电路可用于单片机串行通信的实验。

两个实验台之间可以利用各自的模块，采用串行通信的方式实现"点对点"的无线通信。

十号板的布局见图 1.31，电路见图 1.32。

第1章 单片机实验系统简介

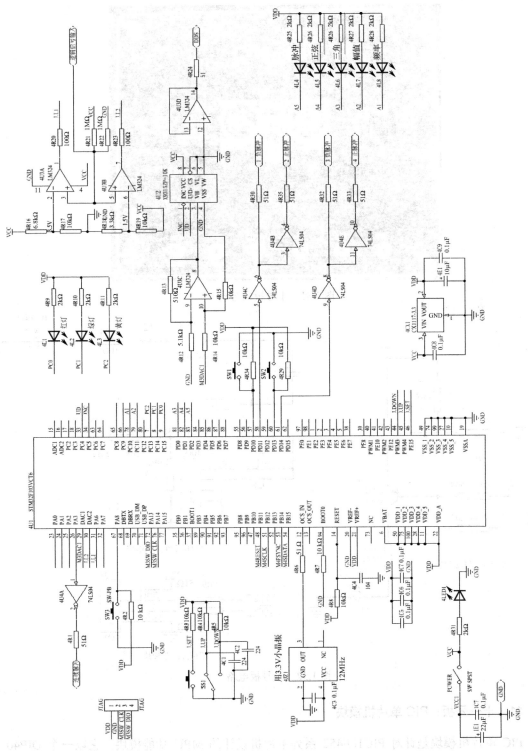

图 1.30 九号板电路

图 1.31　十号板的布局

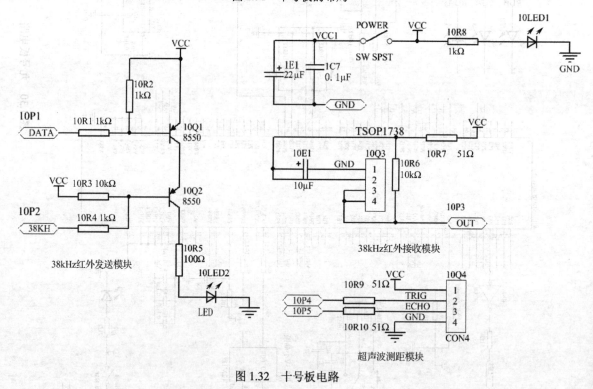

图 1.32　十号板电路

11. 十一号板：PIC 单片机模块

PIC 单片机模块是针对 PIC18F452 系列单片机设计的 MPU 功能模块。它以一个 DIP40 引脚带锁插座为核心，配备两种类型的 I/O 接口引脚组成。PIC18F452 单片机共有 5 个 I/O 接口，每个接口均有"8 芯排线插座"和"独立插孔"两种设计形式。十一号板的布局见图 1.33，电路见图 1.34。

第1章 单片机实验系统简介

图 1.33 十一号板的布局

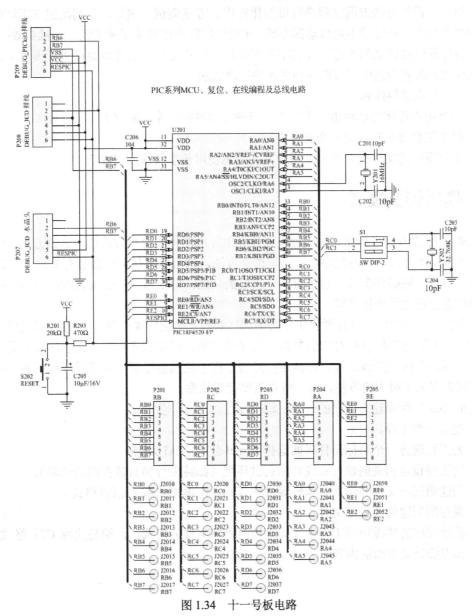

图 1.34 十一号板电路

第 2 章　Keil C51 集成调试软件使用简介

Keil C51 集成调试软件（以下简称 Keil 软件）具有非常强大的调试功能。这里通过对一个开发过程进行详细的描述，以便读者快速了解、掌握软件的特点和使用步骤，建立正确使用 Keil 软件的概念。

Keil 软件是采用"工程"方法而不是使用单一程序文件的形式来管理文件的。所有文件（包括源程序如 C 语言或汇编语言程序、头文件甚至说明性的技术文件）都包含在一个"工程"文件里统一管理。

使用"工程"方法来调试程序可以简化操作、方便调试。例如，在初次建立工程时所设置的调试参数在工程管理中是自动保存的，在后续的操作中省去了重新建立调试参数的麻烦，只要直接打开以前建立的工程（注意不是直接打开用户文件）就可以直接进行调试了。使用 Keil 软件的读者应当适应和习惯这种文件的管理方法。

这里有几点值得注意。
- 一个用户程序要单独由一个工程来管理（单独的一个工程名）。
- 每个工程要单独占用一个文件夹。
- 工程所在的文件夹，不要使用中文并避免使用长字符作为文件名。

2.1　模拟仿真模式

Keil 软件的模拟仿真模式是一种脱离外界单片机硬件实验平台的软件调试方法，它利用 Keil 软件模拟单片机来执行程序。学会了这个方法，就可以在任何一台装有 Keil 软件的计算机上进行单片机的编程实践。它还有一个重要的功能，即定量地测试某段程序的运行时间。这个知识点会在之后进行讲解。

在调试一个程序时，往往要设定相关的调试参数（详见后续内容）。当编程者需要临时退出调试时，工程管理器会将对应的参数一同保存下来。当编程者重新调试程序时不是打开程序文件，而是直接打开该工程。这样在打开的工程中依然会保留上次调试环境的各项参数，这给调试者带来了很大的方便，这一特点需要读者注意。

使用 Keil 软件来建立自己的一个工程要经过如下几个步骤。
- 建立一个工程。
- 为工程选择一个目标器件（如选择 Atmel 公司的 AT89C51）。
- 为工程设定相关的软件和硬件的调试环境（如纯软件仿真或在线调试等）。
- 创建源程序文件并输入、编辑源程序代码（汇编格式或 C 语言格式）。
- 保存所创建的源程序文件。
- 把源程序文件添加到工程中（同时指明程序文件的格式：汇编格式或 C51 格式）。具体方法详见下面的内容。

1．第一步：创建一个工程

打开 Keil 软件，单击 Project 下拉菜单中的 New Project 命令（见图 2.1）。

图 2.1　利用 New Project 命令建立新工程

之后会出现一个新建工程的界面（见图 2.2）。每个工程要单独使用一个文件夹，以便于后期程序的管理与维护。例如，本例中我们可以在 E 盘新建一个文件夹，文件夹的名字最好要有一定的含义。本节以存储器实验为例加以说明，因此文件夹（路径）及工程名都定义为 RAM。

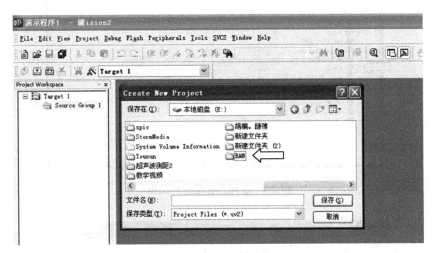

图 2.2　新建工程的界面

双击 RAM 文件夹，给新建的工程命名为 RAM，单击"保存"按钮（见图 2.3），工程会自动保存成 RAM.uv2。

保存之后会弹出一个对话框，这个对话框让我们选择目标器件，即单片机型号（见图 2.4）。我们可以选择 Atmel 公司的 AT89C51，单击"确定"按钮（见图 2.5）。此时会弹出一个对话框，询问我们是否要把 8051 的启动代码复制到工程文件夹下并添加文件到工程中（见图 2.6）。每个工程都需要一段启动代码，如果单击"否"按钮，编译器会自动处理这个问题；如果单击"是"按钮，这部分代码会提供给用户，让用户可以按需要自己去处理这部分代码。这部分代码在初学的这个阶段是不需要去修改的，但随着技术的提高和知识的扩展，就有可能需要了解这部分内容了。我们暂时单击"否"按钮。这样工程就建立好了。

单片机原理实验教程

图 2.3 将新建的工程创建在 E 盘下的 RAM 文件夹中

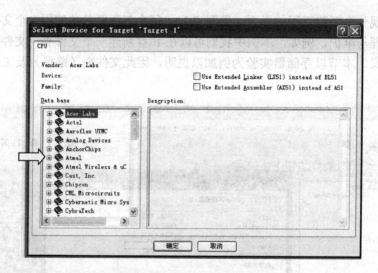

图 2.4 选择目标器件对话框

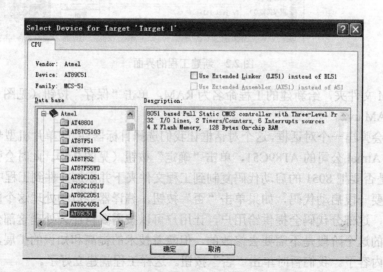

图 2.5 选择 Atmel 公司的 AT89C51 并确定

第2章　Keil C51集成调试软件使用简介

图 2.6　启动代码复制到工程文件夹下的提示

2．第二步：编辑一个程序文件并保存

工程有了之后，要建立编写代码的文件。单击 File 下拉菜单中的 New 命令，新建一个文件，这也就是编写程序的平台，在程序编辑对话框中编辑程序文件（见图 2.7）。

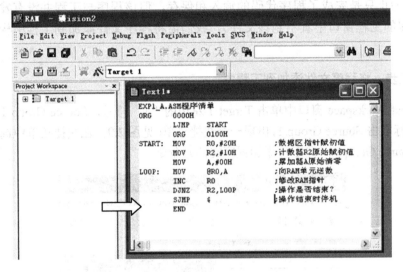

图 2.7　程序文件的编辑对话框

此时可以输入程序代码。应该指出的是，要合理地使用键盘的 Tab 键来进行缩进，使程序更有层次感，阅读起来更清晰。例如，左侧一列是标号列，然后用 Tab 键缩进；操作码列，再用 Tab 键缩进；操作数列，还用 Tab 键缩进；以英文输入法下的"；"为开头，在关键语句处进行注释。另外，在输入程序代码时一定要用半角字符，否则会提示语法错误。编写完程序代码，单击"保存"按钮。我们可以通过如下方法调整字体的大小，单击 View 下拉菜单中的 Options 命令，在打开的对话框中选择 Colors and Fonts。由于我们是汇编语言源程序，因此选择 Editor Asm Files。我们可以在 Size 处选择适当的字号大小，然后单击"确定"按钮。

当我们完成程序的编辑后，单击 File 下拉菜单中的 Save 命令保存文件，此时会弹出一个保存文件的窗口，可以看到当前的路径就是我们创建工程的路径。因为采用汇编语言编程，所以程序后缀为 ASM。保存时把它命名为 RAM.ASM，然后单击"保存"按钮，此时在当前对话框即文件编辑对话框中会显示路径及文件名，见图 2.8（a）。注意，当程序被保存成功后，程序中的字符会根据字符的性质而产生颜色上的变化，见图 2.8（b）。

27

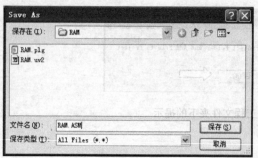
(a)保存程序文件

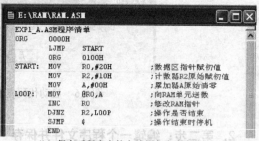
(b)保存后程序中的字符颜色产生变化

图2.8 保存文件

到目前为止只是完成了程序代码的输入和保存,但该程序与工程并没有发生任何联系(在屏幕左端的工程窗口中看不到该文件),我们需将程序文件添加到工程中构成一个完整的工程。

3. 第三步:将程序文件添加到工程中

在 Project Workspace 窗口中单击 Target 1 左边的"+"符号,Source Group 1 显示出来,然后使用鼠标右击 Source Group 1,出现一个快捷菜单(见图2.9),在快捷菜单中选择 Add Files to Group 'Source Group1'(向工程添加程序文件)命令。

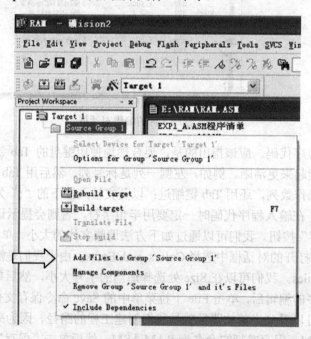

图2.9 添加程序文件到工程中的操作

此时会弹出一个添加对话框。在"文件名"一栏输入程序名及属性(RAM.ASM),并通过"文件类型"栏选择为汇编格式(见图2.10),最后单击"Add"按钮后再单击"Close"按钮退出。

第2章 Keil C51集成调试软件使用简介

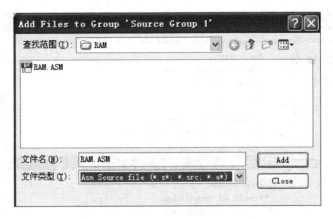

图 2.10 添加程序文件到工程的操作

这里特别要强调的是：系统默认的文件类型是 C51 文件格式，因为我们使用的是汇编格式文件，所以一定要将文件类型修改为汇编格式（.ASM 格式），否则在后续的编译时会出错。

在 Project Workspace 窗口中单击 Source Group 1 左边的"+"符号，可以看到在该工程下已经与一个用户程序文件实现了连接（见图2.11）。

图 2.11 程序文件已经添加到工程中

到此为止，一个包含用户程序文件的工程就建立完成了，接下来要为工程设定模拟仿真的相关参数。

4．第四步：设置模拟仿真参数

单击 Project 下拉菜单中的 Options for Target 'Target 1'命令（见图2.12），会出现包含 10 个选项卡的对话框（见图2.13）。

模拟仿真时我们只需填写其中的 3 个选项卡。

29

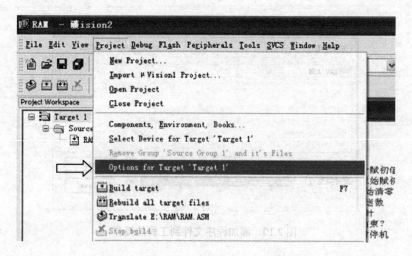

图2.12 单击 Options for Target 'Target 1'

填写第 2 个选项卡:"Target"选项卡,我们要将系统时钟改为 11.0592(此参数应与工程中单片机的系统时钟频率一致)。注意,系统默认单位为 MHz(见图2.13)。

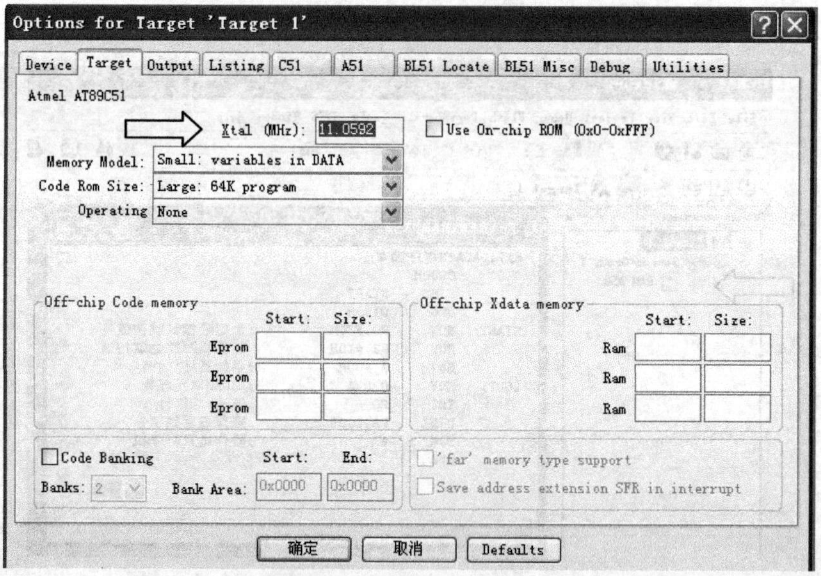

图2.13 "Target"选项卡

填写第 3 个选项卡:"Output"选项卡,勾选"Create Hex File"(产生十六进制目标文件)复选项(见图2.14),这样系统对程序文件进行编译、下载时,会自动地生成可执行的十六进制目标代码文件。

填写第 9 个选项卡:"Debug"选项卡,设定 Keil 的调试模式为"Use Simulator"(模拟仿真),单击"确定"按钮,模拟仿真环境设置完成(见图2.15)。

接下来的工作就是要进行相应的文件编译、连接和调试了。

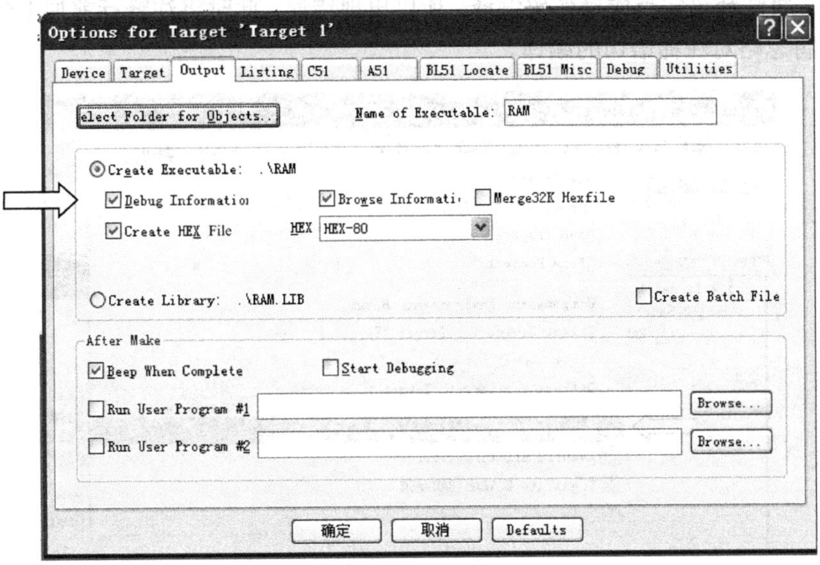

图 2.14 "Output"选项卡

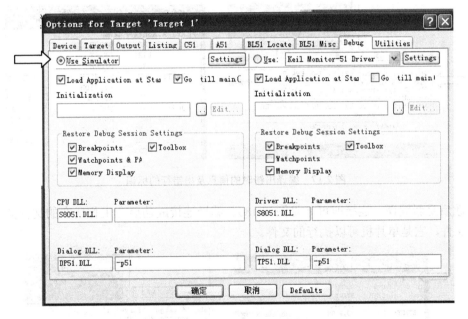

图 2.15 "Debug"选项卡

5．第五步：程序文件的编译

单击 Project 下拉菜单中的 Build target 命令，对文件进行编译和连接（见图 2.16）。

如果一切正确（没有语法错误），在信息栏中就会出现"编译正确、连接成功"的信息提示。如果程序文件中存在语法错误，在编译后就会出现错误的提示，此时使用鼠标双击该错误提示行，在程序窗口中对应的语句行上会出现一个指示性箭头，提示出错的语句（见图 2.17）。本例出错的原因是，程序的第一行语句的注释行前面没有添加半角字符";"，编译器在编译时，将注释语句当成操作码编译，所以出现错误。此时将注释行前加上半角字符";"后，编译器将忽略对注释语句的编译。

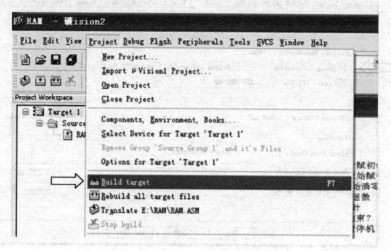

图 2.16　单击"Build target"命令

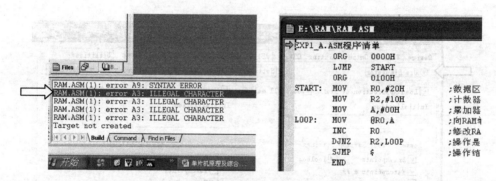

图 2.17　编译出错时的信息及出错行的标识

修改后重新编译、连接即可（见图 2.18）。编译连接成功后在工程所在的文件夹下会生成.hex 文件，它是单片机可以执行的文件。

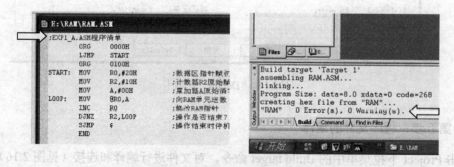

图 2.18　编译正确时的程序及编译信息

可以看出，编译器对程序的编译具有两项功能：一是对程序文件进行"语法检查"，当程序存在语法错误时会提示出错信息，以便于查找错误；二是在没有"语法错误"的前提下，将汇编格式的指令转换为单片机能识别的二进制代码。

当程序文件编译、连接一切正常后，就可以进行程序的调试工作了。

6．第六步：程序的运行与调试

调试程序是 Keil 软件操作的一个重点，它的作用是通过各种调试手段验证程序功能、查找逻辑错误。所谓逻辑错误是指程序未能成功地实现所要求的功能。语法错误比较容易找出，在编译的过程中，编译器会提示我们哪一行有哪种语法错误，而逻辑错误只能通过各种调试手段来查找并排除，这是学习的难点也是重点。

在 Debug 下拉菜单中单击 Start/Stop Debug Session 命令（启动/停止μVision 2 调试模式），进入调试状态（见图 2.19）。

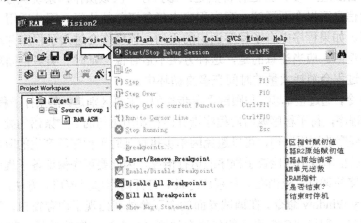

图 2.19　单击 Start/Stop Debug Session 命令

此时在第一条语句处出现黄色的调试箭头，工程窗口变为寄存器窗口（见图 2.20）。

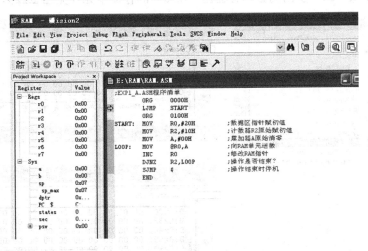

图 2.20　进入调试状态时的 Keil 界面

当进入调试（Debug）状态时，就可以利用 Debug 下拉菜单中的相关命令调试程序了（见图 2.21）。

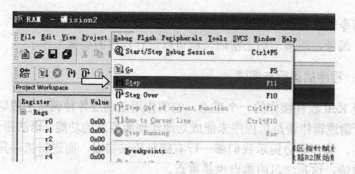

图2.21　Debug下拉菜单中的各种调试命令

Step 命令，跟踪型单步，其运行特点是：每执行一次该操作，系统执行一条语句。这样配合观察变量的信息可以全面了解、观察程序中每条语句的执行，因此适用于初学者或比较简单的程序调试。如果程序中有子程序调用的语句，该操作会进入子程序并单步执行每条语句，直至子程序返回。应当注意的是，这种方法不适合像"延时"类多重循环的子程序跟踪调试，因为调试过程会消耗大量的时间在多重循环中。

Step Over 命令，通过型单步，与跟踪型单步类似，主要区别是：在执行子程序调用语句时，会全速运行该子程序，待子程序返回后程序指针停在调用语句的下一条语句处。这种方法适合处理类似延时子程序的调用语句，可以避免因单步执行延时子程序所产生的时间消耗。但有一点应当注意，通过型单步不能检查子程序的运行情况，因此要事先保证各子程序的正确性。

为了方便程序的调试，应当在运行程序之前，打开内存单元窗口。方法：单击View下拉菜单中的Memory Window命令。在调试界面的右下角处就出现了内存窗口，但系统默认的是程序存储器的窗口，即以"C:"引出的代码存储区（code）的存储单元。我们可以通过在地址栏中输入"D:20h"给出需要观察的数据存储单元的起始地址，这样就可以转换为数据存储区的单元了，即以"D:"引出的数据存储区（data）的存储单元（见图2.22）。

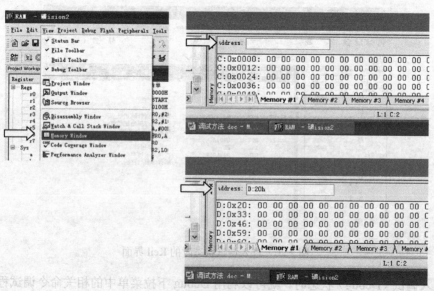

图2.22　显示数据存储区

前面的单步运行方式主要适用于初学者。当对程序的编程、调试有了一定的经验后，可以采用"断点"的运行方式以提高调试的效率。具体方法：在程序的一些"关键语句"上设置断点（根据需要可以设置多个断点），然后采用全速运行的方式运行程序。当程序运行到断点处的语句时，程序就会停下来，利用这个"停下来"的机会检查各个"变量"单元、程序运行的"中间结果"。这种方法快速、高效，是寻找程序中"逻辑错误"的好方法。

设置断点的方法：将光标停在需要设置断点的语句上，单击 Debug 下拉菜单中的 Insert/Remove Breakpoint 命令设置/清除断点。当然还有一种更为简便的设置方法：在所选择的语句行上双击左键即可完成断点的设置/清除操作（注意，鼠标的光标应选择在语句行的空白处，不要停在语句的字符里），这样在设置断点的语句行的左侧会显示一个红色的方块标记（见图 2.23）。

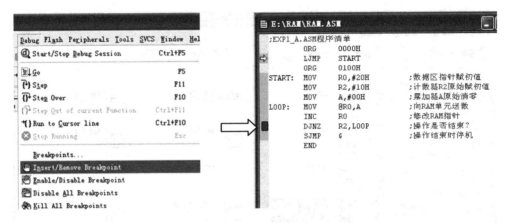

图 2.23　在程序的关键语句上设置断点

Go 命令，全速运行方式，这是在经过"单步"或"断点"等调试方法验证程序功能基本正常后所采用的一种方式。更确切地说，这种方式更适合具有输入、输出的工程，通过输入或输出的状态来进一步验证、检查程序运行的结果是否符合程序的逻辑功能。

当然在 Debug 下拉菜单中的各种调试命令在 Keil 软件的调试界面中都配有快捷图标，使用起来更方便、快捷。

【注意】在全速运行方式下，程序的各种变量、信息是无法在上位机的屏幕刷新、显示的，这一点就不如"断点"方式方便。

7．第七步：结束调试

结束调试分为以下两种情况。

（1）当调试采用"单步"或"断点"方式运行时，可以通过 Debug 下拉菜单中的 Start/Stop Debug Session 命令直接退出调试状态。

（2）当调试采用"全速"方式运行时，Debug 下拉菜单中的 Start/Stop Debug Session 命令是无效的，此时可以通过 Stop Running 命令先停止程序的运行，然后再通过 Start/Stop Debug Seesion 命令直接退出调试状态。

当使用者需要停止用户程序的运行、进行程序的再次修改时（或结束程序调试时），就必须退出调试状态。可以直接使用 Debug 下拉菜单中的 Start/Stop Debug Session 命令停止调试过程。

当程序退出调试后，可以进行程序的修改等操作。如果需要重新进入调试状态，仍然是利用 Start/Stop Debug Session 命令来实现的。

在调试过程中，通过观察各种变量（寄存器、内存单元）中数据的变化来验证程序、查找程序设计中的"逻辑错误"，直至达到预期效果。

一般来说，一个较大的程序往往需要多次调试。如果调试要暂停时，可以通过 File 下拉菜单中的 Exit 命令结束工作。如果需要再次调试时，只要进入该工程的路径（文件夹）中直接单击工程文件（RAM.uv2）即可（见图 2.24）。这样工程将会打开，并保持创建时的各种参数，为程序的后期调试带来了极大的方便。这也是以"工程"的方式来建立、调试程序的优点。

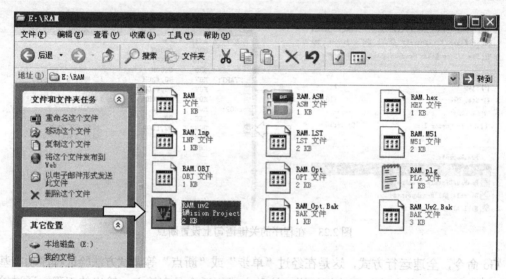

图 2.24 RAM 工程文件夹中的文件

2.2 在线调试模式

使用在线调试模式时，上位机（如台式计算机或笔记本电脑）、仿真器、目标系统（实验台）构成一个整体。用户的目标程序是在仿真器内部单片机监控程序的控制下运行的，此时为了验证目标系统的运行情况，程序大多采用全速运行的方式，通过目标系统（实验台）上各种 I/O 设备直接观察程序的运行。如果程序没有达到所希望的结果（即存在逻辑错误），可以再采用"单步"、"断点"等方式对程序进行跟踪调试。调试时，在上位机的屏幕上将程序的各种状态、变量数据进行显示，使程序运行的整个过程"透明化"。

在线调试的方法和步骤与模拟仿真类似，但与模拟仿真不同的是，在在线调试模式下，使用者必须按照仿真器的要求来设定调试环境的参数，否则仿真器无法正常工作。

从建立工程开始，一直到"设置模拟仿真参数"的第四步，将设置模拟仿真参数改为对仿真器参数的设定即可，其他的如编译、调试均与模拟仿真模式相同。

设置仿真器参数的方法如下所述。

在仿真模式参数设置的 3 个选项卡中，前 2 个选项卡中参数的设置相同，只修改 Debug 选项卡：选择在线调试，并在"Use"选项右侧的仿真器下拉菜单中选择所使用的仿真器（TKScope Debug for 5xBU），见图 2.25。

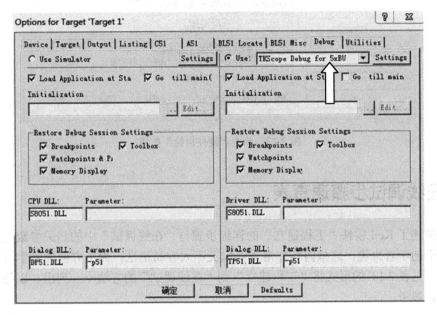

图 2.25　设置在线调试模式及仿真器型号

单击"Settings"按钮设置仿真器的相关参数。

（1）主要配置：内部时钟改为 11.0592MHz，并单击"确定"按钮（见图 2.26）。

（2）硬件自检：单击"硬件自检"按钮，开始自检（见图 2.27）。硬件自检结束后，单击"结束"按钮。硬件自检不用每次都做，可以等出现问题时再进行自检。

在线调试后面的操作与模拟仿真的相同，这里就不做介绍了。

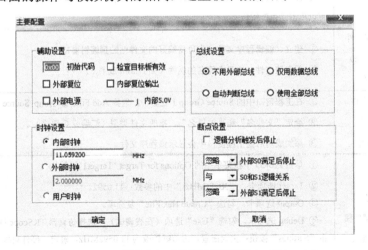

图 2.26　内部时钟的设置

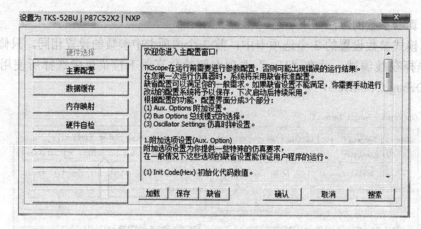

图 2.27　单击"硬件自检"按钮

2.3　在线调试步骤速查表

本章描述了 Keil 软件"工程建立"的详细步骤与"在线调试"中的相关参数设置、运行方式。对于初学者来说，这些内容非常重要但又不太容易记忆。为了方便读者学习，这里以一个表格（见表 2.1）的形式将"工程建立"到"在线调试"的方法——列出，以便于读者编程时查阅、参考。

表 2.1　Keil 软件从"工程建立"到"在线调试"步骤速查表

步骤	操作名称	操作内容及注意事项
1	建立工程文件 （*.uv2）	① 为工程单独创建一个文件夹。 ② 进入 Keil 程序，单击 Project 下拉菜单中的 New Project 命令，并将工程保存到对应的文件夹中。 ③ 选择所使用的目标芯片（先选厂家，再选型号）。 ④ 弹出"Copy Standard 8051 Startup Code to Project Folder and Add File to Project?"对话框时，可以单击"否"按钮
2	建立程序文件 （*.asm、*.c） 并保存	① 建立、编辑程序文件（也可将编好的文件粘贴到编辑窗口中）。 ② 保存该文件，注意文件名的属性（如 f1.asm 或 f1.c）
3	将程序文件 "添加" 到工程中	① 在工程窗口中的 Source Group 1 处右击，选择 Add Files to Group 'Source Group 1'命令。 ② 给定"文件名"和"扩展名"，指明文件类型（汇编或 C 语言）。 ③ 添加成功后在工程窗口中会显示该程序文件
4	设定 "在线调试"模 式相关参数	① 单击 Project 下拉菜单中的 Options for Target 'Target1'命令。 ② Target 选项卡。"Xtal (MHz)"中的参数：11.0592。 ③ Output 选项卡。勾选"Create Hex File"复选项。 ④ Debug 选项卡。勾选"Use"选项（在线调试），选择仿真器 TKScope Debug for 5xBU；单击"Settings"按钮：主要配置，内部时钟改为 11.0592MHz，确定；硬件自检，结束后确认。 注意，不用每次都进行硬件自检。 ⑤ 最后单击"确定"按钮

续表

步骤	操作名称	操作内容及注意事项
5	编译程序文件	① 单击 Project 下拉菜单中的 Rebuild all target files 命令，对程序文件进行编译与连接。 ② 如果有错误提示，使用鼠标双击错误提示行，即显示错误语句
6	下载用户的目标程序到仿真器	单击 Debug 下拉菜单中的 Start/Stop Debug Session 命令，将编译成功的目标文件下载到仿真器中，此时在程序清单的第一条语句上会出现一个黄色的箭头，表明程序指针 PC 已经停留在第一条语句上。这时系统具备了执行各种调试命令的条件
7	调试程序	① 单步：分为跟踪型单步（Step）、通过型单步（Step Over）。 ② 断点：利用鼠标在语句空白处双击，则完成断点设置。 ③ 全速（Go）：可以通过接口电路的运行状态来验证程序
8	结束运行	① 当以"全速"方式运行时，必须先单击 Debug 下拉菜单中的 Stop Running 命令，然后再单击 Start/Stop Debug Session 命令，退出调试状态。 ② 当程序处于"单步"或"断点"方式运行时，可直接使用 Debug 下拉菜单中的 Start/Stop Debug Session 命令退出调试状态

【注意】以上操作中的具体参数是根据 TKS-52BU 仿真器指定的。

第3章 MCS-51（AT89C51）单片机的基本结构及最小系统

本章将对 MCS-51 单片机的基本结构及特点进行简要描述。介绍 MCS-51 单片机的资料有很多，读者在入门学习中应当有所重点，如存储器结构、中断系统、定时器及接口设计等。读者可以通过本章的内容简明、快速地了解 MCS-51 单片机的主要特征，对后续内容的学习打好基础。

3.1 MCS-51 单片机内部的基本结构及特点

将程序存储器（ROM）、数据存储器（RAM）、并行接口、定时/计数器及中断系统等模块全部集成在一个芯片中，这就是单片机与通用计算机系统的区别。这种芯片级的计算机系统具有体积小、功耗低、构造应用系统方便及设计成本低等特点。

3.1.1 MCS-51 单片机的基本结构

例如，8051 单片机内部结构见图 3.1，通过芯片内部总线将各个模块有机地联系起来，这种结构简化了外部应用系统的设计。

3.1.2 MCS-51 单片机的主要特点

目前 MCS-51 单片机的发展已经相当成熟，从简易型到高档型一应俱全。这里以标准型的 AT89C51 为例，对其主要特点进行描述。

- 内部程序存储器（ROM）：4KB 的存储容量。
- 内部数据存储器（RAM）：256B（低 128B 的数据存储区 RAM 和高 128B 的特殊功能寄存器）。
- 寄存器：设有 4 个工作寄存器区，每个区有 R0～R7 共 8 个工作寄存器（占用 RAM 的低位空间）。
- 4 个 8 位并行输入/输出接口：P0、P1、P2 和 P3（占用 SFR 的 80H、90H、A0H、B0H 单元）。
- 2 个 16 位的定时/计数器 T0、T1（占用 SFR 的空间）。
- 全双工的串行接口 SBUF（引脚分别为 RXD/P3.0 接收端、TXD/P3.1 发送端，占用 SFR 单元）。
- 中断系统：设有 5 个中断源（2 个外部中断/INT0、/INT1，2 个定时/计数器 T0、T1，1 个串行接口）。
- 系统扩展能力：可外接 64KB 的 ROM 和 64KB 的 RAM（扩展时占用 P0、P2 和部分 P3 口）。
- 堆栈：设在 RAM 单元中，通过堆栈指针（SP）来确定堆栈的位置，复位时 SP=07H。

- 布尔处理机：可对位寻址区寻址，配合布尔运算的指令进行各种"位传送"及"位运算"。
- 指令系统（详见附录 B）。

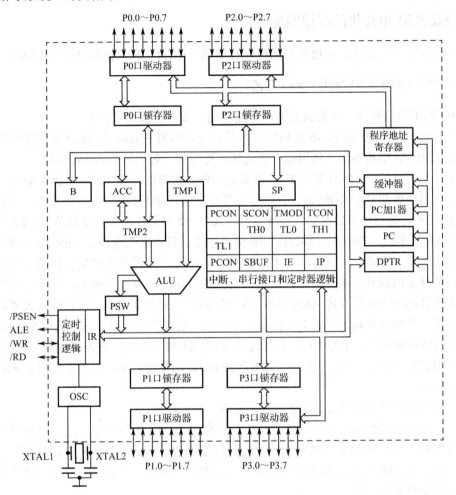

图 3.1　8051 单片机内部结构

（1）111 条指令，按功能可分为 5 大类：

数据传送（如 MOV、MOVX、MOVC 等）；

算术运算及移位（如 ADD、ADDC、SUBB、INC、DEC、DIV、MUL 等）；

逻辑运算（如 ANL、ORL、XRL、CLR、RL、RR、RLC、RRC 等）；

控制转移（如 AJMP、LJMP、SJMP、JZ、JNZ、CJNE、DJNZ、ACALL、RET 等）；

布尔操作（如 MOV、CLR、SETB、ANL、JC、JNC、JB、JNB、JBC 等）。

（2）指令的长度：单字节、双字节和三字节。

（3）指令的执行时间：

单字节单周期（如 MOV A,Rn）；

单字节双周期（如 INC DPTR）；

单字节四周期（如 DIV AB、MUL AB）；

双字节单周期（如 MOV A,#data）;
双字节双周期（如 AJMP addr11）;
三字节双周期（如 LJMP addr16）。

3.1.3 MCS-51 单片机的存储器配置

在 MCS-51 单片机中，存储器分为程序存储器（ROM）和数据存储器（RAM）。

1．ROM（AT89C51 采用 Flash 工艺）

ROM 用于存储程序、常数或表格的存储空间，掉电后数据不丢失。

（1）片内具有 4KB 的 Flash 结构的电擦除只读存储器 Flash，与 Intel 公司早期产品紫外线擦除的 EPROM 结构相比，使用起来更灵活、更方便（使用时引脚 EA=1）。

（2）外部可以扩展 64KB 的 ROM，以满足一些大程序的需要（此时引脚 EA=0）。但要注意一点，当采用外部扩展 ROM 时，外部存储系统要占用单片机的 P0、P2 及 P3 口用作总线。P0 口用作低 8 位的地址和数据的"分时复用总线"；P2 口用作高 8 位地址总线；P3 口两条线用作 RD/WR 控制线。P0、P2 口组成的 16 位地址线，其寻址范围为 2^{16}=65536=64KB。

随着大容量 ROM 的增强型单片机的出现，一般很少采用外部扩展存储器的方法，这样不仅可以简化系统结构、减少对单片机接口资源的占用，还降低了成本、提高了系统的可靠性。在大多数场合下采用片内 4KB/8KB（51/52 系列）的存储空间就可以满足大多数应用场合的需要了，此时单片机的引脚/EA 接高电平即可。通过单片机引脚/EA 的电平来确定 CPU 对 ROM 的选择使用权：/EA=1 时，CPU 执行片内 ROM 的程序；/EA=0 时，CPU 执行外部 ROM 中的程序。所以尽管单片机可以具备两种 ROM 的使用方案，但对于使用者来说，只能在两者之间选择其一。

无论是使用内部还是外部 ROM 单元，有两点必须注意。

第一，程序的开始部分（第一条指令）必须存放于 0000H 单元中，这是因为单片机在复位后其程序指针 PC 被清零（PC=0000H），这样使用者可以通过对系统的复位实现程序的正常启动，由于 AT89C51 单片机本身不具备"上电复位"功能，所以必须外加一个"上电复位电路"实现上电复位的操作。

第二，在 ROM 的低端还有 5 个特定的单元必须留有特定的用途，它们分别是：
0003H/INT0 中断入口单元；
000BH 定时/计数器 T0 中断入口单元；
0013H/INT1 中断入口单元；
001BH 定时/计数器 T1 中断入口单元；
0023H 串行接口中断入口单元。

上述这些单元，普通的程序代码段是不能占用的，要留给中断程序使用（见图 3.2）。

将 ROM 这两个特点综合起来可以得到一个结论：在 MCS-51 单片机编程时，第一条指令必须存放在 ROM 的 0000H 单元，这条指令应当是一条"跳转指令（LJMP）"。

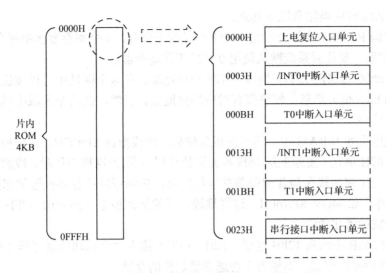

图 3.2　AT89C51 单片机 ROM 低端的 6 个特殊单元

2. RAM

RAM：读、写速度快，用于存储程序中的"中间数据"或程序运行后的结果数据，掉电后数据会丢失。与 ROM 一样，RAM 同样可以分为内部 256B 的空间和外部 64KB 的扩展空间。内部或外部 RAM 的访问是由不同的指令（MOV 或 MOVX）来区分的。

- 使用 MOV 指令访问内部 RAM 空间；
- 使用 MOVX 指令访问外部 RAM 空间。

所以从理论上讲，使用者可以同时拥有内部和外部两部分 RAM 的使用权。与外部 ROM 的使用方法一样，当使用外部 RAM 时同样要付出占用端口资源的代价。一般情况下不建议使用外部 RAM。内部 RAM 的结构见图 3.3。

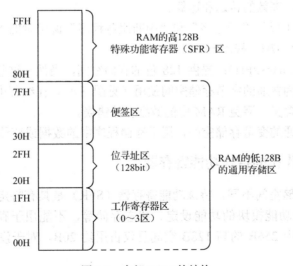

图 3.3　内部 RAM 的结构

在使用 RAM 时应当注意以下几点。

（1）寄存器 R0～R7 实际上就是 RAM 单元的一部分。4 个寄存器区中每个区都有 R0～R7 共 8 个寄存器，复位后系统默认使用 0 区的工作寄存器。

（2）位寻址区（20H～2FH）提供了 128 个位地址。在这个区域中可以按位来访问任意一个位地址中的 bit（位）信息，每位都有对应的位地址。当然，在这个区域中仍然可以按字节地址的方式来访问。

（3）堆栈区也处于 RAM 中。当单片机复位后，堆栈指针 SP=07H，即堆栈的"栈底"位置为 RAM 的 07H 单元（实际上从 08H 单元开始使用）。因为堆栈操作时，栈的空间是向上增长的，所以，为了避免栈区与普通的数据区相冲突，在编程时往往将栈区的起始位置移到可用 RAM 的顶部，如 MOV SP,#60H。这样堆栈使用的区间被上移到 60H～7FH 的区域，避免了对数据区冲突的潜在危险。

（4）RAM 256B 中的高 128B 区域（80H～FFH）称为"特殊功能寄存器（SFR）区"，大约有 21 个特殊功能寄存器，不能用于普通变量数据的存储。

（5）对于 SFR 而言，凡是地址能够被 8 整除的都可以按位寻址。换个角度看，对于一些非常重要的 SFR 都设计为可按位寻址的结构。

相对而言，MCS-51 单片机的 RAM 资源是非常有限的，不论是采用汇编语言还是 C 语言，都必须考虑合理利用 RAM 的有限资源。

【小结】按照功能划分 256B RAM 的低 128B 空间。

（1）工作寄存器 R0～R7：CPU 使用寄存器寻址时指令长度往往是单字节的。在编程中，工作寄存器常被定义为一些专用单元，如数据指针、临时工作单元、循环程序中的循环计数器等。MCS-51 单片机的指令中大多数是通过寄存器来实现数据传送的，通过寄存器与累加器 A 共同实现算术运算、逻辑运算。使用寄存器寻址的指令无论是指令的长度、运行速度都要比从内存中直接寻址效率高。所以把寄存器理解为存储数据的"临时单元"更为确切。换一个角度讲，寄存器在数据处理中将累加器与内存的数据之间架构出一个"桥梁"，使数据在程序的控制下得到合理、高效的传送和运算。

（2）堆栈区：用于提供"子程序"和"中断服务程序"调用时的"断点"及"数据"的保护空间。复位后 SP=07H（栈底=08H）。

（3）位寻址区（20H～2FH）：提供 128 位的存储空间，当然在这些空间中使用字节地址访问时，仍然可以作为普通的字节存储空间使用（见图 3.4）。在编程中要注意"字节地址"与"位地址"的不同含义，避免 RAM 中的数据存储错误。

（4）便签区：普通的变量存储空间，用于存储程序中的数据或变量。

3.1.4　MCS-51 单片机的特殊功能寄存器

与普通的数据存储空间不同，特殊功能寄存器（SFR）是具有特定功能的存储单元。它主要用于芯片内各个功能模块的功能设定、状态存储等，不能用于存储普通的数据。SFR 的物理位置在 RAM 中 256B 的高 128B 空间且仅占用约 20B，对于没有定义的字节是不能使用的。

对于一些比较重要的 SFR 采用了"可按位寻址"的设计方法，使编程更为方便、快捷。可按位寻址的 SFR 具有其"地址可以被 8 整除"的特点。

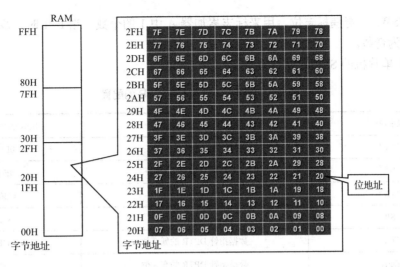

图 3.4　20H~2FH 中的位寻址区示意图

在 SFR 中有一个非常重要的寄存器：状态寄存器（PSW）。其用于表征 CPU 运行指令后的信息与状态，是条件转移指令的判断依据。PSW 的定义见表 3.1。

表 3.1　PSW 的定义

Cy	AC	F0	RS1	RS0	OV	…	P

PSW 各位定义如下。

- Cy（PSW.7）进位标志位。在加法运算中，若累加器 A 的最高位 D7 有进位，则 Cy=1，否则 Cy=0。同理，在减法运算中，若累加器 A 的最高位 D7 有借位，则 Cy=1。因此 Cy 往往作为无符号数运算是否有溢出的标志。
- AC（PSW.6）辅助进位位。用来判断加减法运算时，低 4 位是否向高 4 位进位或借位（即累加器 A 的 D3 位有进位或借位）。其往往用于压缩的 BCD 码的运算处理。
- F0（PSW.5）用户标志位。完全由用户来定义和使用，通常用于设立标志位。
- RS1、RS0（PSW.4、PSW.3）工作寄存器区选择位。确定工作寄存器 R0~R7 在 4 个区中的位置（单片机在复位后 RS1、RS0=00，选择 0 区）。可以通过修改 RS1 和 RS0 的值来改变工作寄存器区的选择（见表 3.2）。

表 3.2　工作寄存器区选择表

RS1、RS0	工作寄存器区
0　0	0 区
0　1	1 区
1　0	2 区
1　1	3 区

- OV（PSW.2）溢出标志位。判断有符号数运算时是否有溢出。OV 的结果可以用一个算法来表示：OV=Cy 异或 CS，其中，Cy 为 A7 的进位，CS 为 A6 的进位，OV=1 表明有溢出。

- P（PSW.0）奇偶标志位。用来标志累加器 A 中 1 的个数。当 P=1 时，表明 A 中 1 的个数为奇数。

MSC-51 单片机的 SFR 的配置见表 3.3。

表 3.3 MSC-51 单片机的 SFR 的配置

SFR 的符号	名　　称	SFR 的物理地址
ACC*	累加器 A	0E0H
B*	B 寄存器（乘除法专用）	0F0H
PSW*	程序状态字	0D0H
SP	堆栈指针	81H
DPL	数据指针 DPTR 的低 8 位	82H
DPH	数据指针 DPTR 的高 8 位	83H
P0*	I/O 并行接口 P0	80H
P1*	I/O 并行接口 P1	90H
P2*	I/O 并行接口 P2	0A0H
P3*	I/O 并行接口 P3	0B0H
IP*	中断优先级寄存器	0B8H
IE*	中断允许寄存器	0A8H
TMOD	定时/计数器的工作模式寄存器	89H
TCON*	定时/计数器控制寄存器	88H
T2MOD（52 系列）	定时/计数器 2 工作模式寄存器	0C9H
T2CON*（52 系列）	定时/计数器 2 控制寄存器	0C8H
TH0	定时/计数器 0 高 8 位初值寄存器	8CH
TL0	定时/计数器 0 低 8 位初值寄存器	8AH
TH1	定时/计数器 1 高 8 位初值寄存器	8DH
TL1	定时/计数器 1 低 8 位初值寄存器	8BH
TH2（52 系列）	定时/计数器 2 高 8 位初值寄存器	0CDH
TL2（52 系列）	定时/计数器 2 低 8 位初值寄存器	0CCH
RCAP2H（52 系列）	定时/计数器 2 陷阱寄存器高 8 位	0CBH
RCAP2L（52 系列）	定时/计数器 2 陷阱寄存器低 8 位	0CAH
SCON	串行接口控制寄存器	89H
SBUF	串行接口数据缓冲器（接收、发射）	99H
PCON	电源控制寄存器	87H

注：*为可以按位寻址的 SFR，特点是它们的地址都能够被 8 整除。

关于其他特殊功能寄存器 SFR 的定义将在后续的章节中介绍。

3.2 MCS-51 系列单片机常用产品型号及主要规格

3.2.1 常见的 MCS-51 系列单片机型号

MCS-51 单片机原为美国 Intel 公司开发的产品，后经转让现已被多家公司购买其核心技术，发展为多种系列的产品（见表 3.4）。

表 3.4 常见 MCS-51 系列单片机型号及主要规格

型号	ROM	RAM	timer	中断源	SPI	WDT	I/O	EEPROM	最高 f_{osc}（MHz）	说明
AT89C1051	1KB	64B	1	3	—	—	15	—	24	20 引脚简化版
AT89C2051	2KB	128B	2	5	—	—	15	—	24	20 引脚简化版
AT89C51/LV51	4KB	128	2	5	—	—	32	—	LV：12 C：24	LV：2.7~6V C：5V（±0.2V）
AT89C52/LV52	8KB	256B	3	6	—	—	32	—		
AT89S51/LS51	4KB	128B	2	5	√	—	32	—	24	支持在线编程 双数据指针 S52：4~5.5V LS52：7~5.5V
AT89S52/LS52	8KB	256B	3	8	√	—	32	—	24	
AT89S8252	8KB	256B	3	8	√	√	32	2KB	24	
P87C51X2BN	4KB	128B	3	6	—	—	32	—	16/33 (3V/5V)	PHILIPS 2.7~5.5V
P87C52X2BN	8KB	256B	3	6	—	—	32	—		
P87C54X2BN	16KB	256B	3	6	—	—	32	—		
P87C58X2BN	32KB	256B	3	6	—	—	32	—		
87C552	8KB	256B	3	6	I²C	√	32	—	16	8bit 2 路 PWM 10bit 多路 ADC
STC89C51 RC	4KB	512B	3		√		32	1KB	45	STC 系列 掉电模式 0.5μA 空闲模式 2nA 内置 ADC 模块 双数据指针 内置 ISP 引导码
STC89C52 RC	8KB	512B	3		√		32	1KB	45	
STC89C53 RC	14KB	512B	3		√		32		45	
STC89C54 RD+	16KB	1280	3		√		32	8KB	45	
STC89C58 RD+	32KB	1280	3		√		32	8KB	45	
STC89C516 RD+	64KB	1280	3		√		32		45	

3.2.2 MCS-51 单片机的引脚定义

以 AT89C51 的 DIP40 引脚封装为例，MCS-51 单片机的封装分为双列直插和贴片式等。双列直插封装的芯片外形图和引脚定义见图 3.5。

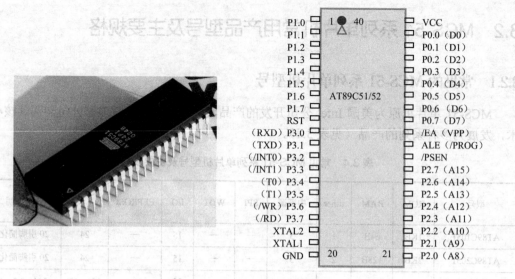

图 3.5 双列直插封装的芯片外形图和引脚定义

3.3 MCS-51 单片机的最小系统

从第 4 章开始将进入单片机相关模块的实验内容。大多数读者往往不具备单片机的实验系统知识。为了提高学习的效果，建议有条件的读者自己构建一个"单片机最小系统"，这样就可以方便地实现各个相关内容的实验了（见图 3.6）。

"最小系统"是一个广义的概念，但也可以理解为：单片机具备运行指令能力所需要的硬件最基本的结构。它包括：电源电路、上电复位电路（包含手动复位）、单片机系统的振荡器电路及必要的输入/输出电路（LED 灯或 LCD 显示电路，开关、键盘输入等）。在硬件的支撑下，单片机才能运行用户的目标程序。

当然，在实验室的条件下，学生可利用实验台直接编写、调试程序（避开了单片机最小系统的设计环节），但这种方法是不完全的，不利于学生独立自主地学习、掌握单片机的系统设计。所以"最小系统"往往也是初学者学习单片机必做的环节。

【注意】整流桥的作用是系统电源电路不受外部电源适配器电压输出极性的限制，方便使用。

最小系统的构造可由学生根据自己的要求灵活地设计（见图 3.7）。随着新型接口器件的不断出现，结构简单、功耗低及价格低廉的串行外围接口器件已经成为构造最小系统时的优先选择。如果采用"仿真在线调试"模式，建议采用带"锁定"功能的单片机插座，这样在调试程序时可以方便连接、更换仿真头和单片机。

学生在焊接、调试最小系统电路板时，首先要保证系统的基本"工作状态"。可以使用万用表对一些关键节点进行检测（将万用表的黑表笔接单片机插座的 20 引脚）。

（1）电源电路能够提供稳定的 5V 电压 V_{CC}（对于 5V 供电的单片机而言），它可由 17805 产生。

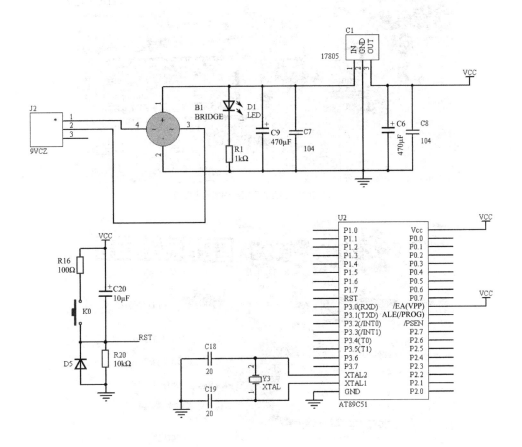

图 3.6 一个最简单的"最小系统"电路图

（2）单片机插座的 40 引脚应为高电平；/EA 引脚为高电平（/EA=1）。
（3）单片机的 9 引脚（RST）静态时为低电平，按下复位键后应为高电平。

上述测量正常后，可将单片机插入插座，上电后可使用示波器测量单片机的 XTAL2、XTAL1（18、19 引脚）应有振荡波形，其频率等于引脚上所连接的晶体的谐振频率。也可用万用表的直流电压挡检测（2.1～2.3V）。测量正常后，最小系统就具备运行程序的基本条件了。

【注意】读者在构建自己的最小系统时建议利用 P1 口采用"灌电流"的方式构建一个 LED 显示系统。利用此电路可以方便地实现接口、定时器、中断等相关模块的编程实验，在没有示波器的场合下了解程序的运行状态。

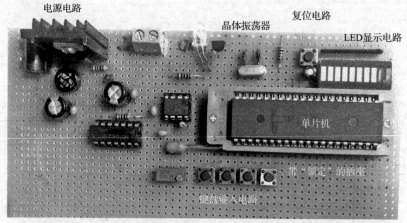

(a) 使用"多孔板"搭线焊接的电路板

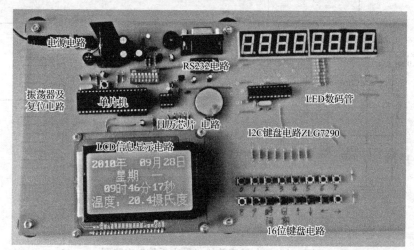

(b) 使用Altium Designer软件设计、焊接的单面电路板

图3.7 由学生动手制作的"最小系统"电路板实物图

第4章 MCS-51（AT89C51）单片机基本结构及典型接口实验

本章将对 MCS-51 系列单片机的基本结构、特点及典型接口进行详细描述，并且设计了大量的实验。

4.1 MCS-51 单片机数据存储器（RAM）的结构及读写实验

4.1.1 知识点分析

正确了解、掌握 MCS-51 单片机数据存储器（RAM）的结构，合理运用寄存器、存储单元设置程序的各个工作单元，如"计数器""数据指针""工作单元"等，对于后续学习是非常重要的。

在 MCS-51 单片机内部 RAM 的 256B 单元中，低 128B 单元为用户使用的数据存储区；高 128B 单元为 SFR 区，不能用于普通的数据存储。

在 RAM 的低 128B 空间中，00H～07H 为 0 区的工作寄存器 R0～R7，常用于设置为"计数器"、"数据指针"（R0、R1）等工作单元。20H～2FH 可按位寻址，也可存储字节数据。堆栈区在单片机复位后默认为以 08H 开始的单元，因为单片机上电复位后堆栈指针 SP=07H，所以进栈操作需要堆栈指针先加 1 再进栈。

RAM 的高 128B 的 SFR 区具有特定的意义，不能作为普通的数据存储区域。有关 SFR 的定义和使用方法会在后续的实验中加以描述。

4.1.2 存储器读写实验

（1）实验目的。
① 学习 Keil 软件模拟仿真的调试方法。
② 学习、掌握 MCS-51 单片机存储单元的特点及数据观察方法。
③ 学习、掌握数据块传送及循环结构的编程方法。
（2）实验要求。
将单片机内部 RAM 的 20H～2FH 共 16 个单元全部置 1，要求采用循环结构编程，并且利用寄存器承担循环计数器、数据指针、工作变量单元的功能，正确地对它们进行初始化。
（3）实验程序如下，流程图见图 4.1。

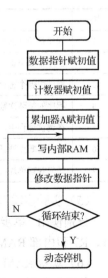

图 4.1 程序流程图

```
        ORG     0000H
        LJMP    START
        ORG     0030H
START:  MOV     SP,#60H
```

```
            MOV     R1,#20H       ;数据区指针赋初值
            MOV     R7,#10H       ;计数器 R7 原始赋初值
            MOV     A,#01H        ;累加器 A 赋初值
    LOOP1:  MOV     @R1,A         ;向 RAM 单元送数
            INC     R1            ;修改指针
            DJNZ    R7,LOOP1      ;操作是否结束
            SJMP    $             ;操作结束时停机
            END
```

【C 语言参考程序】

```c
#include<reg52.h>
#define  uchar  unsigned char
void main()
{
    uchar i=1,j=0x10;
    uchar  data   *p;          //定义一个指向片内 RAM 地址的指针
    p = 0x20;                  //片内 RAM 地址为 0x20
    for(j=0;j<16;j++)
    {
        *p = i;                //向 0x20 内写入立即数 0x01
        p++;
    }
    while (1);
}
```

（4）阅读上述程序，回答表 4.1 提出的问题。

表 4.1 实验前应知应会的内容

序号	问 题	答 案
1	程序是什么结构	
2	程序中哪个寄存器做循环计数器？如何设定其初值	
3	程序中哪个寄存器做数据指针？初值是多少？哪些寄存器可做指针	
4	程序的循环次数是多少	
5	在调试过程中，如何添加观察变量	
6	若采用断点调试方式，断点的位置应当怎样设置	
7	如何观察单片机内部数据区的数据	

（5）实验步骤及方法。

分别使用"单步""断点"方式运行，充分利用 Keil 软件提供的各种观察窗口，观察 ACC、R1、R7 和内部 RAM 的 20H～2FH 中数据变化的过程。

（6）观察 RAM 存储区结果。

程序运行前、后，RAM 的 20H～2FH 中的数据分别如图 4.2 和图 4.3 所示。

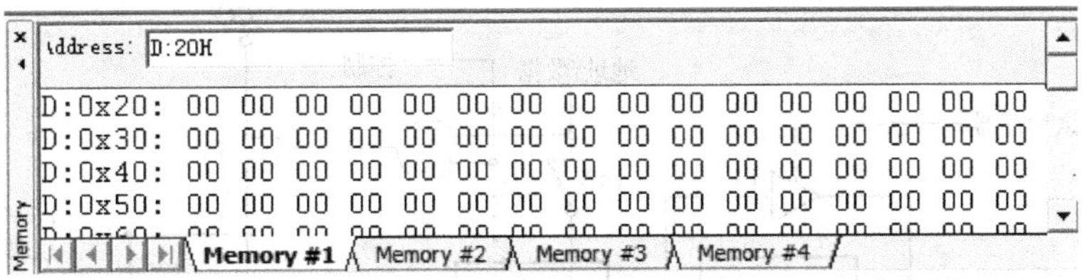

图 4.2 程序执行前 RAM 的 20H~2FH 中的数据

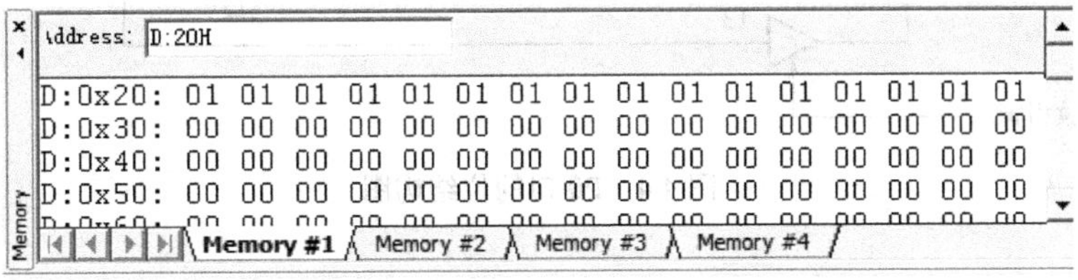

图 4.3 程序执行后 RAM 的 20H~2FH 中的数据

(7) 思考题。

① 将单片机内部 RAM 的 30H~3FH 连续 16 个单元分别送数 00H~0FH。

② 对 RAM 的 30H、31H 单元分别赋值 54H、F3H,试将两个数相加,其和分别送 32H、33H 单元(其中低位存在低地址单元中,高位存在高地址单元中)。

③ 对 RAM 的 30H、31H 单元分别赋值 BCD 码 75H、35H,试将两个数相减,其 BCD 的差送 32H 单元。(MCS-51 的十进制调整指令不适合减法,应把减法变成加法:将被减数-减数转换为被减数+减数的补数。其中,减数的补数=BCD 码的模-减数。其 2 位 BCD 码的模为 100H = 99H+01H = 9AH。)

4.2 MCS-51 单片机的并行接口结构及实验

4.2.1 知识点分析

并行接口是单片机内部与外部之间的数据通道,不同的系统,其接口结构、性能有一定的差别,但基本功能是相同的。MSC-51 单片机内部有 4 个并行接口 P0~P3。在结构上因接口的使用功能不同,其结构和性能有所不同。从严格意义上讲,MCS-51 单片机的并行接口因其结构的特点,使其表现为一个"准双向接口"。因此,在对接口编程时有许多应当注意的地方,而这些地方往往容易被初学者忽视,了解接口的结构特点及编程方法就显得尤其重要了。

1. MSC-51 单片机内部并行接口结构

并行接口由输出数据锁存器、输出级场效应管、多路开关、三态门电路等元件组成。不同的接口,其结构是有区别的。图 4.4 至图 4.7 所示的是各接口的位结构图,同一接口的其他位因结构相同而省略。

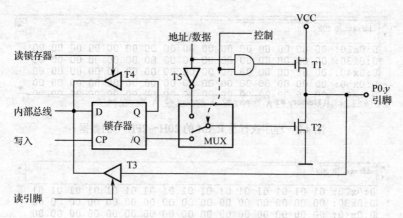

图 4.4　P0 口的位结构图

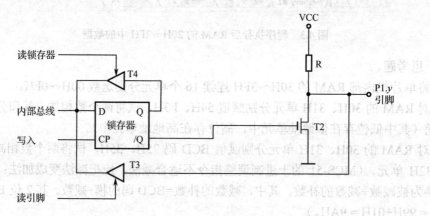

图 4.5　P1 口的位结构图

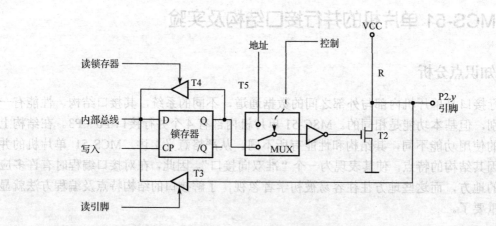

图 4.6　P2 口的位结构图

2. I/O 接口功能分配

在 MCS-51 单片机内部的 4 个并行 I/O 接口 P0~P3 中，除都具有通用的 I/O 功能外，还具有各自不同的其他功能（也称第二功能），其电路结构的形式也不一样。

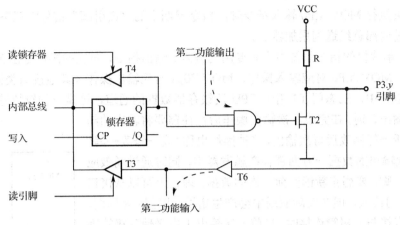

图 4.7　P3 口的位结构图

- P0、P2 口内部各有一个"二选一"的多路开关，由 CPU 控制分别实现通用 I/O 功能或外部扩展时传输数据和地址信号的总线功能。其中，P0 口作为低 8 位地址总线和数据总线（也称"分时复用总线"）；P2 口作为高 8 位地址总线。
- P1、P3 口之间也有差别，其中 P3 口除通用 I/O 功能外还具有第二功能（见表 4.2）。

表 4.2　P3 口第二功能引脚定义表

P3 口引脚	第二功能	注　释
P3.0	RXD	串行数据接收口
P3.1	TXD	串行数据发送口
P3.2	/INT0	外部中断 0 输入
P3.3	/INT1	外部中断 1 输入
P3.4	T0	计数器 T0 计数输入
P3.5	T1	计数器 T1 计数输入
P3.6	/WR	外部 RAM 写选通信号
P3.7	/RD	外部 RAM 读选通信号

3．接口的工作原理

这里以 P0 口为例，其他接口可以举一反三地进行分析。

（1）P0 口作为 I/O 接口。

当 P0 口作为 I/O 接口时，接口内部的"控制"信号为 0。此时，二选一多路开关 MUX 与锁存器/Q 端连接；同时"控制"端的 0 电平将接口上面的场效应管截止。所以在 I/O 模式下，P0 口无法输出高电平，与负载连接时必须外接一个"上拉电阻"，其取值范围为 1～10kΩ（取决于负载）。

当单片机执行 MOV P0,A 输出指令时，数据通过内部总线在指令周期中的"写信号"作用下锁存到触发器中。如果数据为 0，则/Q=1，使下面的场效应管饱和导通，接口引脚电平为 0。如果数据为 1，则/Q=0，使下面的场效应管截止，在这种情况下，接口的输出为"高阻状态"，接口引脚的电平靠外部上拉电阻（或外接负载的等效上拉电阻）将接口电平拉到高电平。

当单片机执行 MOV A,P0 输入指令时,指令周期中的"读引脚"信号将三态门 T3 打开,引脚电平通过内部总线送到累加器 A。

MCS-51 单片机的指令系统中没有专用的输入、输出指令,对应的操作是由 MOV 指令实现的。例如,MOV A,P0 对应输入操作,MOV P0,A 对应输出操作(其他接口类同)。

在接口电路中,三态门 T4 用于 CPU 读锁存器数据的通道,这是一种较特殊的设计。当接口设计为输出口时,在完成一次输出操作后往往需要将输出的结果取回来重新进行修改后再次输出,这种操作也称"读—修改—写"操作。前一次输出的数据一方面锁存在触发器中,同时通过过场效应管送到接口引脚。要想重新读回前一次的数据,理论上可以从接口引脚通过 T3 门读入,但在实际应用中会产生错误。以图 4.8 为例,当接口引脚直接与三极管连接时,当前一次输出 1 电平使三极管饱和导通时,接口引脚被钳位在 0.7V,如果将此电平读回时,会得到一个 0 电平的错误结果。因此在进行"读—修改—写"操作时,接口被设计成从 T4 门输入,这样避免外电路带来的错误和干扰。

与"读—修改—写"操作相关的指令有:ANL P0,A、ORL P0,A 及 XRL、JBC、CPL、INC、MOV PX.Y,C、SETB PX.Y 等。

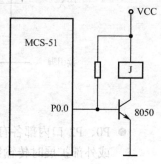

图 4.8 三极管负载示意图

(2) P0 口在系统扩展中作为总线复用。

"控制"端为 1,二选一多路开关 MUX 接收来自"地址/数据"经反相器反相后的数据。此时控制场效应管 T1 的与门被打开。当"地址/数据"信号为 1 时,与门输出为 1,反相器 T5 输出为 0,因此 T1 导通、T2 截止,接口引脚输出高电平;当"地址/数据"信号=0 时,与门输出为 0,反相器 T5 输出为 1,因此 T1 截止、T2 导通,接口引脚输出低电平。

由于端口内部的 T1 场效应管处于工作状态(导通或截止),所以在总线方式下,P0 口具有很强的高电平输出能力,这点与 P0 口作为 I/O 接口时不同。

P2 口与 P0 口基本相同,区别是有一个等效高阻值电阻替代了 T1 场效应管。P1 口是一个只有 I/O 功能的接口。P3 口由一个与门实现接口的 I/O 功能与第二功能的选择:I/O 功能时,第二功能输出为 1,与门处于打开状态,场效应管 T2 的状态取决于锁存器 Q 端电平;第二功能输出时,锁存器 Q 端固定为 1 电平,场效应管 T2 的输出取决于第二功能输出的电平;第二功能输入时,三态门 T6 打开,引脚信号送入对应的模块电路。

4. 接口在使用中应注意的问题

(1) 接口作为 I/O 输入操作前应先向接口写 1。

由于接口输入引脚在内部与场效应管的输出连接,所以在输入操作时如果锁存器原来的数据为 0,则使场效应管 T2 处于饱和状态,即接口引脚处的电平被场效应管钳制在 0 电平(见图 4.4),这样外部加在引脚上的高电平便不能正确地输入到内部总线上。因此,作为 I/O 输入操作前应先向接口写 1,以截止 T2。例如,将 P1 口设定为输入接口并将输入的数据送到累加器 A 中的指令如下。

```
MOV    P1,#0FFH        ;接口"写 1"
MOV    A,P1            ;输入操作
```

（2）P0 口作为通用 I/O 时应外接"上拉电阻"。

P0 口作为通用 I/O 时，因为电路上端的场效应管始终处于截止状态，所以 P0 口的每个位线都必须外接一个上拉电阻，否则接口不能输出高电平。其外接上拉电阻的阻值可根据实际情况在 1~10kΩ 之间选择，阻值太大驱动能力降低，而阻值太小会增加系统的电流消耗（工程中常采用排电阻）。

（3）接口如何驱动大电流负载。

当接口的负载需要较大的电流（大于 100μA）时，就要考虑接口与负载的连接方式了。由于接口结构的特殊性使 MCS-51 单片机的接口的"拉电流"仅为 80μA，"灌电流"可以达到 20mA，所以如果直接驱动大电流负载，则必须采用"灌电流"的连接方式［见图 4.9（a）］。这种方式可以解决 P0 口的大电流驱动问题，但这是一种"负逻辑"的驱动方式，即接口输出"逻辑 0"时，负载被驱动；接口输出"逻辑 1"时，负载不驱动。当采用"拉电流"的连接方式时，接口不能输出大电流［见图 4.9（b）］。

如果使用一个反相驱动器与接口引脚连接，则可以实现对负载的"正逻辑"驱动［见图 4.9（c）］，此时由反相驱动器提供对负载的"拉电流"和"灌电流"。

应当说明的是，实验室实验台上的 LED 显示电路均采用反相驱动器与 LED 灯连接，以实现单片机接口与 LED 灯的"正逻辑"驱动［见图 4.9（c）］。

当接口负载较小（如直接与 TTL 或 COMS 器件的输入连接）时，可以直接与单片机的接口连接并实现"正逻辑"控制。

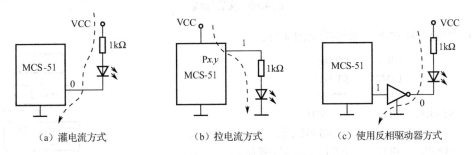

图 4.9　接口驱动大电流负载示意图

【注意】在静态条件下，灌电流 I_{OL} 最大值为每个引脚 10mA；P0 口 8 个引脚总电流 I_{OL} 最大值为 26mA；P1、P2 和 P3 每个口的 8 个引脚的总电流 I_{OL} 最大值为 15mA；所有接口引脚总电流的最大值为 71mA。

4.2.2　MCS-51 单片机并行接口实验（一）：输入、输出实验

（1）实验目的。

进一步熟悉、掌握 Keil 集成调试软件的在线调试方法和硬件实验系统的使用。掌握单片机并行接口的编程及分支程序的设计方法。

（2）实验要求。

编制简单的循环程序，利用 P0 口读入 8 位拨动开关输出的逻辑电平，P1 口作为输出与 8 位 LED 显示电路连接。要求：执行一个输入、输出操作，使 P1 口的输出状态与 P0 口的输入状态一致。

【注意】LED 显示电路显示效果为"正逻辑",即输入逻辑 1 时灯亮,反之灯灭。
(3)实验连线。

使用两条 8 芯排线,分别将单片机的 P0.0~P0.7 与 8 位拨动开关 S0~S7 连接,将单片机的 P1.0~P1.7 与 8 位发光二极管 L0~L7 连接(见图 4.10)。

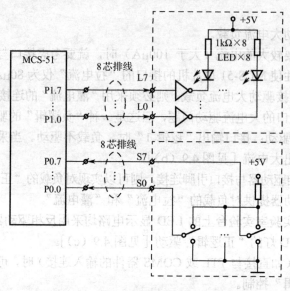

图 4.10 实验连线

(4)实验程序如下,流程图见图 4.11。

```
            ORG     0000H
            LJMP    START
            ORG     0030H
START:      MOV     SP,#60H
            MOV     P0,#0FFH    ;接口"写 1"做输入
LOOP1:      MOV     A,P0        ;输入操作
            MOV     P1,A        ;输出操作
            SJMP    LOOP1       ;无限循环
            END
```

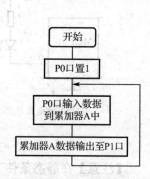

图 4.11 程序流程图

【C 语言参考程序】

```c
#include<reg52.h>
#include<intrins.h>

void main()
{
    P0=0xff;
    while(1)
    {
        P1=P0;
    }
}
```

（5）思考题。

在满足输入、输出的基础上，对 P0 口输入的数据进行判断，如果数据大于 N（$0<N<255$）则实现报警。可以利用单片机的一条口线 $Px.y$ 与实验台上的逻辑笔连接，当 P0 口输入的数据大于 N 时，$Px.y$ 输出高电平（逻辑笔红灯亮）；当 P0 口输入的数据小于或等于 N 时，$Px.y$ 输出低电平（逻辑笔绿灯亮）。

4.2.3 MCS-51 单片机并行接口实验（二）：流水灯驱动实验

（1）实验目的。

掌握"循环移位"指令的使用方法，学习"软件延时"方法及子程序调用、返回的方法。掌握"分支程序"的设计和"查表指令"的应用。

（2）实验要求。

编制一个程序，将累加器 A 中的数据（建议 A=#01H）通过 P1 口输出，经过一段延时后将累加器的内容右移，循环往复。

【注意】LED 驱动电路显示效果为"正逻辑"，即 LED 模块输入逻辑 1 时灯亮，反之灯灭。

（3）实验连线。

使用一条 8 芯排线，分别将 8 位 LED 灯 L0～L7 与单片机的 P1.0～P1.7 连接（见图 4.12）。

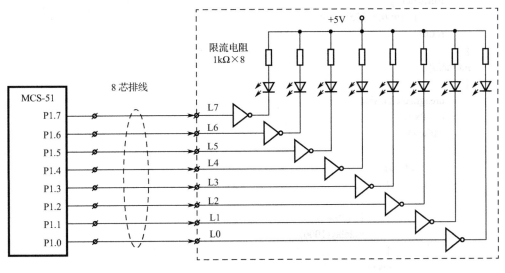

图 4.12　实验连线

（4）实验程序如下，流程图见图 4.13。

```
            ORG     0000H
            LJMP    0100H
            ORG     0100H
START:      MOV     SP,#60H
            MOV     A,#01H
LOOP1:      MOV     P1,A
            LCALL   DELAY       ;调用延时子程序
            RR      A
```

```
            SJMP    LOOP1       ;无限循环
;延时子程序
    DELAY:  PUSH    00H         ;保护数据
            PUSH    01H
            MOV     R0,#00H
    DELAY1: MOV     R1,#00H
            DJNZ    R1,$        ;内层循环控制
            DJNZ    R0,DELAY1   ;外层循环控制
            POP     01H         ;恢复数据
            POP     00H
            RET                 ;子程序返回语句
            END
```

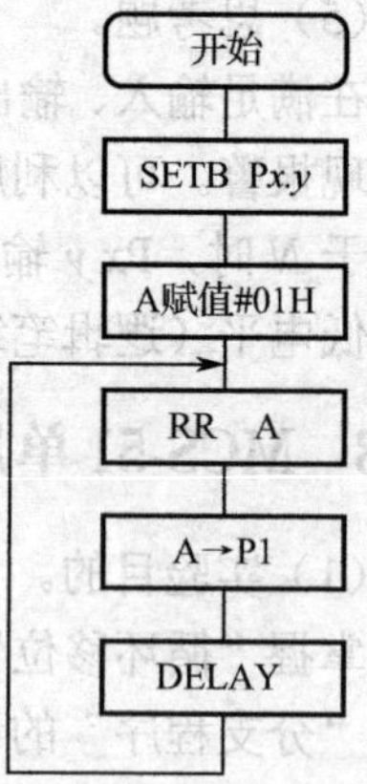

【C 语言参考程序】

图4.13 程序流程图

```c
#include<reg52.h>
#include<stdio.h>
void mdelay(unsigned int t)
{
    unsigned char n;
    for(;t>0;t--)
        for(n=0;n<125;n++);
    return;
}
int main()
{
    unsigned char i=0;
    P1=0x01;
    while (1)
    {
        if (i>0)
        {
            i--;
            P1=P1>>1;
            mdelay(1000);
        }
        else
        {
            i=7;
            P1=0x80;
            mdelay(1000);
        }
    }
    return 0;
}
```

（5）思考题。

① 使用一条导线，将一个开关 S0 与单片机的一个口线 P$x.y$ 连接，见图 4.14。操作开关 S0 的两种输出电平控制流水灯的移位方向（左移或右移）发生改变。其程序流程图见图 4.15。

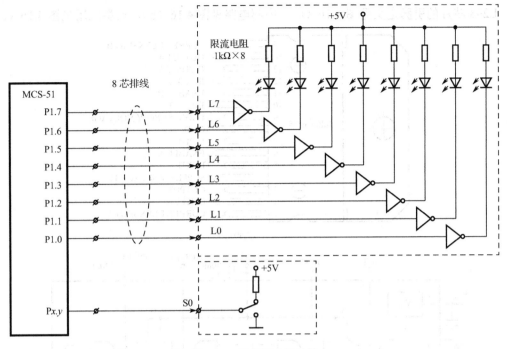

图 4.14 思考题实验连线

② 使用伪指令 DB 设计一个具有 N 个数据的表,利用查表指令逐一获取表中的数据并送 P1 口显示,通过表中的数据来产生特殊的流水效果。

【提示】
- 这里选择单片机的查表指令为 MOVC A,@A+DPTR。
- DPTR 为查表指针,并赋予表头地址;查表前 A 中数据为查表偏移量,查表后 A 中数据为表里的数据。
- 表中的数据个数 N 决定了流水灯的状态数,编制一个 N 次循环,按照顺序逐一获取表中数据并显示。

选择一个寄存器 Rn 做"查表计数器"原始赋值 N,利用 DJNZ Rn,rel 指令控制循环。

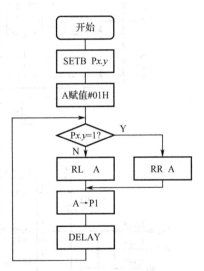

图 4.15 思考题的程序流程图

4.2.4 MCS-51 单片机并行接口实验(三):直流电动机驱动实验

1. 知识点介绍

L298 是小功率电动机驱动芯片,可以直接驱动两个直流电动机或一个步进电动机,电动机最高驱动电压为 24V,通常芯片需加散热片以提高驱动功率。因为电动机为"感性负载",所以芯片的输出端应外加由"肖特基"二极管构成的"卸流二极管保护电路"。

L298 芯片的引脚定义见图 4.16（a），内部电路见图 4.16（b），典型应用见图 4.16（c）。

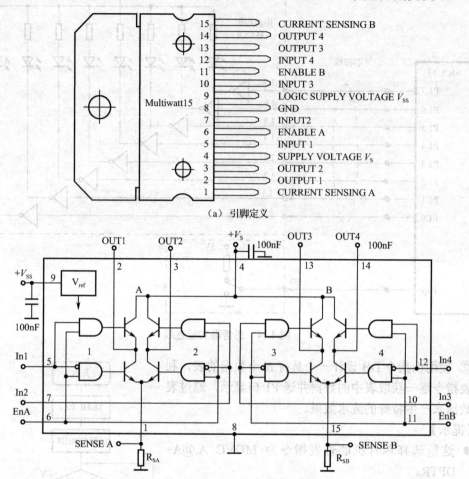

(a) 引脚定义

(b) 内部的"H桥"电路结构

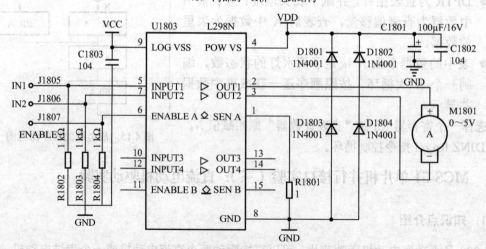

(c) 加有4个肖特基二极管保护电路的典型应用

图 4.16　L298 芯片的引脚定义、内部电路及典型应用

L298 采用 TTL 电平输入控制，可通过控制 IN1、IN2 的电平组合实现对直流电动机的"正转"、"反转"及"制动"3 种操作。还可以在 ENA 引脚施加 PWM 信号达到控制直流电动机转速的目的（见表 4.3）。

表 4.3　L298 芯片控制逻辑真值表

引脚控制电平			功 能 描 述
ENA	IN1	IN2	
1	1	0	正转（OUT1→OUT2）
1	0	1	反转（OUT2→OUT1）
1	1	1	电动机制动（OUT1、OUT2 短接）
1	0	0	电动机制动（OUT1、OUT2 短接）
0	×	×	关闭驱动

2．L298 直流电动机驱动实验

（1）实验目的。

学习直流电动机控制芯片 L298 的使用方法，掌握直流电动机的转向、制动的控制方法。

（2）实验要求。

利用单片机的一条口线 P0.0 控制直流电动机的转向。例如，当 S0=1 时，电动机旋转；当 S0=0 时，电动机制动（刹车）。

（3）实验连线。

使用单片机的 3 条 I/O 口线与 L298 连接。其中，P1.0、P1.1 连接 IN1、IN2，控制电动机的转向；P1.2 连接 ENA，实现直流电动机的满负荷运转。

P0.0 作为输入，与开关 S0 连接，控制直流电动机转向。实验连线见图 4.17。

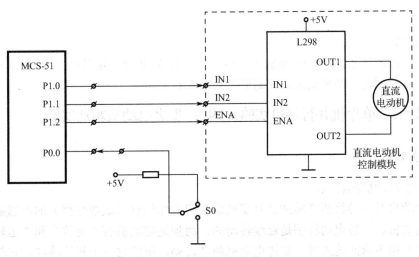

图 4.17　实验连线

（4）实验程序如下，流程图见图 4.18。

```
            ORG     0000H
            LJMP    START
            ORG     0030H
    START:  MOV     SP,#60H
            SETB    P0.0
    WORK:   JB      P0.0,DIRECT
            MOV     P1,#05H
            SJMP    WORK
    DIRECT: MOV     P1,#06H
            SJMP    WORK
            END
```

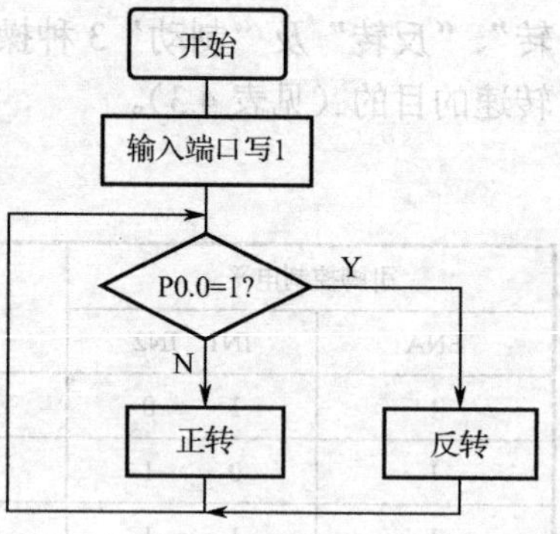

【C语言参考程序】

图4.18 程序流程图

```
#include<reg52.h>
#define uchar unsigned char
#define uint unsigned int
sbit P0_0 = P0^0;
void main()
{
    P0_0=1;
    while(1)
    {
        if(P0_0==1)
            P1=0x06;   //反转
        else
            P1=0x05;   //正转
    }
}
```

(5) 思考题。

利用单片机的一条口线 P$x.y$ 做输入，与一个开关 S1 连接，通过开关 S1 控制直流电动机的"运行"或"制动"两种状态。控制原理见表4.2。

4.2.5 MCS-51 单片机并行接口实验（四）：步进电动机驱动实验

1. 相关知识

(1) 步进电动机的特点。

步进电动机是一种将相序脉冲信号变换成相应的角位移（或线位移）的电磁装置，是一种特殊的电动机。一般电动机都是连续转动的，而步进电动机有"定位"和"运转"两种基本状态。当有相序脉冲输入时，步进电动机随之转动，每给它一个相序脉冲，它就转过一定的角度（也称步进角）；当没有新的脉冲信号时，步进电动机保持"定位"状态。步进电动机的步进角位移量和输入相序脉冲的个数严格成正比，在时间上与输入脉冲同步。因此，只要控制输入相序脉冲的数量、频率及脉冲的相序，便可获得所需的转角、转速及转动方向。

步进电动机的转速与相序脉冲的频率成正比，步进电动机的转向与相序脉冲的顺序有关。步进电动机有一个技术参数：空载启动频率，即步进电动机在空载情况下能够正常启动的脉冲频率，如果脉冲频率高于该值，则电动机不能正常启动，可能发生丢步或堵转现象。在有负载的情况下，启动频率应更低。如果要使步进电动机达到高速转动，则脉冲频率应有一个由低向高的加速过程。另外，步进电动机的"步进角""空载启动频率"等参数会因电动机型号而有所不同。

（2）步进电动机的相序。

本实验台上的步进电动机为四相结构，可以采用两种不同的方式加以驱动。

- 双四拍方式：AB→BC→CD→DA，每个相序步进电动机旋转1个步进角。
- 单双八拍方式：A→AB→B→BC→C→CD→D→DA，每个相序步进电动机旋转1/2的步进角（见表4.4）。

表4.4 单双八拍方式相序表

| P1.3 | P1.2 | P1.1 | P1.0 | 节拍 | 相序控制字 |
D	C	B	A		
0	0	0	1	A	01H
0	0	1	1	AB	03H
0	0	1	0	B	02H
0	1	1	0	CB	06H
0	1	0	0	C	04H
1	1	0	0	DC	0CH
1	0	0	0	D	08H
1	0	0	1	DA	09H

2．步进电机驱动实验

（1）实验目的。

了解步进电动机的结构，掌握步进电动机的驱动及编程方法。

（2）实验要求。

利用单片机的4条口线做输出，与步进电动机连接。通过程序输出步进电动机的相序信号驱动步进电动机旋转。采用单双八拍"的相序脉冲驱动电动机。步进电动机的相序信号由立即数产生并输出。相序脉冲之间的延时（决定电动机的转速）由软件延时产生（可以通过修改延时参数来改变电动机的转速）。

（3）实验连线。

使用4条导线，将单片机的P1.0、P1.1、P1.2和P1.3分别与步进电动机模块的输入PE1、PE2、PE3和PE4连接，使用一条8芯排线将LED模块与单片机的P1口连接来监控步进电动机的相序信号（见图4.19）。

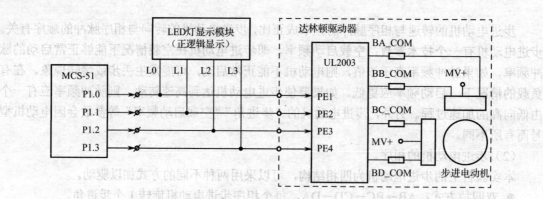

图 4.19 实验连线

（4）实验程序如下，流程图见图 4.20。

```
            ORG     0000h
            LJMP    START
            ORG     0030H
START:      MOV     SP,#60H
ROTATE:     MOV     P1,#08H
            LCALL   DELAY
            MOV     P1,#0CH
            LCALL   DELAY
            MOV     P1,#04H
            LCALL   DELAY
            MOV     P1,#06H
            LCALL   DELAY
            MOV     P1,#02H
            LCALL   DELAY
            MOV     P1,#03H
            LCALL   DELAY
            MOV     P1,#01H
            LCALL   DELAY
            MOV     P1,#09H
            LCALL   DELAY
            SJMP    ROTATE
DELAY:      PUSH    00H
            PUSH    01H
            MOV     R0,#03H
DELAY1:     MOV     R1,#0F0H
            DJNZ    R1,$
            DJNZ    R0,DELAY1
            POP     01H
            POP     00H
            RET
            END
```

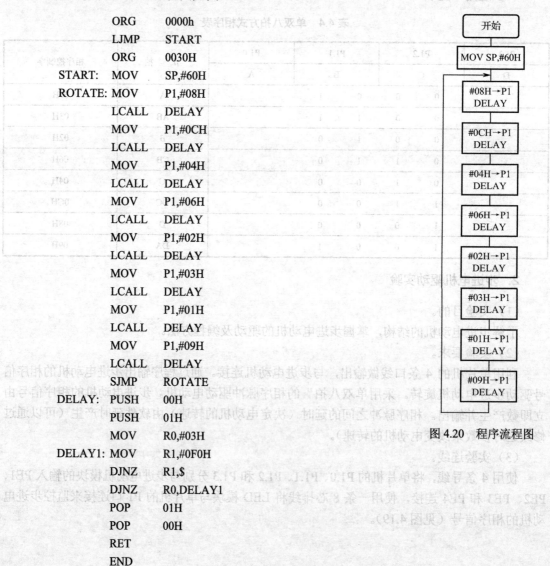

图 4.20 程序流程图

【C 语言参考程序】

```c
#include<reg51.h>
#define uchar unsigned char
#define uint unsigned int
void delay(uint i);
uchar code table1[8]={0x08,0x0c,0x04,0x06,0x02,0x03,0x01,0x09}; //正转表格
void main()
{
    uchar i;
    while(1)
    {
        for(i=0;i<8;i++)
        {
            P1=table1[i];
            delay(800);
        }
    }
}

void delay(uint i)
{
    while(--i);
}
```

（5）思考题。

① 将上述程序改为查表法获取相序数据，并且改为双四拍方式驱动。

② 在此基础上，测量实验台上的步进电动机旋转 1 圈是多少拍（相序脉冲），并且根据测得的数据推算出步进电动机的"步进角"。

【注意】当使用单双八拍方式驱动时，每个相序脉冲驱动步进电动机旋转 1/2 步进角；当使用双四拍方式驱动时，每个相序脉冲驱动步进电动机旋转 1 个步进角。

【提示】为了便于目测步进电动机的步进角变化，需要将程序中的延时时间加长，即将 DELAY 子程序中的双重循环改为三重循环，并且适当设置外层循环的数据。

4.2.6 MCS-51 单片机并行接口实验（五）：LED 数码管动态扫描驱动实验

1. 相关知识

（1）共阳极 LED 数码管的"字形码"。

一个"8"字形的 LED 数码管共有 8 个"字画"，分别定义为 a～g 和小数点 dp，正好与计算机的一个"字节数据"相匹配。在实验台的硬件电路设计上，数码管的字画与字节数据的位定义如下：a 字画对应字节的 d7 位、b 字画对应 d6 位、…、dp 字画对应 d0 位。这样共阳极 LED 数码管的字形码表见表 4.5。

表 4.5 共阳极 LED 数码管的字形码表

显示数据字形	数码管 8 段输入电平（dp 不亮时）								字形码（共阳极）
	dp	g	f	e	d	c	b	a	
0	1	1	0	0	0	0	0	0	C0H
1	1	1	1	1	1	0	0	1	F9H
2	1	0	1	0	0	1	0	0	A4H
3	1	0	1	1	0	0	0	0	B0H
4	1	0	0	1	1	0	0	1	99H
5	1	0	0	1	0	0	1	0	92H
6	1	0	0	0	0	0	1	0	82H
7	1	1	1	1	1	0	0	0	F8H
8	1	0	0	0	0	0	0	0	80H
9	1	0	0	1	0	0	0	0	90H
A	1	0	0	0	1	0	0	0	88H
b	1	0	0	0	0	0	1	1	83H
C	1	1	0	0	0	1	1	0	C6H
d	1	0	1	0	0	0	0	1	A1H
E	1	0	0	0	0	1	1	0	86H
F	1	0	0	0	1	1	1	0	8EH
为了避免数码管显示"8"、"B"及"0"、"D"时产生混淆，将字母"B"和"D"的显示改为字母的小写形式"b"和"d"									

（2）共阳极四位一体 LED 数码管动态扫描电路。

LED 数码管动态扫描电路具有占用单片机接口资源少、显示功耗低的优点，是单片机系统广泛采用的驱动方式。动态扫描的缺点是占用单片机的软件资源较大，显示时单片机必须不停地进行扫描驱动，否则无法正常显示。所以在比较复杂的系统中往往采用专用的芯片来替代单片机的驱动。

实验台上的共阳极四位一体 LED 数码管动态扫描电路及 4×4 矩阵键盘电路见图 4.21。

- 8 个"字画数据"由单片机的一个 8 位接口驱动，通过"字形码"控制数码管的显示字符。
- 4 个"位扫描码"由单片机 4 个位线控制，低电平有效驱动。模块内部由一个同相驱动器 245 来驱动 PNP 三极管以实现 LED 的"位扫描驱动"。

（3）共阳极四位一体 LED 数码管动态扫描时序。

动态扫描的时序是编程的依据，共阳极四位一体 LED 数码管的动态扫描时序见图 4.22。

第4章 MCS-51（AT89C51）单片机基本结构及典型接口实验

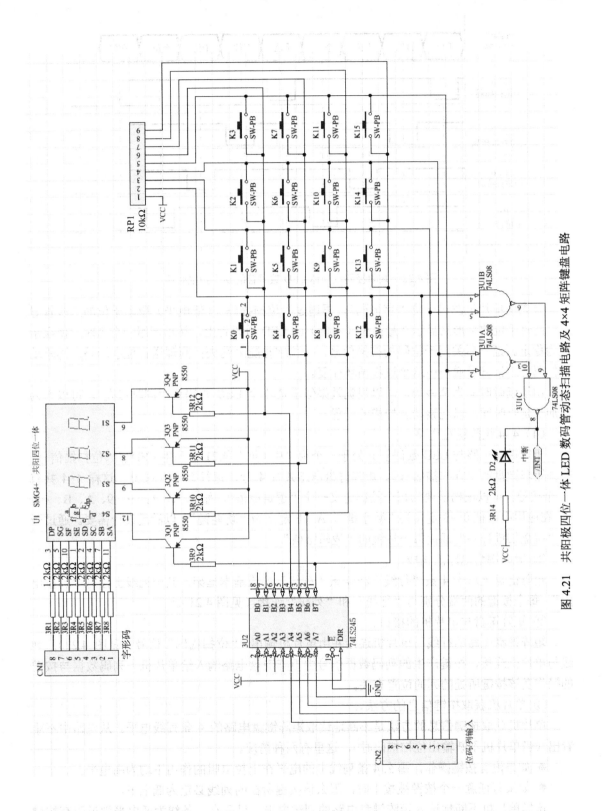

图 4.21 共阳极四位一体 LED 数码管动态扫描电路及 4×4 矩阵键盘电路

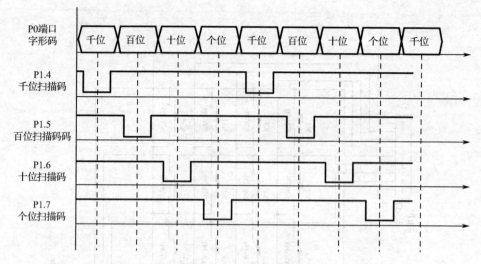

图 4.22 共阳极四位一体 LED 数码管的动态扫描时序

首先由单片机发出千位"字形码",再通过"位扫描码"(低电平)驱动千位的三极管导通,此时千位的字形只显示在最高位(右侧)的 LED 数码管上,然后调用一个延时,使显示更为稳定。延时后关闭千位码的扫描信号,千位字符随之消失;同理送百位字形码,再驱动百位码的三极管导通……这个过程循环往复。

由于延时时间为毫秒级,所以视觉效果似乎是 4 个 LED 数码管"同时点亮"。可以人为地加长延时时间,以观察动态扫描的过程。

(4) 4×4 矩阵键盘电路。

矩阵键盘电路与 LED 数码管共处一个模块中(见图 4.21),利用 LED 的"位扫描信号"兼顾矩阵键盘的"行扫描信号"。矩阵键盘电路共有 4 行,每行有 4 个按键,这样 4×4 共有 16 个按键。可以根据需要为每个按键定义一个"逻辑键值",如 0、1、2、…、9、A、B、…、F。在应用中常把 0~9 定义为"数字键",A~F 定义为"功能键",以满足设计需要。通过一个"键盘扫描程序"捕捉每个按键的"逻辑键值"。

① 矩阵键盘电路的构成。

矩阵键盘电路由 4 条"行线"和 4 条"列线"构成基本框架,其中列线上接有"上拉电阻"。每个按键的两端分别与"行线"和"列线"连接(见图 4.21)。

② 矩阵键盘与单片机的接口。

矩阵键盘电路的行线与单片机连接并由单片机输出"位扫描码"信号(见图 4.22);列线与单片机连接,按键产生的列码数据信号由矩阵键盘电路输入给单片机。列码数据与按键的操作及该按键所处的列的位置有关。

③ 单片机获取按键信息的方法。

单片机获取按键信息的方法是不断地读取矩阵键盘电路的 4 条列线电平。从电路中不难看出(当单片机不断输出位扫描码时),这里有两种情况。

● 如果没有按键操作,那么 4 条列线上的电平在上拉电阻的作用下均为高电平。
● 如果有任意一个按键被按下时,那么该按键所在的列线必定为低电平。

这样单片机不断地读入矩阵键盘电路的列线电平,只要有一条线为低电平则说明有按键操作，并且进行键值的处理操作。

④ 按键中断信号/INT 的实现与作用。

在矩阵键盘电路中设计有一个"按键中断"的逻辑信号，低电平有效，可以直接与单片机的中断输入连接。按键中断信号/INT 就是将 4 条列线的电平进行"与逻辑"，只要有一条列线为低电平，则/INT=0。这个设计可以使矩阵键盘具有"按键中断"功能，单片机可以通过中断方式来管理键盘，以提高单片机的工作效率。这里"与逻辑"是由 74LS20 芯片实现的。

⑤ 矩阵键盘键值的获取方法。

从矩阵键盘电路中可以看出：16 个按键各自处于不同的行和列。如果按下其中的某一个按键就会获取对应的"行值"和"列值"。行值就是单片机为 LED 数码管显示所输出的"位扫描码"（低电平有效）；列值取决于该按键所在列的位置，可以由单片机从列线输入的数据获取（低电平有效）。将 4 位行值和 4 位列值"拼"成 1 个字节的数据，这个数据可以称为"物理键值"数据，物理键值数据与行和列有关。这里再次强调：每个按键的"物理键值"是唯一的，不可能重复。

这里把列值拼在字节的低 4 位，行值拼在字节的高 4 位，这样可获取 16 个按键的"物理键值"，见表 4.6。

表 4.6 实验台矩阵键盘按键 4 位物理键值表

按 键 符 号	物 理 键 值	按 键 符 号	物 理 键 值
K0	0111 0111B (77H)	K8	1101 0111B (D7H)
K1	0111 1011B (7BH)	K9	1101 1011B (DBH)
K2	0111 1101B (7DH)	K10	1101 1101B (DDH)
K3	0111 1110B (7EH)	K11	1101 1110B(DEH)
K4	1011 0111B (B7H)	K12	1110 0111B (E7H)
K5	1011 1011B (BBH)	K13	1110 1011B (EBH)
K6	1011 1101B (BDH)	K14	1110 1101B (EDH)
K7	1011 1110B (BEH)	K15	1110 1110B (EEH)

逻辑键值的获取方法。所谓逻辑键值是指使用者在矩阵键盘电路不变的情况下，根据实际需要对 16 个按键（K0～K15）定义出实际的键值，即逻辑键值（0～F）。逻辑键值的获取是通过"读表"实现的，具体方法如下。

首先将 16 个按键的物理键值数据使用伪指令 DB 定义一个表（应有一个标号做表头地址），而表中物理键值的数据存放顺序就是该按键的逻辑键值。

设计一个"读表计数器"并原始清零，将获取的拼装的物理键值数据通过读表进行比较，如果两者不同，则读表计数器加 1 并读取表中的下一个数据；如果读出的表数据与获取的拼装数据一致，则读表结束，读表计数器的计数值就是该按键的逻辑键值。将 K0～K15 分别定义为 0～F 的方法如下。

KEYTAB: DB 77H,7BH,7DH,7EH,B7H,BBH,BDH,BEH,D7H,DBH,DDH,DEH,E7H,EBH,EDH,EEH

当然，表中的数据顺序也可不同，这样同一个矩阵键盘电路的按键会产生不同的逻辑键值。

2. LED 数码管动态扫描驱动实验

(1) 实验目的。

学习 LED 数码管动态扫描显示的工作原理，了解"字形码"与显示字形之间的关系。进一步掌握单片机的查表指令的运用及子程序的编写方法和注意事项。

(2) 实验要求。

利用单片机的两个接口驱动四位一体 LED 数码管电路，要求在数码管上自左向右分别显示"1、2、3、4"的字形。

(3) 实验连线。

使用两条 8 芯排线，分别将单片机的 P0 口与显示电路的"字形码接口"CN1 插座连接；单片机的 P1 口与显示电路的"位驱动接口"CN2 插座连接，见图 4.23。

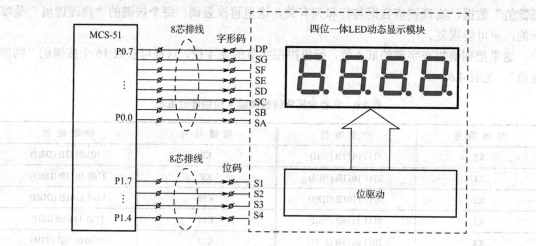

图 4.23　实验连线

(4) 实验程序如下，流程图见图 4.24。

```
            ORG     0000H
            LJMP    START
            ORG     0030H
START:      MOV     SP,#60H
            MOV     A,#1
            MOV     R0,#20H
            MOV     R1,#4
LOOP1:      MOV     @R0,A
            INC     A
            INC     R0
            DJNZ    R1,LOOP1        ;待显示字存在 20H~23H
            MOV     R0,#20H
            MOV     R1,#24H
            MOV     R2,#4
            MOV     DPTR,#LEDGY
```

```
LOOP2:  MOV    A,@R0
        MOVC   A,@A+DPTR
        MOV    @R1,A
        INC    R0
        INC    R1
        DJNZ   R2,LOOP2      ;待显示字的字形码存在 24H～27H
LOOP3:  MOV    P1,#0FFH
        MOV    P0,24H        ;段选，千位的字形码
        MOV    P1,#0EFH      ;位选，点亮千位
        LCALL  DELAY
        MOV    P1,#0FFH
        MOV    P0,25H        ;段选，百位的字形码
        MOV    P1,#0DFH      ;位选，点亮百位
        LCALL  DELAY
        MOV    P1,#0FFH
        MOV    P0,26H        ;段选，十位的字形码
        MOV    P1,#0BFH      ;位选，点亮十位
        LCALL  DELAY
        MOV    P1,#0FFH
        MOV    P0,27H        ;段选，个位的字形码
        MOV    P1,#07FH      ;位选，点亮个位
        LCALL  DELAY
        SJMP   LOOP3
LEDGY:  DB     0C0H,0F9H,0A4H,0B0H,99H,92H,82H,0F8H
        DB     80H,90H,88H,83H,0C6H,0A1H,86H,8EH
                             ;共阳极数码管字形码表 0～F
DELAY:  PUSH   00H           ;延时子程序
        PUSH   01H
        MOV    R1,#00H
LOOP4:  MOV    R0,#06H
        DJNZ   R0,$
        DJNZ   R1,LOOP4
        POP    01H
        POP    00H
        RET
        END
```

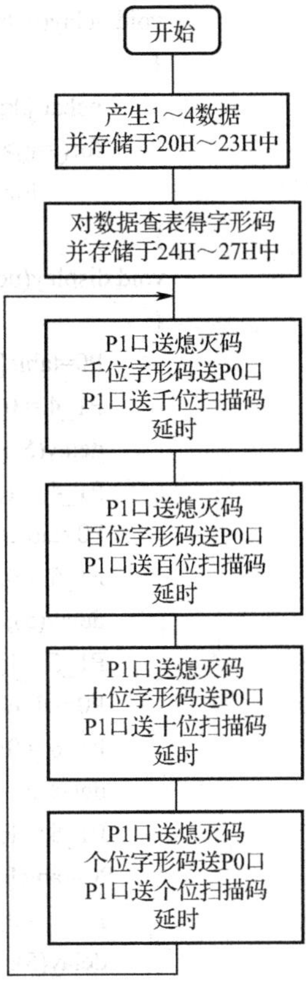

图 4.24 程序流程图

【C 语言参考程序】

```
#include <reg52.h>
#define uchar unsigned char
sbit P1_4 = P1^4;
sbit P1_5 = P1^5;
sbit P1_6 = P1^6;
sbit P1_7 = P1^7;
uchar code table[]={0xc0,0xf9,0xa4,0xb0,0x99,0x92,0x82, 0xf8,
```

```c
                        0x80,0x90,0x88,0x83,0xc6,0xa1,0x86,0xbe};
    void delay(uchar i)
    {
        uchar j,k;
        for(j=i;j>0;j--)
            for(k=125;k>0;k--);
    }
    void display(uchar a,uchar b,uchar c,uchar d)//0~F<--0~15
    {
        P0=table[a];
        P1_4 = 0;
        delay(5);
        P1_4 = 1;
        P0=table[b];
        P1_5 = 0;
        delay(5);
        P1_5 = 1;
        P0=table[c];
        P1_6 = 0;
        delay(5);
        P1_6 = 1;
        P0=table[d];
        P1_7 = 0;
        delay(5);
        P1_7 = 1;
    }
    void main(void)
    {
        while(1)
        {
            // for(a=100;a>0;a--)
            {
                display(1,2,3,4);
            }
        }
    }
```

程序说明如下。

① 待显示的 4 个数据变量分别存储于 RAM 的 20H～23H 中；对应的字形码存储于 RAM 的 24H～27H 中。

② 与变量对应的字形码通过查表获取。

③ 根据电路特点，位驱动电平为低电平有效。

④ 子程序 DELAY 的延时决定每位数码管的点亮时间，可以通过修改 DELAY 子程序中的延时参数（增加延时时间）来观察动态显示的效果。

（5）思考题。

① 将上述程序修改为一个"动态显示子程序"，能够直接将 RAM 的 20H～23H 中的变量进行显示。

② 编制一个输入程序，实现将 8 位开关 S0～S7 的 8 位变量数据输入并以十六进制（00H～FFH）或十进制（0000～0255）的形式显示在 4 位数码管上。

③ 编制一个 4×4 矩阵键盘的"扫描程序"，将键值显示在 LED 数码管上。

【提示】键盘电路具有"按键中断"功能（见图 4.25），因此可以编制一个键盘中断程序，在程序中对键值进行分析。

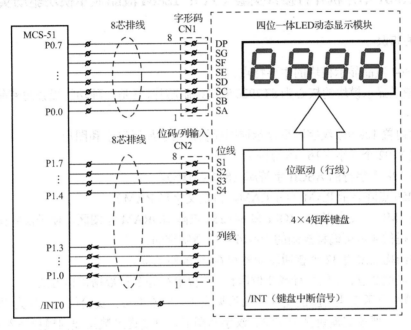

图 4.25　实验连线

【注意】编写子程序时要注意以下几点。

① 子程序是一个独立于主程序的结构体。子程序的第一条语句必须标有一个"标号"，且此标号就是该子程序名。子程序的最后一条指令必须是 RET 指令，不允许使用跳转语句返回主程序。

② 主程序通过调用语句 LCALL 执行子程序的操作，任何跳转语句对子程序的使用都是错误的。

③ 为了保障主程序的安全运行，编写子程序时对子程序的"局部变量"一定要运用 PUSH 指令进行保护（如累加器 ACC、R0 和 R1 等），否则子程序的运行会破坏主程序中的原始数据；子程序返回前再使用 POP 指令将这些局部变量进行恢复。保护与恢复要严格按照"先进后出"的原则，且 PUSH 与 POP 指令数量要一致，否则程序出错。

④ 子程序与主程序之间往往存在"参数传递"的过程，如"入口参数"或"出口参数"。编制程序时要约定好参数的物理位置（RAM 单元或寄存器单元），以便主程序与子程序之间的数据交换。

⑤ 在本例中，RAM 的 20H～23H 单元为"入口参数"单元。编程时主程序在调用显示

子程序前就应将要显示的数据处理好并依次存放于 20H～23H 单元中。例如，将 I/O 接口输入的 8 位二进制数要以十六进制的形式显示，就应将 8 位二进制数"拆分"为 2 位十六进制数（高 4 位与低 4 位）并分别送 22H、23H 中（20H、21H 原始清零），这样调用显示子程序时就可以在数码管的低 2 位有对应的十六进制数显示；同理，如果要以十进制数显示 8 位的二进制数，则主程序就要事先将 8 位二进制数转换为 3 位 BCD 码并分别送 21H、22H 和 23H 单元（20H 单元原始送 0）。

关于子程序的结构与调用方法可参见 4.2.3 节中的 DELAY 延时子程序。

4.2.7　MCS-51 单片机并行接口实验（六）：12864 液晶显示模块驱动实验

1. 相关知识

（1）12864 液晶显示模块的主要特点。

12864 液晶显示模块的核心为 ST7920 液晶控制芯片，它是一种功能极强的液晶控制模块，其功能如下。

- 芯片内置 128×64 汉字图形显示控制模块，用于显示汉字和图形。
- 内置 8192 个汉字（16×16 点阵）。
- 内置 128 个字符的 ASCII 字符库（8×16 点阵）。
- 64×256 点阵显示 RAM（GDRAM，自定义字形 RAM）。
- 设有 2MB 中文字形 CGROM 和 64×256 点阵 GDRAM 绘图区，便于汉字图形显示。
- 芯片提供 4 组可编程控制的 16×16 点阵造字空间。
- 硬件结构上采用 32 个普通驱动器和 64 个段驱动器。
- 芯片提供 8 位、4 位并行或 2 位串行、3 位串行等多种数据接口方式。

12864 液晶显示模块引脚的定义及图形见表 4.7 和图 4.26。实验仪上设计为"8 位并行"模式（PSB=1）。要控制模块显示字符、汉字和图形，只要通过数据线向模块写入对应的模块命令、数据即可。

表 4.7　12864 液晶显示模块引脚的定义

引脚	符号	电平	功能
1	VSS	0V	电源地 GND
2	VDD	5.0V	逻辑电源
3	V0	0～5.0V	屏幕对比度调节
4	D/I 或 RS	H/L	=H 时为数据，=L 时为命令
5	R/W	H/L	=H 时为读操作；=L 时为写操作
6	E	H	使能信号、高电平时有效
7	DB0		并行数据线
8	DB1		并行数据线
9	DB2	H/L	当 D/I=1 时，BD7～DB0 为数据
10	DB3		当 D/I=0 时，BD7～DB0 为命令
11	DB4		

续表

引脚	符号	电平	功能
12	DB5	H/L	并行数据线
13	DB6		当 D/I=1 时，BD7～DB0 为数据
14	DB7		当 D/I=0 时，BD7～DB0 为命令
15	PSB	H/L	数据"并/串"模式选择， =1 并行；=0 串行
16	NC	NOP	
17	/RST	L	复位信号，L=0 复位
18	NC	NOP	
19	LED+	+5V	屏幕背光电源

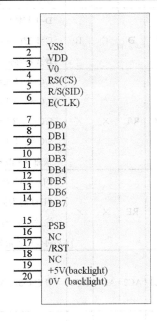

图 4.26　12864 液晶显示模块引脚图

（2）ST7920 液晶模块的基本指令集。

通过指令可以实现对液晶模块的不同操作以满足设计需要。模块的指令集分为基本指令集和扩展指令集，读者可以通过实践进行尝试。基本指令集和扩展指令集见表 4.8 和表 4.9。

表 4.8　基本指令集

指令	指令码									说明
	RW	RS	D7	D6	D5	D4	D3	D2	D1	D0	
清除显示	0	0	0	0	0	0	0	0	0	1	将 DDRAM 填满 20H，并设定 DDRAM 地址计数器 AC=00H

续表

指令	指令码									说明
	RW	RS	D7	D6	D5	D4	D3	D2	D1	D0	
地址归位	0	0	0	0	0	0	0	0	1	×	设定 DDRAM 地址计数器 AC=00H，并将光标移至开头的位置，此命令不影响 DDRAM 内容
进入设定点	0	0	0	0	0	0	0	1	I/D	S	I/D 地址增量/减量设定： I/D=1 右移、AC+1； I/D=0 左移、AC-1。 S 显示画面整体移位： S=1、I/D=0 时，画面整体左移； S=1、I/D=1 时，画面整体右移； S=0 时，显示图形不移动
显示开关控制	0	0	0	0	0	0	1	D	C	B	D=1 整体显示打开，D=0 关闭整体显示； C=1 游标显示，C=0 关闭游标显示； B=1 游标位置呈反白显示，B=0 关闭反白显示
游标或显示移位控制	0	0	0	0	0	1	S/C	R/L	×	×	S/C=0、R/L=0 时：游标左移，AC-1； S/C=0、R/L=1 时：游标右移，AC+1； S/C=1、R/L=0 时：显示左移，游标跟着移动，AC=AC； S/C=1、R/L=1 时：显示右移，游标跟着移动，AC=AC； 该命令不改变 DDRAM 的内容
功能设定	0	0	0	0	1	DL	×	RE	×	×	DL=1:8bit 控制模式（必须为 1），DL=0:4bit 控制模式； RE=1 时为扩展指令，RE=0 为基本指令； 注意，统一指令不能同时改变 DL、RE。先改变 DL，然后再使用该指令改变 RE
设定 CGRAM 地址	0	0	0	1	AC5	AC4	AC3	AC2	AC1	AC0	设定 CGRAM 地址到地址计数器 AC
设定 DDRAM 地址	0	0	1	0	AC5	AC4	AC3	AC2	AC1	AC0	设定 DDRAM 地址到地址计数器 AC
读取忙标志 BF	1	0	BF	AC6	AC5	AC4	AC3	AC2	AC1	AC0	读取"忙"标志，同时可以读地址计数器 AC 的值。当 BF=1 时表明内部忙，不能执行新的指令。所以每次写入命令前要先查询 BF
写数据到 RAM	0	1	D7	D6	D5	D4	D3	D2	D1	D0	写入数据到内部 RAM（DDRAM、CGRAM、IRAM、GDRAM）。每次写数据到 RAM 时会改变 AC 的值。一个地址可以连续写入 2 个字节
读取 RAM 数据	1	1	D7	D6	D5	D4	D3	D2	D1	D0	从 RAM 中读取数据（DDRAM、CGRAM、IRAM、GDRAM）

表 4.9　扩展指令集

指令	指令码									说明
	RW	RS	D7	D6	D5	D4	D3	D2	D1	D0	
待命模式	0	0	0	0	0	0	0	0	0	1	将 DDRAM 填满 20H, 并设定 DDRAM 地址计数器 AC=00H。不影响 RAM 内容。后面的任何一个指令都可以终结待命模式
卷动地址或 IRAM 地址选择	0	0	0	0	0	0	0	0	1	SR	SR=1: 允许输入卷动地址; SR=0: 允许输入 IRAM 地址(扩展指令)及允许输入设定 CGRAM 地址(基本指令)
反白显示	0	0	0	0	0	0	0	1	R1	R0	选择 4 行地址中的任何一行反白显示。第一次设定时为反白显示, 再设定一次时恢复为正常显示。R1、R0=00 时: 第 1 行反白或正常显示; R1、R0=01 时: 第 2 行反白或正常显示; R1、R0=10 时: 第 3 行反白或正常显示; R1、R0=11 时: 第 4 行反白或正常显示
睡眠模式	0	0	0	0	0	0	1	/SL	×	×	SL=0 时: 进入睡眠模式; SL=1 时: 脱离睡眠模式
扩展功能调用	0	0	0	0	1	DL	×	1 RE	G	0	DL=1:8bit 控制模式(必须为 1); DL=0:4bit 控制模式。RE=1 为扩展指令; RE=0 为基本指令。G=1 为绘图模式 ON; G=0 为绘图模式 OFF。注意, 同一个指令不可同时改变 DL、G 和 RE, 一般先改变 DL 或 G, 然后再改变 RE
设定 IRAM 地址或卷动地址	0	0	0	1	AC5	AC4	AC3	AC2	AC1	AC0	SR=1 时: AC5~AC0 为垂直卷动地址; SR=0 时: AC5~AC0 为 ICONRAM 地址
设定绘图地址	0	0	1	AC6	AC5	AC4	AC3	AC2	AC1	AC0	设定 GDRAM 地址到地址计数器 AC。先设定垂直地址, 再设定水平地址(连续两次操作)

(3) ST7920 显示器模块命令详解。

控制 ST7920 显示器模块的各种操作是通过各种命令实现的。这些命令包括显示模块的显示开关控制、设置显示起始行、设定页地址、读模块的状态信息、写入显示数据和读出显示数据等。

① 清除显示(基本指令集)。

功能: 清除显示屏幕。把 DDRAM 地址计数器调整为 00H。

R/W	RS	DB7	DB6	DB5	DB4	DB3	DB2	DB1	DB0
0	0	0	0	0	0	0	0	0	1

② 地址归位（基本指令集）。

　　功能：把 DDRAM 地址计数器调整为 00H，游标回原点，该功能不影响显示 DDRAM。

R/W	RS	DB7	DB6	DB5	DB4	DB3	DB2	DB1	DB0
0	0	0	0	0	0	0	0	1	X

③ 进入设定点（基本指令集）。

　　功能：把 DDRAM 地址计数器调整为 00H，游标回原点，该功能不影响显示 DDRAM。执行该命令后，所显示的行将显示在屏幕的第 1 行。显示起始行由 Z 地址计数器控制，该命令自动将 A0～A5 地址送至 Z 地址计数器，起始地址可以是 0～63 范围内的任意值。Z 地址计数器具有循环计数功能，用于显示行扫描同步，当扫描完 1 行后计数器自动加 1。S=0 时，显示图形不移动；S=1 时，显示图形移动。

R/W	RS	DB7	DB6	DB5	DB4	DB3	DB2	DB1	DB0
0	0	0	0	0	0	0	1	I/D	S

④ 显示开关控制（基本指令集）。

　　功能：设置显示与否、是否有游标显示，以及是否在游标处"反白"显示字符。

　　　　D=1 打开显示；D=0 关闭显示；
　　　　C=1 游标显示；C=0 关闭游标显示；
　　　　B=1 游标位址的字符呈"反白"效果；B=0 关闭"反白"效果。

R/W	RS	DB7	DB6	DB5	DB4	DB3	DB2	DB1	DB0
0	0	0	0	0	0	1	D	C	B

⑤ 游标或显示移位控制（基本指令集）。

　　功能：设定游标的移动与显示的移位控制位，该命令不改变 DDRAM 的内容。

R/W	RS	DB7	DB6	DB5	DB4	DB3	DB2	DB1	DB0
0	0	0	0	0	1	S/C	R/L	X	X

⑥ 功能设定（基本指令集）。

　　功能：DL=1（必须为 1）且 RE=1，扩展指令动作；RE=0，基本指令动作。

R/W	RS	DB7	DB6	DB5	DB4	DB3	DB2	DB1	DB0
0	0	0	0	1	DL	X	RE	X	X

⑦ 设定 CGRAM 地址（基本指令集）。

　　功能：设定 CGRAM 的地址到地址计数器中（将 AC5～AC0 送到位计数器中）。

R/W	RS	DB7	DB6	DB5	DB4	DB3	DB2	DB1	DB0
0	0	0	AC6	AC5	AC4	AC3	AC2	AC1	AC0

⑧ 设定 DDRAM 地址（基本指令集）。

　　功能：设定 DDRAM 的地址到地址计数器中（将 AC6～AC0 送到位计数器中）。

R/W	RS	DB7	DB6	DB5	DB4	DB3	DB2	DB1	DB0
0	0	1	AC6	AC5	AC4	AC3	AC2	AC1	AC0

⑨ 读取忙标志 BF（基本指令集）。

功能：读取、确定内部动作是否结束，以及读取当前的地址计数器的值（AC）。

R/W	RS	DB7	DB6	DB5	DB4	DB3	DB2	DB1	DB0
1	0	BF	AC6	AC5	AC4	AC3	AC2	AC1	AC0

⑩ 写数据到 RAM（基本指令集）。

功能：写入数据到内部的 RAM（DDRAM、CGRAM、IRAM、GDRAM）中。

R/W	RS	DB7	DB6	DB5	DB4	DB3	DB2	DB1	DB0
0	1	AC7	AC6	AC5	AC4	AC3	AC2	AC1	AC0

⑪ 读取 RAM 数据（基本指令集）。

功能：从内部的 RAM（DDRAM、CGRAM、IRAM、GDRAM）中读取数据。

R/W	RS	DB7	DB6	DB5	DB4	DB3	DB2	DB1	DB0
1	1	AC7	AC6	AC5	AC4	AC3	AC2	AC1	AC0

⑫ 待命模式（扩展指令集）。

功能：执行待命模式，执行其他命令都可以结束待命模式。

R/W	RS	DB7	DB6	DB5	DB4	DB3	DB2	DB1	DB0
0	0	0	0	0	0	0	0	0	1

⑬ 卷动地址或 IRAM 地址选择（扩展指令集）。

功能：SR=1，允许输入卷动地址；SR=0 允许输入 IRAM 地址。

R/W	RS	DB7	DB6	DB5	DB4	DB3	DB2	DB1	DB0
0	0	0	0	0	0	0	0	1	SR

⑭ 反白显示（扩展指令集）。

功能：选择 4 行地址中的任何一行进行反白显示，第一次设定时为反白显示，再设定一次时恢复为正常显示。以 R1、R0 的 4 种组合来确定行数。

R/W	RS	DB7	DB6	DB5	DB4	DB3	DB2	DB1	DB0
0	0	0	0	0	0	0	H	R1	R0

⑮ 睡眠模式（扩展指令集）。

功能：控制模块是否进入睡眠模式。SL=1 时脱离睡眠模式；SL=0 时进入睡眠模式。

R/W	RS	DB7	DB6	DB5	DB4	DB3	DB2	DB1	DB0
0	0	0	0	0	0	1	SL	X	X

⑯ 扩展功能调用（扩展指令集）。

功能：RE=1 为扩展指令动作；RE=0 为基本指令动作；G=1 为绘图显示 ON；G=0 为绘图显示 OFF。

R/W	RS	DB7	DB6	DB5	DB4	DB3	DB2	DB1	DB0
0	0	0	0	1	1	X	RE	G	0

⑰ 设定 IRAM 地址或卷动地址（扩展指令集）。

功能：SR=1 时，AC5～AC0 为垂直卷动地址；SR=0 时，AC5～AC0 为 ICONRAM 地址。

R/W	RS	DB7	DB6	DB5	DB4	DB3	DB2	DB1	DB0
0	0	0	0	1	AC5	AC4	AC3	AC2	AC1	AC0

⑱ 设定绘图地址（扩展指令集）。

功能：设定绘图 RAM 位址。设定 GDRAM 地址 AC6～AC0 到地址计数器。

R/W	RS	DB7	DB6	DB5	DB4	DB3	DB2	DB1	DB0
0	0	0	1	AC6	AC5	AC4	AC3	AC2	AC1	AC0

12864 液晶显示模块在显示汉字时，它在屏幕对应的位置（行、列）与模块内部 X、Y 坐标地址的对应关系见表 4.10。

表 4.10 12864 液晶显示模块显示汉字时在屏幕对应的位置与模块内部 X、Y 坐标地址的对应关系

Y 坐标	X 坐标							
Line1	80H	81H	82H	83H	84H	85H	86H	87H
Line2	90H	91H	92H	93H	94H	95H	96H	97H
Line3	88H	89H	8AH	8BH	8CH	8DH	8EH	8FH
Line4	98H	99H	9AH	9BH	9CH	9DH	9EH	9FH

2. 12864 液晶显示模块驱动实验

（1）实验目的。

了解 ST7920 液晶控制芯片的特点、模块结构，掌握其初始化方法。熟悉使用 MCS-51 单片机与 12864 液晶显示模块（简称 12864）的"并行数据接口"的连接方式和数字、汉字字符的显示方法。

（2）实验要求。

编制一个汉字、字符的显示程序：在屏幕上显示"大连理工大学""18 年 03 月 15 日"。

（3）实验连线。

① 12864 的 8 位数据线 DB0～DB7（实验台定义为 DA0～DA7）与单片机的 P2.0～P2.7 连接。

② 12864 的复位信号/RST（低电平有效）与单片机的 P1.0 连接（初始化时一定要对其复位）。

③ 12864 的 4 引脚 RS——数据/命令，与单片机的 P1.1 连接（高电平表示数据操作，低

电平表示命令操作)。

④ 12864 的 5 引脚 R/W(R/S)——读/写,对应 P1.2,高电平时是读操作,低电平时是写操作。

⑤ 12864 的 6 引脚 EN——使能控制,对应 P1.3,高电平时使能 12864 的操作功能。
实验连接见图 4.27。

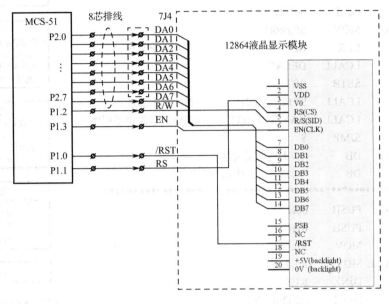

图 4.27 实验连线

(4)实验程序如下,(12864 的工作时序见图 4.28 和图 4.29,程序流程图见图 4.30 和图 4.31)。

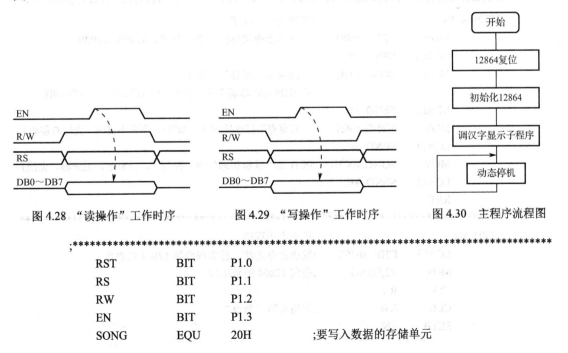

图 4.28 "读操作"工作时序　　图 4.29 "写操作"工作时序　　图 4.30 主程序流程图

```
;****************************************************************
RST     BIT     P1.0
RS      BIT     P1.1
RW      BIT     P1.2
EN      BIT     P1.3
SONG    EQU     20H         ;要写入数据的存储单元
```

```
        READ       EQU   21H              ;要读出数据的存储单元
        XUNHUAN    EQU   22H              ;循环变量单元
        COUNT      EQU   23H              ;查表计数器
;****************************************************
        ORG    0000H
        LJMP   START
        ORG    0030H
START:  MOV    SP,#60H
        CLR    RST                        ;芯片上电复位
        LCALL  DELAY
        SETB   RST
        LCALL  ST12864_INT                ;初始化 12864
        LCALL  HANZI_WRITE                ;调用显示汉字子程序
        SJMP   $
TABLE:  DB     "  大连理工大学  "
        DB     "  18 年 03 月 15 日  "
;****************************************************
DELAY:  PUSH   00H
        PUSH   01H
        MOV    R0,#00H
DELAY1: MOV    R1,#00H
        DJNZ   R1,$
        DJNZ   R0,DELAY1
        POP    01H
        POP    00H
        RET
;****************************************************************
ST12864_INT:                              ;模块初始化程序
        MOV    SONG,#30H                  ;"基本指令集操作"的控制字，即 0011 0000B
        LCALL  SEND_ML
        MOV    SONG,#01H                  ;"清除显示屏幕"控制字
                                          ;将 DDRAM 填满 20H（空格的 ASCII 码），AC=00H
        LCALL  SEND_ML
        MOV    SONG,#06H                  ;"设定点"指令控制字（AC+1，图形不移动，光标右移动）
        LCALL  SEND_ML
        MOV    SONG,#0CH                  ;0CH 是"显示状态"指令控制字，开显示，无光标，无反白
        LCALL  SEND_ML
        RET
;****************************************************************
SEND_ML:                                  ;送命令子程序
        LCALL  CHK_BUSY                   ;发送命令之前，首先应检测 12864 是否忙
        MOV    P2,SONG                    ;指向 12864 的数据口
        CLR    RS
        CLR    RW                         ;表明要写"命令"
        SETB   EN
```

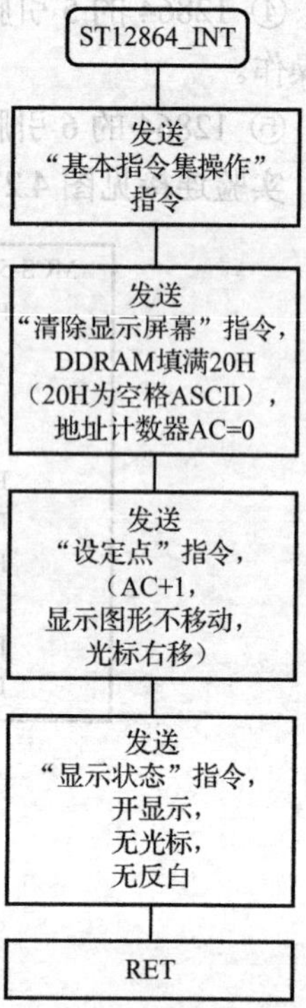

图 4.31 ST12864_INT 流程图

```
                LCALL     DELAY
                CLR       EN
                RET
;******************************************************************
CHK_BUSY:                             ;查询状态子程序
                MOV       P2,#0FFH    ;这里写1是为单片机输入做准备
                CLR       RS
                SETB      RW
                SETB      EN          ;与下面的CLR EN 指令配合,让使能信号产生下降沿
LOOP:           MOV       A,P2
                JB        P2.7,LOOP   ;位测试指令,if P2.7=1 则"忙",等待
                CLR       EN
                RET
;******************************************************************
HANZI_WRITE:                          ;写汉字子程序
                MOV       SONG,#80H   ;设定 DDRAM 地址(第1行),AC=0
                LCALL     SEND_ML
                MOV       XUNHUAN,#32 ;共32个字节(16个字)
                MOV       DPTR,#TABLE
                MOV       A,#00H
                MOV       COUNT,#00H
LOOP1:          MOVC      A,@A+DPTR
                MOV       SONG,A
                LCALL     SEND_SJ
                INC       COUNT
                MOV       A,COUNT
                DJNZ      XUNHUAN,LOOP1
                RET
;******************************************************************
SEND_SJ :                             ;发送数据子程序
                LCALL     CHK_BUSY
                MOV       P2,SONG
                SETB      RS
                CLR       RW
                SETB      EN
                CLR       EN
                RET
                END
;******************************************************************
```

【C 语言参考程序】

```c
#include<reg52.h>
#include<intrins.h>
#define    uchar unsigned char
#define unit unsigned int
```

```c
sbit rst=P1^0;
sbit rs=P1^1;
sbit rw=P1^2;
sbit en=P1^3;
unsigned char code dat[]="   大连理工大学    18年03月15日   ";
void write_12864com(uchar com);
void write_12864dat(uchar dat);
void chk_12864busy(void);
void st12864_int(void);
void display(void);
void delay_50us (unit t)
{
    uchar j;
    for(;t>0;t--)
        for(j=19;j>0;j--);
}
void delay_50ms (unit t)
{
    uchar j;
    for(;t>0;t--)
        for(j=6245;j>0;j--);
}
void  main(void)
{
    rst=0;
    delay_50ms (2);
    rst=1;
    st12864_int();
    while(1)
    {
        display();
        while(1);
    }
}
void write_12864com(uchar com)
{
    chk_12864busy();
    rw=0;
    rs=0;
    delay_50us(10);
    P2=com;
    en=1;
    delay_50us(100);
    en=0;
    delay_50us(20);
```

```c
    }
    void write_12864dat(uchar dat)
    {
        chk_12864busy();
        rw=0;
        rs=1;
        delay_50us(10);
        P2=dat;
        en=1;
        delay_50us(100);
        en=0;
        delay_50us(20);
    }
    void chk_12864busy(void)
    {
        P2=0xff;
        rs=0;
        rw=1;
        en=1;
        while(P2&0x80);
        en=0;
    }
    void st12864_int(void)
    {
        write_12864com(0x30);
        write_12864com(0x01);
        write_12864com(0x06);
        write_12864com(0x0c);
    }
    void display(void)
    {
        uchar i;
        uchar *a=dat;
        write_12864com(0x80);
        delay_50us (1);
        for(i=0;i<32;i++)
        {
            write_12864dat(*a);
            delay_50us (1);
            a++;
        }
    }
```

（5）思考题。

在 12864 的第 2 行和第 4 行上分别显示自己的姓名、班级和学号。

4.3 MCS-51 单片机中断系统结构及外部中断/INT0 实验

MCS-51 单片机具有 5 个中断源，它们都是可屏蔽中断。所有的中断源都由"中断允许寄存器 IE"来设定"允许"或"屏蔽"。中断源具有"高""低"两个优先级，由"中断优先级寄存器 IP"来设定。单片机在复位后，5 个中断源都被屏蔽且都为低优先级。

4.3.1 知识点分析

5 个中断源的中断申请信号要分别经过 3 个环节：源允许、总允许和优先级选择。只有两级中断源允许控制都是导通（即被使能）时，该中断源的申请才能被 CPU 查询到（见图 4.32）。

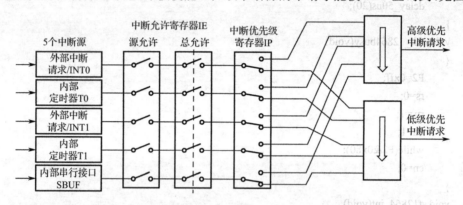

图 4.32 MCS-51 的中断系统结构（复位后的状态）

1. 与中断相关的特殊功能寄存器

（1）中断允许寄存器 IE（SFR 的地址：A8H——可以按位寻址）。

中断允许寄存器 IE 用于控制单片机总的中断使能位 EA 和各个中断源的中断允许位。该寄存器在单片机内部专用寄存器 SFR 中的物理地址为 A8H，这是可以按位寻址的 SFR。其各位定义如下。

(MSB)   (LSB)

EA	×	×	ES	ET1	EX1	ET0	EX0

EA：中断总的允许位。EA=0，禁止一切中断；EA=1，每个中断是否允许还要取决于各自的中断允许位。

ES：串行接口中断允许位。ES=0，禁止其中断；ES=1，允许其中断。

ET1：定时器 1 中断允许位。ET1=0，禁止其中断；ET1=1，允许其中断。

EX1：外部中断/INT1 中断允许位。EX1=0，禁止其中断；EX1=1，允许其中断。

ET0：定时器 0 中断允许位。ET0=0，禁止其中断；ET0=1，允许其中断。

EX0：外部中断/INT0 中断允许位。EX0=0，禁止其中断；EX0=1，允许其中断。

【注意】单片机复位后 IE=00H。

（2）中断优先级寄存器 IP（SFR 的地址：B8H——可以按位寻址）。

中断优先级寄存器 IP 用于确定每个中断源的优先级。该寄存器在 SFR 中的地址是 B8H（可以按位寻址），其各位定义如下。

(MSB)   (LSB)

×	×	×	PS	PT1	PX1	PT0	PX0

PS：串行接口中断优先级设定位。PS=1，设置该中断源为高优先级；PS=0 为低优先级。

PT1：定时器 1 中断优先级设定位。PT1=1，设置该中断源为高优先级；PT1=0 为低优先级。

PX1：外部中断/INT1 中断优先级设定位。PX1=1，设置该中断源为高优先级；PX1=0 为低优先级。

PT0：定时器 0 中断优先级设定位。PT0=1，设置该中断源为高优先级；PT0=0 为低优先级。

PX0：外部中断/INT0 中断优先级设定位。PX0=1，设置该中断源为高优先级；PX0=0 为低优先级。

【注意】单片机复位后 IP=00H。

（3）定时/计数器控制寄存器 TCON（在 SFR 中的地址：88H——可以按位寻址）。其各位定义如下。

(MSB)   (LSB)

TF1	TR1	TF0	TR0	IE1	IT1	IE0	IT0

TF1：定时器 T1 溢出标志。

TR1：定时器 T1 的运行控制位，由软件置位和清零。

IE1：外部中断/INT1 触发中断请求标志，当检测到/INT1 引脚上的电平由高电平变为低电平时，该位被置位并请求中断。进入中断服务程序后，该位被自动清除。

IT1：外部中断/INT1 触发类型控制位。IT1=1 时：下降沿触发中断；IT1=0 时：低电平触发中断。

TF0、TR0：定时器 T0 的相关设置，定义同上。

IE0、IT0：外部中断/INT0 的相关设置，定义同上。

2．中断响应协议

在每个机器周期中，所有的中断源都要按照自然优先级的顺序检查一遍。在机器周期的 S6 状态时，查找所有被激活的中断申请、排好优先级。在下一个机器周期的 S1 状态，只要不受阻断，就开始响应高优先级或同一级别中自然优先级高的中断。

如果发生下列情况，则中断将被阻止。

（1）同级或高级中断正在执行。

（2）当前的机器周期不是指令的最后一个机器周期。

（3）当 CPU 正在执行的指令是 RETI 或访问 IE、IP 寄存器时，CPU 是不会响应中断的，而且要等到该指令的下一条指令执行完毕后中断才能重新查询、响应。

3．中断响应的优先级

中断响应遵循以下规则。

（1）低级中断在响应执行中可被高级中断所中断，反之则不能。

（2）一个中断（无论是什么优先级）一旦得到响应，与它同级的中断则不能再中断它。

（3）当 CPU 同时收到几个同一级别的中断请求时，CPU 响应哪个中断源取决于硬件的查询顺序，即"自然优先级"。

4．中断响应的过程

当 CPU 响应某个中断申请时，在硬件的控制下，CPU 要做的 3 个操作如下。

（1）使相应的"优先级激活触发器"置位，用以屏蔽、阻止同级或低级中断（在单片机中断系统中有两个不可寻址的优先级激活触发器 flagH 和 flagL，分别代表高优先级和低优先级）。

（2）在硬件控制下自动将当前程序计数器 PC 内容（即断点地址）进栈，以备中断完成后返回。

（3）将对应的中断矢量装入 PC，使程序转向对应的矢量单元（即中断入口地址），并且通过此单元的长跳转指令转向真正的中断服务程序 ISR。

上述 3 个操作均为硬件自动实现，编程者所要做的事情就是要在对应的"中断矢量单元"内填入一个长跳转指令（LJMP nnnn，nnnn 为 ISR 地址），使之能够转移至真正的中断服务程序 ISR。

当 CPU 执行到中断服务子程序的最后一条指令 RETI 时，CPU 将堆栈中原先存入的断点地址弹出并送入 PC 中，并且将"优先级激活触发器"清零，以重新开放所有的同级中断（注意，这也是 REIT 与 RTE 的重要区别）。这样 CPU 就会返回到原来主程序的断点处继续执行被中断的主程序。

在程序存储器 ROM 的 5 个中断源的入口地址中，每个入口地址之间只有 8 个存储单元，很明显，这 8 个存储单元是无法容纳完整的中断服务程序 ISR 的。所以在实际使用中，矢量单元开始只装一条 3 个字节的长跳转指令（LJMP nnnn），通过长跳转指令转至真正的中断服务程序 ISR，我们可将其指令形象地称为"跳板指令"。

5．外部中断

在单片机的 5 个中断源中有两个外部中断，它们分别为/INT0（P3.2）和/INT1（P3.3）。作为外部中断的激活方式有两种：一种是"低电平"；另一种是"下降沿"。具体采用哪种方式，由专用寄存器 TCON 中的 IT1、IT0 位来决定。

（1）TCON 中的 ITx=0：低电平激活中断。其优点是触发可靠，缺点是在中断返回前该低电平必须消失，否则会引发重复中断。一般要借助外部电路（一般为 D 型触发器）通过指令将低电平撤销。另外，对应的中断标志 IEx 应使用软件清除。

（2）TCON 中的 ITx=1：下降沿激活中断。其优点是只要触发中断，CPU 在响应中断时自动清除中断标志 IEx。

并不是所有情况下/INTx 的引脚信号都会引发中断的，为了保证外部信号能够被 CPU 正确响应，这类由外部输入的信号必须满足一定的要求才能得到 CPU 的中断响应。

在两个机器周期中，对 ITx 进行两次采样：第一次采样为高电平；第二次采样为低电平，这时激活中断标志（TCON 中的 IEx=1）。由于 CPU 对外部中断的采样每个机器周期只有一次，所以电平激活方式中的外触发信号加在/INTx 引脚上的低电平至少要保证一个机器周期（即 12 个时钟周期）。如果系统采用的是 12MHz 晶体，那么/INTx 上的中断信号（低电平）应大于 1μs。在实际应用中，如果采用电平触发方式，那么外部中断源应一直保持中断有效（低电平），直到中断被响应为止。同理，对于边沿激活方式的信号，加在/INTx 上的高电平、低电平至少要各保持一个机器周期的时间。

6．中断请求标志的清除

CPU 一旦响应中断，进入中断服务程序后，应将该中断标志清除，否则当本次中断结束后，该信号还会引起重复的"多余"中断。清除中断请求标志的方法就是将对应的中断标志位清零（见表 4.11）。

表 4.11　MCS-51 中断请求标志的清除方法

中 断 源	中 断 标 志	清除方法（CPU 响应中断后）
定时器 0	TF0（TCON.5）	硬件自动清除
定时器 1	TF1（TCON.7）	硬件自动清除
/INT0（边沿触发）	IE0（TCON.1）	硬件自动清除
/INT1（边沿触发）	IE1（TCON.3）	硬件自动清除
/INT0（电平触发）	IE0（TCON.1）	外加电平控制、软件清除
/INT1（电平触发）	IE1（TCON.3）	外加电平控制、软件清除
串行接口 SBUF	TI（SCON.1）	用软件清除标志（CLR　TI）
	RI（SCON.0）	用软件清除标志（CLR　RI）

在 MCS-51 系统中，清除标志有两种方法：一种方法是靠硬件自动清除；另一种方法是必须使用软件（CLR 指令）来清除，具体参见表 4.11。当采用"查询"方式时，所有标志都应用软件清除。

使用一个 D 型触发器电路可以解决外部电平过窄（或过宽）的问题（见图 4.33）。

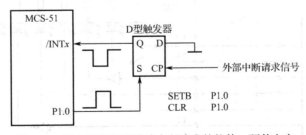

图 4.33　低电平触发时清除中断请求的软件、硬件方案

注意，使用该电路的条件是将外部中断的触发方式设定为低电平。该电路的编程原理如下。

（1）在主程序的初始化中执行 SETB P1.0 和 CLR P1.0 指令将 D 型触发器置 1，为中断响应做准备。

（2）当外部请求信号（一个具有上升沿的单次脉冲）到来时，将触发器写 0。

（3）D 型触发器 Q 端的低电平引发单片机的中断。在中断服务程序结束前再一次执行

SETB P1.0 和 CLR P1.0 指令将 D 型触发器重新置 1（相当于清除外部中断申请信号），然后通过 RETI 指令返回主程序（注意，返回前还要用软件清除该标志——CLR IEx）。

当外部中断信号过窄不能有效触发单片机中断时，可利用一个 D 型触发器及时锁存外部信号。在外部信号的激励下，使触发器的 Q 端为 "0" 电平，该电平作为外部中断稳定的申请信号。当 CPU 响应该中断并在返回主程序前，再利用 P1.0 输出一个将 D 型触发器置 1 的信号。该电路还可以解决外部中断信号过宽的问题，具体原理留给读者自己分析。

4.3.2 MCS-51 单片机的外部中断实验（一）：/INT0 中断加 1 实验

（1）实验目的。

学习、掌握单片机的中断原理。正确理解"中断矢量入口"、中断调用和中断返回的概念及物理过程。学习编制"软件防抖"程序，了解"软件防抖"原理。

（2）实验要求。

设计一个"计数器"，利用中断程序完成对其加 1 并显示的功能，计数器原始清零。利用"逻辑笔"电路显示 P0.7 的状态：如果 P0.7 的电平不断转换，则表明系统在执行主程序，无中断；如果 P0.7 变为固定的高电平（逻辑笔显示红色），则表明系统进入中断。

① 在主程序中利用 CPL P0.7 指令驱动其电平不断地转换（由逻辑笔电路做程序状态监视）。

② 在中断服务程序中将 P0.7 置位（P0.7=1），实现对计数器加 1 并通过 P1 口显示的功能。

③ 中断结束后回到主程序，程序继续对 P0.7 的电平不断取反。

（3）实验连线。

P1 口设计为输出口，使用排线将 P1 口与 8 个 LED 灯有序连接。使用单独连接线将"负单次脉冲"与/INT0（P3.2）连接，以通过按下单次脉冲的按键，输出"高—低—高"电平模拟外部的低电平单次脉冲中断信号。使用单独连接线将 P0.7 与逻辑笔电路连接（见图 4.34），逻辑笔输入为 1 时红灯亮，否则绿灯亮。

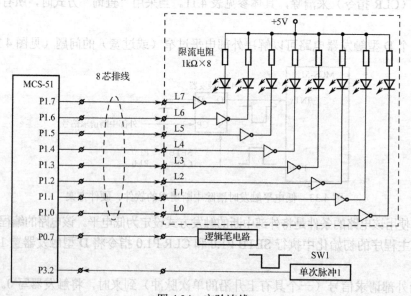

图 4.34　实验连线

（4）实验程序如下，流程图见图 4.35。

```
;****************************************************************
        ORG     0000H
        LJMP    START
        ORG     0003H           ;/INT0 中断入口地址
        LJMP    INT_0
;****************************************************************
        ORG     0030H
START:  MOV     SP,#60H
        MOV     TCON,#00H       ;/INT0 为电平触发
        MOV     R3,#00H
        MOV     A,R3
        SETB    EX0             ;/INT0 中断有效
        SETB    EA              ;允许中断
LOOP1:  MOV     P1,A
        CPL     P0.7            ;P0.7 输出低电平
        LCALL   DELAY
        SJMP    LOOP1           ;返回 LOOP1 等待中断
;****************************************************************
INT_0:  PUSH    PSW             ;保护现场
        SETB    P0.7
        INC     R3
        MOV     A,R3
        MOV     P1,A
        JNB     P3.2,$          ;/INT0 是否还是低
        POP     PSW
        RETI
DELAY:  PUSH    01H             ;延时子程序
        PUSH    02H
        MOV     R1,#00H
DELAY1: MOV     R2,#00H
        DJNZ    R2,$
        DJNZ    R1,DELAY1
        POP     02H
        POP     01H
        RET
        END
;****************************************************************
```

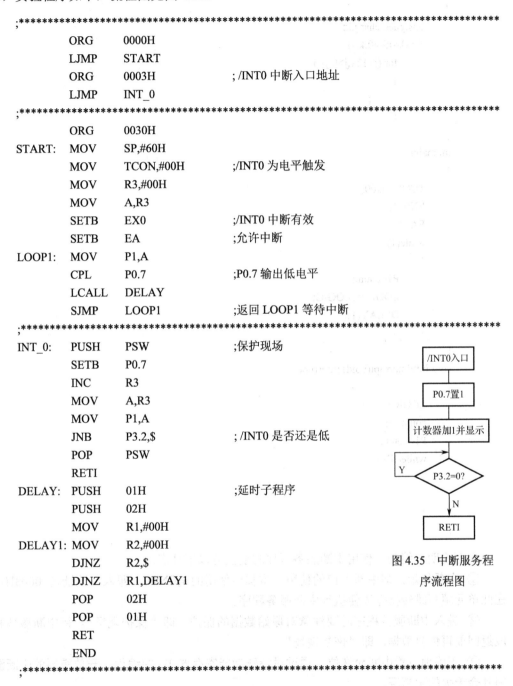

图 4.35 中断服务程序流程图

【C 语言参考程序】

```
#include<reg52.h>
sbit  INT=P3^2;
sbit  LOGIC=P0^7;
unsigned char count=0;
```

```c
        void DELAY(unsigned char i)
        {
            unsigned char j,k;
            for (k=i;k>0;k--)
                for (j=124;j>0;j--)
                {
                    ;
                }
        }
        int main()
        {
            TCON=0x00;
            EX0=1;
            EA=1;
            while(1)
            {
                P1=count;
                LOGIC=~LOGIC;
                DELAY(1);
            }
        }
        void Int0Interrupt(void) interrupt 0
        {
            LOGIC=1;
            count++;
            P1=count;
            while(!INT)
            {
                ;
            }
        }
```

程序说明：编制、使用中断服务程序时要注意以下几点。

① 中断矢量，即中断入口的使用。本程序使用的是/INT0，即入口地址是 0003H，应当在此单元填写跳转指令以便执行中断服务程序。

② 进入中断服务程序时要注意对原始数据的保护，即"保护现场"。待中断服务程序完成返回前再恢复数据，即"恢复现场"。

③ 正确地设置中断允许位。通过对特殊功能寄存器 IE 的编程，开放需要的中断源，关闭其余无关的中断源。

④ 设置外部中断/INT0 为电平触发。

⑤ 在实验程序中，使用了两个子程序："延时子程序"和"/INT0 中断服务子程序"。注意这两个子程序调用方法的区别。

（6）思考题。

① 将上述程序改为/INT1 中断。

② 使用机械开关 K 替代单次脉冲，再运行原有的程序，可以发现中断计数出现错误，其原因如下。

使用机械开关 K 的"按下""抬起"操作，所产生的"高－低－高"电平存在大量的"抖动"（见图 4.36），这些抖动会造成错误的中断重复调用。为了避免开关因抖动而产生错误，应在中断服务程序中加入由延时等措施构成的"防抖程序"，防抖所需要的延时时间只要大于 20ms 即可。

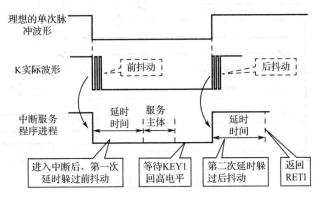

图 4.36　软件防抖示意图

4.3.3　MCS-51 单片机的外部中断实验（二）：中断优先级实验

（1）实验目的。

学习、掌握多中断源时的"中断优先级"概念，验证 CPU 对"高优先级"与"低优先级"中断源的响应特点和同级中断的"自然优先级"响应特点。

（2）实验要求。

使能/INT0、/INT1 两个中断源，并且实现下列功能。

① 主程序：驱动 P1 口上的 8 个 LED 灯全亮、全灭，循环往复（状态 2）。

② /INT0 中断服务程序：通过 P1 口点亮 2 个相邻的 LED 灯并循环左移（状态 0）。

③ /INT1 中断服务程序：通过 P1 口点亮 1 个 LED 灯并循环右移（状态 1）。

④ 中断结束后返回主程序：P1 口的 8 个 LED 灯全亮、全灭状态（回到状态 2）。

（3）实验连线。

单片机的 P1 口做输出与 8 个 LED 灯连接用于显示程序的运行状态。/INT0、/INT1 分别与两个"单次脉冲源"连接，通过单次脉冲源上的 SW1、SW2 按键产生单次脉冲（见图 4.37）。

（4）实验程序如下。

```
;**********************************************************************
        ORG     0000H
        LJMP    START
        _____                ;/INT0 中断入口地址（自行添加指令）
        _____
```

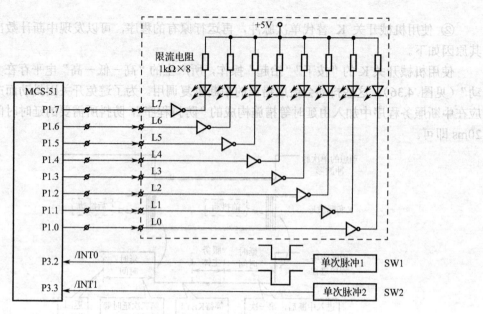

图 4.37 实验连线

```
                    _____        ;/INT1 中断入口地址（自行添加指令）
                    _____
                    ORG     0030H
          START:    MOV     SP,#60H
                    MOV     TCON,#00H           ;/INT0、/INT1 为电平触发
                    MOV     R3,#00H             ;主程序变量缓冲单元
                    MOV     R4,#01H             ;/INT1 程序变量缓冲单元
                    MOV     R5,#03H             ;/INT0 程序变量缓冲单元
                    MOV     A,R3
                    SETB    EX0                 ;/INT0 中断有效
                    SETB    EX1                 ;/INT1 中断有效
                    SETB    EA                  ;允许中断
                                                ;填写将/INT1 设置为高优先级的指令
          LOOP2:    MOV     P1,A
                    LCALL   DELAY
                    CPL     A
                    SJMP    LOOP2               ;返回 LOOP3 等待中断
          INT_0:    PUSH    PSW                 ;保护现场
                    PUSH    ACC
                    LCALL   DELAY
                    MOV     A,R5
          LOOP0:    MOV     P1,A
                    LCALL   DELAY
                    RL      A
                    JNB     P3.2,LOOP0          ;/INT0 是否还是低电平
                    LCALL   DELAY
                    POP     ACC
```

```
            POP     PSW
            RETI
INT_1:      PUSH    PSW             ;保护现场
            PUSH    ACC
            LCALL   DELAY
            MOV     A,R4
LOOP1:      MOV     P1,A
            LCALL   DELAY
            RR      A
            JNB     P3.3,LOOP1      ;/INT1 是否还是低电平
            LCALL   DELAY
            POP     ACC
            POP     PSW
            RETI
DELAY:      PUSH    01H             ;延时子程序
            PUSH    02H
            MOV     R1,#00H
DELAY1:     MOV     R2,#00H
            DJNZ    R2,$
            DJNZ    R1,DELAY1
            POP     02H
            POP     01H
            RET
            END
```

【C 语言参考程序】

```c
#include <reg52.h>
#define     uchar unsigned char
#define uint unsigned int
uchar d;
void delay(uchar i)
  {
    uchar j;
    for(; i > 0; i--)
        for(j = 0; j < 250; j++);
  }
void main(){
    TCON = 0;
    d = 0;
    IT0=0;
    IT1=0;
    EA = 1;
    EX0 = 1;
    EX1 = 1;
    PX1=1;
```

```c
        while(1){
            P1 = d;
            delay(100);
            d =~d;
        }
    }
    void isr0() interrupt 0 using 0 {
        uchar cnt1=0;
        delay(100);
        while(!INT0)
        {
            P1 = (0x03<<cnt1);
            delay(100);
            cnt1++;
            if(cnt1>=8)
            {
                cnt1=0;
            }
        }
        delay(100);
    }
    void isr1() interrupt 2 using 0 {
        uchar cnt2=0;
        delay(100);
        while(!INT1)
        {
            P1 = (0x80>>cnt2);
            delay(100);
            cnt2++;
            if(cnt2>=8)
            {
                cnt2=0;
            }
        }
        delay(100);
    }
```

（5）根据表 4.12 中的"步骤"顺序运行程序并填写数据，写出结论。

表 4.12　/INT1 为高优先级时的实验数据

步　骤	外部中断信号状态		P1 口（LED 状态）
	/INT0	/INT1	
1	1	1	
2	1	0	

续表

步骤	外部中断信号状态		P1口（LED 状态）
	/INT0	/INT1	
3	0	0	
4	0	1	
5	1	1	
6	0	1	
7	0	0	
8	0	1	
9	1	1	
结论			

（6）根据表 4.13 中的"步骤"顺序运行程序并填写数据，写出结论。

注意，表 4.13 中的数据是指/INT0、/INT1 同为低优先级中断时的实验数据，所以首先应将程序进行修改，使/INT0、/INT1 同为低优先级。

表 4.13 /INT0、/INT1 同为低优先级时的实验数据

步骤	外部中断信号状态		P1口（LED 状态）
	/INT0	/INT1	
1	1	1	
2	1	0	
3	0	0	
4	0	1	
5	1	1	
6	0	1	
7	0	0	
8	0	1	
9	1	1	
结论			

4.4 MCS-51 单片机的定时/计数器结构及实验

定时/计数器是微控制器中非常重要的外围模块。定时/计数器的核心是一个"加 1/减 1 计数器"，它可以实现"定时"（控制产生延时）或"计数"（对外部事件进行计数）两种不同的操作。

在一些新型单片机中，定时/计数器还为 CCP 模块提供了重要的硬件基础，CCP 是指对外部信号的捕捉（频率检测）、对外输出某一频率的方波（输出比较）和输出 PWM（脉宽调制）等。

在传统的计算机编程中，常常使用软件循环的方式产生所要求的"延时"功能（如前面

程序中的 DELAY 延时子程序）。软件延时的缺点在于它占用 CPU 的资源，CPU 靠消耗指令运行时间来完成延时的需要，这就意味着 CPU 此时不能去做其他事情，降低了 CPU 的工作效率。

硬件定时/计数器相当于为 CPU 配备了一块硬件"手表"，如果需要定时（延时）时，则不需要 CPU 自己去"数秒"，而是借助于这块"手表"为它定时。在这块"手表"定时期间，CPU 可以去做其他工作，一旦"手表"定时时间到，这块"手表"就会以"中断"的方式来提醒 CPU 进行相应的操作。当然，CPU 也可以用"查询"的方式来观察"手表"的定时时间，只是这种方式仍然会占用 CPU 的资源。

4.4.1 知识点分析

在 MCS-51 单片机内部具有 2 个"16 位加 1 计数"的定时/计数器 T0、T1，具有"定时"和"计数" 2 种工作方式及 4 种工作模式。

1. 定时/计数器的 4 种工作模式

MCS-51 单片机定时/计数器有 4 种工作模式以满足不同的应用需求。4 种工作模式对应不同的内部结构，通过对应的特殊功能寄存器 SFR 进行初始化设定。

（1）模式 0。

模式 0 是 13 位定时/计数结构。模式 0 的电路结构见图 4.38。

（2）模式 1。

模式 1 是 16 位定时/计数结构。无论是定时或计数都是 4 种模式中计数模值最大的一种工作模式，所以也是使用频率最多的模式。模式 1 的电路结构见图 4.38。

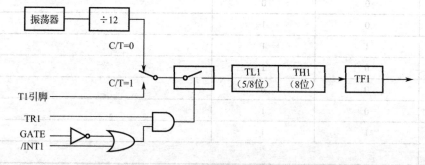

图 4.38 模式 0（13 位）、模式 1（16 位）的电路结构

（3）模式 2。

模式 2 是 8 位定时/计数结构。与模式 0、模式 1 相比，模式 2 虽然定时/计数的模值只有 256，但这种模式具备"初值自动重装"的功能，特别适用于周期性定时或计数的场合（尽管 256 的模值很难满足长的定时或计数的要求）。模式 2 的电路结构见图 4.39。

（4）模式 3。

模式 3 是一种"拆分组合"方式，将 MCS-51 单片机原有的 2 个 16 位定时/计数器中的 T0 经过拆分重新组合成 2 个 8 位的定时/计数器，使单片机定时器的总数达到 3 个。当然这种组合是有代价的，关于模式 3 的特点与应用就不在此介绍了。模式 3 的电路结构见图 4.40。

第4章　MCS-51（AT89C51）单片机基本结构及典型接口实验

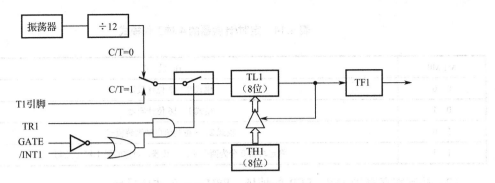

图4.39　模式2的电路结构

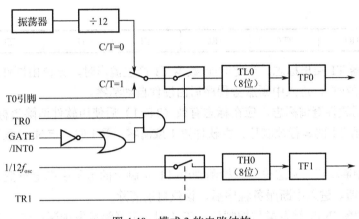

图4.40　模式3的电路结构

2．与定时/计数器相关的SFR

定时/计数器的工作模式都是通过使用指令对相关的 SFR 赋值或使用位操作直接设定 SFR 中的某些位得以实现的。因此，了解、掌握相关 SFR 的初始化方法就成为学习和掌握定时/计数器编程的关键。

（1）模式控制寄存器 TMOD（SFR 的地址：89H——不可按位寻址）。

其各位定义如下。

(MSB)　　　　　　　　　　　　　　　　　　　　　　　　　　　　　　　　　　　(LSB)

GATE	C/T	M1	M0	GATE	C/T	M1	M0
		定时/计数器1				定时/计数器0	

GATE：选通门。GATE=1 时，只有/INTi 信号为高电平且 TRi=1 时计数器才开始工作；GATE=0 时，只要 TRi=1，定时/计数器就开始工作，而与/INTi 信号无关。

C/T：计数器方式、定时方式选择位。C/T=0 时，设定为定时方式，计数脉冲来自内部系统时钟的 $f_{osc}/12$；C/T=1 时，设定为计数方式，计数脉冲来自外部引脚 T0、T1。

M1、M0：工作模式控制位，见表4.14。

表 4.14 定时/计数器的 4 种工作模式

M1 M0	工 作 模 式
0 0	模式 0，13 位计数器
0 1	模式 1，16 位计数器
1 0	模式 2，8 位初值自动重装模式
1 1	将定时器 0 分为两个 8 位计数器，对定时器 1 停止控制

（2）控制寄存器 TCON（SFR 的地址：88H——可按位寻址）。
其各位定义如下。

(MSB)　　　　　　　　　　　　　　　　　　　　　　　　　　　　　　　　(LSB)

TF1	TR1	TF0	TR0	IE1	IT1	IE0	IT0

TF1：定时器 T1 溢出标志。当定时/计数器 T1 产生溢出时，该位由硬件置 1，并且申请中断（当中断开放时）。进入中断服务程序后由硬件自动清零。

【注意】若用软件查询标志，应在标志有效（TF=1）后使用软件清除该标志。

TR1：定时器 T1 的运行控制位，由软件置 1 或清零。置 1 时，定时/计数器开始工作，清零时停止工作。

IE1：外部中断/INT1 标志位。当检测到/INT1 引脚上的电平由高电平变为低电平时，该位置位并请求中断。进入中断服务程序后，该位自动清除。

IT1：外部中断/INT1 触发类型控制位。IT=1 时，下降沿触发中断；IT=0 时，低电平触发中断。

TF0、TR0、IE0 和 IT0：定时器 T0、外部中断/INT0 的标志、控制位，定义同上，略。

3．定时/计数器的初始化

使用定时/计数器编程时的初始化设定工作可以概括为 5 个步骤。
（1）根据要求设定定时/计数器的工作方式（定时或计数）。
（2）设定定时/计数器的工作模式（4 种模式之一）。
（3）计算并向定时/计数器添加定时或计数的初值 TC。
（4）启动定时/计数器开始工作（SETB TR0 或 SETB TR1）。
（5）开放定时/计数器的中断允许位（采用中断方式编程）。
下面我们以定时/计数器 T1 为例进行说明。
（1）确定定时器的工作方式、模式。

【举例】设定 T1 定时/计数器工作在模式 1、定时方式。

模式控制寄存器 TMOD

GATE	C/T	M1	M0	GATE	C/T	M1	M0
\multicolumn{8}{c}{TMOD=10H，即 T1 定时方式、模式 1（16 位计数器）}
0	0	0	1	0	0	0	0

(2) 计算定时/计数器的定时初值 TC。

T1 定时初值 TC 的计算：

$$TC = M - T/T_{计数}$$

式中，TC 为定时初值；M 为计数器模值（模式 1 为 65 536）；T 为定时时间；$T_{计数}$为单片机时钟周期的 12 倍。

【举例】设定 T1 定时时间为 50ms。

本实验装置采用 11.0592MHz 的晶体，所以 T 计数为 1.085μs，那么

$$TC=65536-(50ms/1.085\mu s)$$
$$\approx 65536-46083$$
$$=19453=4BFDH$$

因此，TH1=4BH、TL1=FDH。

在编程中使用两条传送指令将 16 位的定时初值写入 TH1、TL1 中即可，如

```
MOV     TH1,#4BH
MOV     TL1,#0FDH
```

(3) 计数器初值 TC 的计算方法（当定时/计数器设定为"计数"方式时）：

$$TC = M - C$$

式中，TC 为定时初值；M 为计数器模值（模式 1 为 65 536）；C 为计数值。

(4) 开放 T1 中断（使用中断方式编程）。

【举例】

```
SETB    EA          ;开放总的中断允许位
SETB    ET1         ;允许 T1 中断
```

(5) 启动定时/计数器 T1。

【举例】

```
SETB    TR1         ;启动 T1 开始计数
```

4.4.2 定时/计数器实验（一）：秒定时实验

(1) 实验目的。

① 通过对 T1 的编程，学习、掌握定时器的初值计算、方式及模式设定等初始化方法。

② 学习采用"查询"和"中断"两种方式的编程技术。

③ 掌握"秒脉冲"的设计方法，为后续实验打好基础。

(2) 实验要求。

编制一个程序，使用定时器 T0 实现"秒定时"。将累加器 A 设计为一个计数器，初值为00H，每秒计数器加 1 并通过 P1 口连接 8 个 L0~L7 发光二极管将累加器 A 中的计数值输出显示。

要求程序定时为 1s（即 1000ms），选定时器 T0 为"定时方式、模式 1（16 位计数方式）"，设 T0 为 50ms，在程序中采用循环 20 次来达到定时 1s 的目的，即 50ms×20=1000ms（实验程序流程图见图 4.41）。

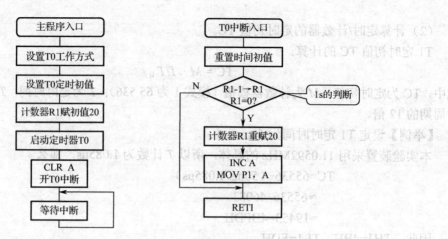

图 4.41 实验程序流程图

(3) 实验连线。

使用 8 芯排线,将单片机的 P1 口与发光二极管 L0~L7 连接(见图 4.42)。

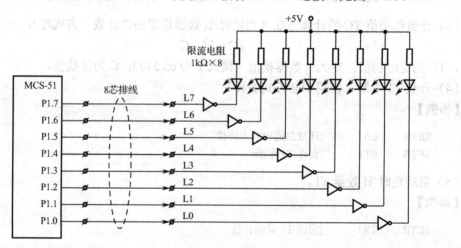

图 4.42 实验连线

(4) 实验程序如下,流程图见图 4.41。

```
            ORG     0000H
            AJMP    START
            ORG     000BH
            AJMP    T0_INT
            ORG     0030H
    START:  MOV     SP,#60H
            MOV     TMOD,#01H       ;置 T0 为模式 1
            MOV     TL0,#0FCH       ;设定时 50ms 初值
            MOV     TH0,#4BH
            MOV     R2,#20
            SETB    TR0             ;启动 T0
            CLR     A
```

```
            MOV    P1,A
            SETB   ET0
            SETB   EA
            SJMP   $              ;等待中断
    T0_INT: PUSH   PSW            ;T0 中断服务子程序
            MOV    TL0,#0FCH      ;设定时 50ms 初值
            MOV    TH0,#4BH
            DJNZ   R2,EXIT
            MOV    R2,#20
            INC    A
            MOV    P1,A
    EXIT:   POP    PSW
            RETI
            END
```

【C 语言参考程序】

```c
#include <reg52.h>
unsigned char count=20;
unsigned int LED=0;
void main()
{
    TMOD = 0x01;
    TL0 = 0xFC;
    TH0 = 0x4B;
    P1 = LED;
    TR0 = 1;
    ET0 = 1;
    EA = 1;
    while(1)
    {
    }
}
void InterruptTimer0() interrupt 1
{
    TL0 = 0xFC;
    TH0 = 0x4B;
    if(--count==0)
    {
        count=20;
        LED++;
        P1=LED;
    }
}
```

(5) 思考题。

利用四位一体的动态扫描 LED 数码管模块，设计一块电子表，实现"十六进制"或"十进制"的"加 1"显示。

4.4.3 定时/计数器实验（二）：蜂鸣器及蜂鸣器驱动实验

1. 相关知识

蜂鸣器是一种发声元件，与扬声器相比具有体积小、安装容易的特点，适合在单片机最小系统板上安装使用。它一般可作为"键盘按键音"、"报警提示音"或简易的"音乐播放器"使用（见图 4.43）。

图 4.43 蜂鸣器外形

蜂鸣器的发声构造分为"压电式蜂鸣器"和"电磁式蜂鸣器"，驱动方式分为"直流驱动"和"交流驱动"。在选择蜂鸣器时，要着重考虑"驱动方式"的不同，因为驱动方式的不同会导致不同的"驱动程序设计"和不同的"使用效果"，在设计中应引起注意。

（1）"直流驱动"蜂鸣器。内部具有"多谐振荡器"等元件，所以只要提供一个直流电压，蜂鸣器就可以发出一个固定频率的声响。这种蜂鸣器的外部特点是引脚具有极性要求。使用万用表的欧姆挡测量其正向导通电阻约为 10kΩ，反相电阻为无穷大。在设计时必须注意，对于 MCS-51 单片机而言，其接口不能"拉电流"，因此不能直接驱动蜂鸣器。建议使用一个 PNP 三极管（8550）驱动蜂鸣器实现逻辑控制。直流驱动的优点是控制简单、使用方便，缺点是发生频率不可变，不适合"音阶"等需要变化的场合。

（2）"交流驱动"蜂鸣器（以电磁式为例）。内部结构类似于"动圈式扬声器"，通过线圈与磁铁相互作用产生往复运动而发声。所以此种蜂鸣器必须有一个交变的信号驱动才能发出声音，这一点与普通的动圈式扬声器的发声原理相同。交流驱动电磁式蜂鸣器的外部特征是引脚不分极性，内阻较低（10Ω左右）。在设计时应注意，由于交流驱动电磁式蜂鸣器的内阻较低，所以不能直接与单片机的接口连接。一般使用一个 PNP 三极管（8550）驱动。之所以采用 PNP 三极管，是因为 MCS-51 单片机的接口在上电复位时为高电平，这样可以使 PNP 三极管处于"截止"状态，避免不必要的发声和电流消耗。

与蜂鸣器连接的保护电阻约为 47Ω，其作用是保护三极管，避免三极管在长时间导通时因蜂鸣器内阻过低、电流过大而损坏。

2. 蜂鸣器驱动实验

（1）实验目的。

利用定时/计数器 T1 输出一个有特定频率的方波并驱动蜂鸣器发声；为定时/计数器送入不同的初值，体验蜂鸣器的发声频率与初值的对应关系；进一步熟练掌握定时/计数器模块的定时初值计算方法。

（2）实验要求。

利用一个按键，每当按下按键时，驱动蜂鸣器发出 1000Hz 的声音。

算法说明如下。

① 首先计算 1000Hz 的定时参数。1000Hz 的周期为 1ms，这样定时器利用 CPL 指令驱动蜂鸣器的定时周期为 0.5ms（见图 4.44）。

② 初值 TC 的计算：

$$TC = M - T/T_{计数}$$

式中，TC 为定时初值；M 为计数器模值（模式 1 为 65 536）；T 为定时时间；$T_{计数}$ 为单片机时钟周期的 12 倍（采用 11.0592MHz 的晶体，所以 T 计数为 1.085μs）。

$$TC = 65536 - (500/1.085)$$
$$\approx 65536 - 461$$
$$= 65075 = FE33H$$

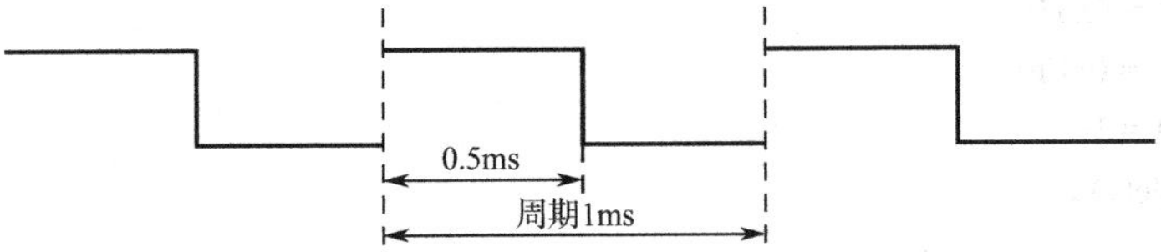

图 4.44　1000Hz 方波波形图

（3）实验连线。

使用两条独立连接线分别将 K1 与 P1.1 连接，P1.0 与实验台的无源蜂鸣器的输入端 BEEPB 连接（见图 4.45）。

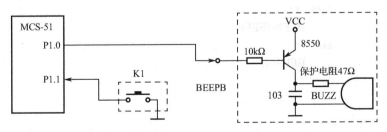

图 4.45　实验连线

（4）实验程序如下，流程图见图 4.46。

```
;********************************************************************
        ORG     0000H
        AJMP    START
        ORG     0030H
```

```
START:  MOV   SP,#60H
        MOV   TMOD,#10H      ;置 T1 为模式 1
        MOV   TL1,#033H      ;设定时 0.5ms 初值
        MOV   TH1,#0FEH
        SETB  TR1            ;启动 T1
LOOP:   JNB   TF1,$
        CLR   TF1
        MOV   TL1,#033H      ;重装 0.5ms 初值
        MOV   TH1,#0FEH
        JB    P1.1,LOOP      ;无按键转 LOOP
        CPL   P1.0           ;驱动蜂鸣器
DOWN:   SJMP  LOOP
        END
```

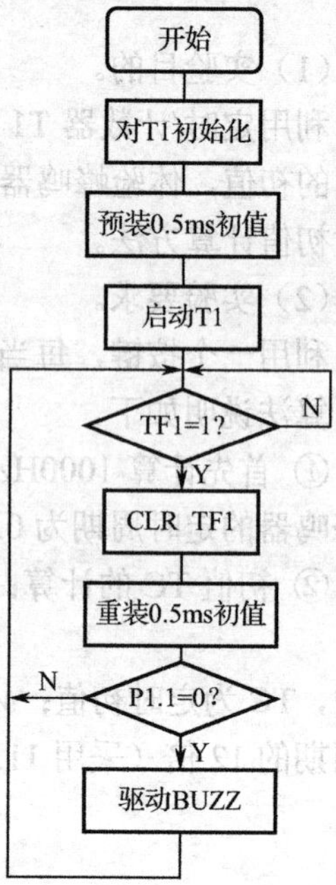

【C 语言参考程序】

```c
#include<reg52.h>
sbit BEEP = P1^0;
sbit KEY = P1^1;
void main()
{
    TMOD = 0x10;
    TL1 = 0x33;
    TH1 = 0xFE;
    TR1 = 1;
    while(1)
    {
        if(TF1)
        {
            TF1 = 0;
            TL1 = 0x33;
            TH1 = 0xFE;
            if(!KEY)
                BEEP=!BEEP;
            else
                BEEP=1;
        }
    }
}
```

图 4.46 程序流程图（查询方式）

（5）思考题。

编写一个程序，驱动蜂鸣器以 1500Hz 的频率连续响 2s。

【注意】当关闭无源蜂鸣器时，应通过指令使蜂鸣器电路处于"低功耗"状态，其原理见图 4.45。

4.4.4 定时/计数器实验（三）：简易电子琴设计实验

（1）实验目的。

进一步学习、掌握定时/计数器的应用，学习使用定时器产生电子琴音阶的方法。

（2）实验要求。

利用实验台上的 K0~K7 模拟电子琴的 8 个按键，分别产生音阶 do~xi。根据 do~xi 的音阶对应的频率，计算出由定时器产生 8 个音阶方波频率的定时初值。为了简化程序的结构，发声部分采用子程序（MUSIC）结构，入口参数 R7、R6 装载定时的初值。

初始化部分：设定定时器 T0 的工作方式、工作模式，并且启动 T0。在主程序中对 P1 口的数据进行输入并分析，以确定"琴键"的位置。即读 P1 到 A，将 A 取反后获取键值，确定每个按键的发声初值。音阶、频率、周期及定时器初值和 8 个按键键值的对应关系见表 4.15。

表 4.15 音阶、频率、周期及定时器初值和 8 个按键键值的对应关系

音阶 （C4 大调）	对应的频率 （Hz）	周期/半周期 （μs）	定时器初值 十进制数/十六进制数	对应按键 和取反后得到的键值
1（do）	262	3817 / 1908	63777 / F921H	KEY1 / 01H
2（ra）	294	3401 / 1701	63968 / F9E0H	KEY2 / 02H
3（mi）	330	3030 / 1515	64139 / FA8BH	KEY3 / 04H
4（fa）	349	2865 / 1433	64215 / FAD7H	KEY4 / 08H
5（so）	392	2551 / 1276	64360 / FB68H	KEY5 / 10H
6（la）	440	2273 / 1136	64489 / FBE9H	KEY6 / 20H
7（xi）	494	2024 / 1012	64603 / FC5BH	KEY7 / 40H
1(hdo)	523	1912 / 0956	64655 / FC8FH	KEY8 / 80H

（3）实验连线。

使用 8 芯排线将 K0~K7 与 P1.0~P1.7 连接起来，再使用一条连接线将 P0.0 与蜂鸣器驱动输入 BEEPB 连接起来（见图 4.47）。

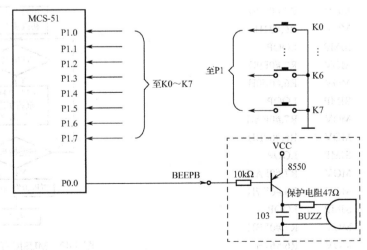

图 4.47 实验连线

（4）实验程序如下，流程图见图 4.48 和图 4.49。

```
;*****************************************
        ORG     000H
        LJMP    START
        ORG     0030H
START:  MOV     SP,#60H
        MOV     TMOD,#01H    ;置 T0 为模式 1
        SETB    TR0          ;启动 T0
LOOP1:  MOV     P1,#0FFH
        MOV     A,P1
        ;MOV    R2,A
        CPL     A
        JZ      LOOP1
        CJNE    A,#01H,LOOP2
        SJMP    DO
LOOP2:  CJNE    A,#02H,LOOP3
        SJMP    RA
LOOP3:  CJNE    A,#04H,LOOP4
        SJMP    MI
LOOP4:  CJNE    A,#08H,LOOP5
        SJMP    FA
LOOP5:  CJNE    A,#10H,LOOP6
        SJMP    SO
LOOP6:  CJNE    A,#20H,LOOP7
        SJMP    LA
LOOP7:  CJNE    A,#40H,LOOP8
        SJMP    XI
LOOP8:  CJNE    A,#80H,LOOP1
        SJMP    HDO
        SJMP    LOOP1
DO:     MOV     R7,#0F9H
        MOV     R6,#21H
        SJMP    LOOP
RA:     MOV     R7,#0F9H
        MOV     R6,#0E0H
        SJMP    LOOP
MI:     MOV     R7,#0FAH
        MOV     R6,#08BH
        SJMP    LOOP
FA:     MOV     R7,#0FAH
        MOV     R6,#0D7H
        SJMP    LOOP
SO:     MOV     R7,#0FBH
        MOV     R6,#67H
```

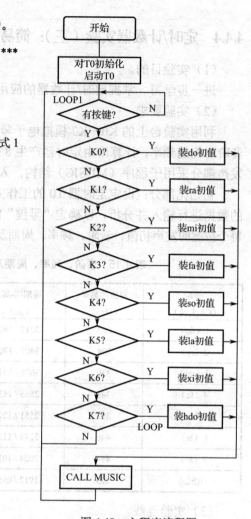

图 4.48　主程序流程图

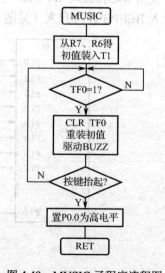

图 4.49　MUSIC 子程序流程图

```
               SJMP    LOOP
    LA:        MOV     R7,#0FBH
               MOV     R6,#0E8H
               SJMP    LOOP
    XI:        MOV     R7,#0FCH
               MOV     R6,#5BH
               SJMP    LOOP
    HDO:       MOV     R7,#0FCH
               MOV     R6,#8EH
               SJMP    LOOP
    LOOP:      LCALL   MUSIC
               SJMP    LOOP1
;****************************************************************************
    MUSIC:     MOV     TL0,R6              ;设定时 0.5ms 初值
               MOV     TH0,R7
    LOOP9:     JNB     TF0,$
               CLR     TF0
               MOV     TL0,R6              ;重装 0.5ms 初值
               MOV     TH0,R7
               CPL     P0.0                ;驱动蜂鸣器
               MOV     A,P1
               CPL     A
               JNZ     LOOP9
               SETB    P0.0
    DOWN:      RET
               END
;****************************************************************************
```

【C 语言参考程序】

```c
#include<reg52.h>
sbit BEEP = P0^0;
unsigned char KEY,th,tl;
void main()
{
    TMOD = 0x01;
    TR0 = 1;
    while(1)
    {
        BEEP=1;
        if(~P1)
        {
            KEY=~P1;
            switch(KEY)
            {
                case 0x01:th=0xF9;tl=0x21;break;
```

```
                    case 0x02:th=0xF9;tl=0xE0;break;
                    case 0x04:th=0xFA;tl=0x8B;break;
                    case 0x08:th=0xFA;tl=0xD7;break;
                    case 0x10:th=0xFB;tl=0x67;break;
                    case 0x20:th=0xFB;tl=0xE8;break;
                    case 0x40:th=0xFC;tl=0x5B;break;
                    case 0x80:th=0xFC;tl=0x8E;break;
                    default:break;
                }
            do
            {
                TL0=tl;
                TH0=th;
                while(!TF0);
                TF0=0;
                TL0=tl;
                TH0=th;
                BEEP=!BEEP;
            }
            while(~P1);
        }
    }
}
```

4.4.5 定时/计数器实验（四）：PWM 电路及直流电动机调速实验

1. 相关知识

脉宽调制（Pulse Width Modulation，PWM）技术被广泛用于开关电源、直流电动机调速、简易 D/A 变换器、步进电动机变频控制等。

PWM 波形的特点是"周期固定、脉宽可变"，其波形脉宽可以根据需要随时进行调整，这样在整个周期中，PWM 输出的直流电平的平均值就会随着脉宽的变化而变化（见图 4.50）。

在许多新型单片机中，其内部已经设计了 PWM 电路，对应有"周期寄存器"和"脉宽寄存器"，编程者只要根据需要设定、修改相关的参数就可以实现对 PWM 输出的脉宽控制。在这类单片机中，PWM 模块电路实际上是借助于专用寄存器和定时器来实现 PWM 功能的。

MCS-51 系列单片机的早期产品中不具备 PWM 模块，但可以利用它所具有的两个定时器来实现 PWM 功能。例如，选择 T1 作为周期寄存器、T0 作为脉宽寄存器。设定 T0、T1 都是定时方式、模式 2（8 位初值自动重装模式）以简化程序。其中 T1（周期寄存器）初值为 00H（最大值为 256），而 T0（脉宽寄存器）的初值根据需要随时调节。

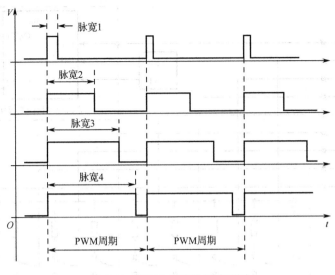

图 4.50　PWM 电路输出波形图

2．直流电动机调速实验

（1）实验目的。

学习使用单片机定时/计数器产生 PWM 波形（信号）的方法，了解 PWM 对直流电动机的调速应用。

（2）实验要求。

从 P1 口读取 8 位二进制数据，控制产生对应 PWM 波形的脉宽，利用 PWM 信号对直流电动机进行调速。其中由 T0、T1 分别控制 PWM 的脉宽和周期，T1 的 PWM 周期参数固定，T0 的脉宽参数可变（见图 4.51）。

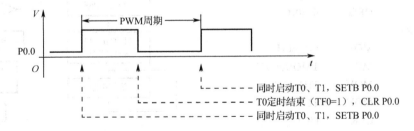

图 4.51　使用 T0、T1 实现 PWM 功能示意图

（3）实验连线。

P1 口作为输入，读取 S0～S7 的值并转换为 PWM 的脉宽值；P0.0 作为输出；K0、K1 连接 L298 模块的 IN1、IN2。实验连线见图 4.52。

（4）实验程序如下，流程图见图 4.53，控制流程示意图见图 4.54。

程序包括主程序、中断程序。

① 主程序：对 T0、T1 初始化（T0、T1 为模式 2，T1 初值为 00H），开中断，从 P1 口读取脉宽初值送 TH0、TL0，启动 T0、T1。

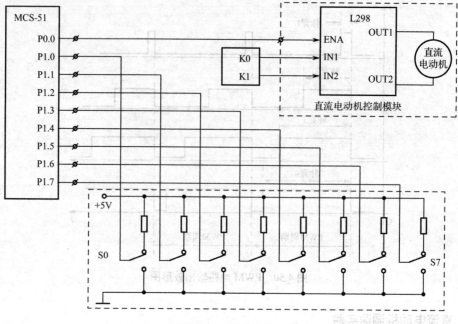

图 4.52 实验连线

② T0 中断:CLR P0.0,从 P1 口读取脉宽初值并送 TH0、TL0,关闭 T0,等待 T1 周期结束。待 TF1=1 时,SETB P0.0,并启动 T0 开始工作。

```
;*****************************************
        ORG     0000H
        LJMP    START
        ORG     000BH
        LJMP    T0_INT
        ORG     0030H
START:
        MOV     SP,#60H
        MOV     TMOD,#22H
        MOV     TH1,#00H
        MOV     TL1,#00H
        CLR     P0.0
        MOV     P1,#0FFH
        MOV     A,P1
        CPL     A
        MOV     TH0,A
        MOV     TL0,A
        SETB    EA
        SETB    ET0
        SETB    TR0
        SETB    TR1
        SETB    P0.0
```

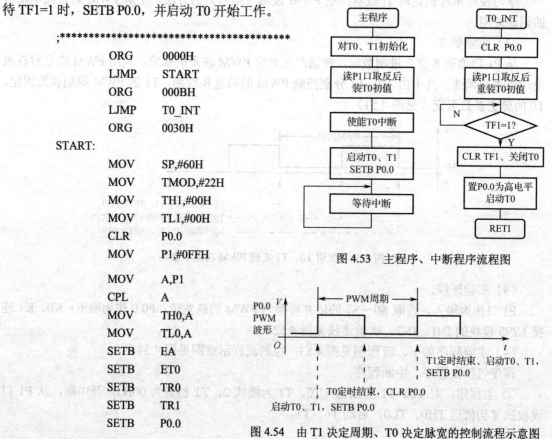

图 4.53 主程序、中断程序流程图

图 4.54 由 T1 决定周期、T0 决定脉宽的控制流程示意图

```
        SJMP    $
T0_INT: CLR     P0.0
        MOV     A,P1
        CPL     A
        CLR     TR0
        MOV     TH0,A
        MOV     TL0,A
        JNB     TF1,$
        CLR     TF1
        SETB    P0.0
        SETB    TR0
        RETI
        END
;*******************************************************************************
```

【C 语言参考程序】

```c
#include<reg52.h>
sbit PWM = P0^0;
unsigned char KEY;
void main()
{
    TMOD = 0x22;
    TH1=0x00;
    TL1=0x00;
    PWM=0;
    P1=0xff;
    KEY=P1;
    KEY=~KEY;
    TH0=KEY;
    TL0=KEY;
    ET0=1;
    TR0=1;
    TR1=1;
    PWM=1;
    EA=1;
    while(1)
    {
    }
}
void InterruptTimer0() interrupt 1
{
    PWM=0;
    KEY=P1;
    KEY=~KEY;
    TR0=0;
```

```
        TH0=KEY;
        TL0=KEY;
        while(!TF1);
        TF1=0;
        PWM=1;
        TR0=1;
    }
```

【提示】因为定时器初值的大小与定时成反比,这样从 P1 口读入的数据越大所对应的定时就越小,脉宽越窄。为了符合人们正常的习惯,程序中将从 P1 口读入的数据取反后作为定时器初值,这样 P1 口的数据越大,定时器 T0 的定时就越长,脉宽就越宽(见图 4.55)。

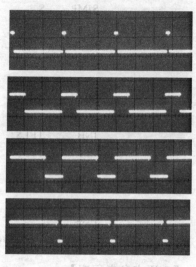

图 4.55 不同占空比的 PWM 实测波形

4.4.6 定时/计数器实验(五):步进电动机调速实验

(1)实验目的。

学习、掌握使用定时/计数器控制步进电动机转速的基本原理。

(2)实验要求。

采用定时器实现对步进电动机转速的控制,并且利用单片机的 P0 口作为输入与开关 S0～S7 连接,利用开关控制步进电动机的转速。步进电动机采用"单双八拍"的方式驱动(见表 4.16)。

表 4.16 单双八拍方式相序表

| P1.3 | P1.2 | P1.1 | P1.0 | 节拍 | 拍控 |
D	C	B	A		制字
1	0	0	0	D	08H
1	1	0	0	DC	0CH
0	1	0	0	C	04H
0	1	1	0	CB	06H
0	0	1	0	B	02H
0	0	1	1	BA	03H
0	0	0	1	A	01H
1	0	0	1	DA	09H

(3)实验连线。

单片机的 P1 口作为输出。使用 4 条单独导线与步进电动机模块连接。其中,P1.0 接 PE1、P1.1 接 PE2、P1.2 接 PE3、P1.3 接 PE4。

单片机的 P0 口作为输入,与开关 S0～S7 连接,通过开关输入的 8 位二进制数据控制定时器的定时初值,从而达到控制步进电动机转速的目的。

LED 模块上的 4 个 LED 灯与单片机的 P1.0～P1.3 连接，监控步进电动机的相序信号。实验连线见图 4.56。

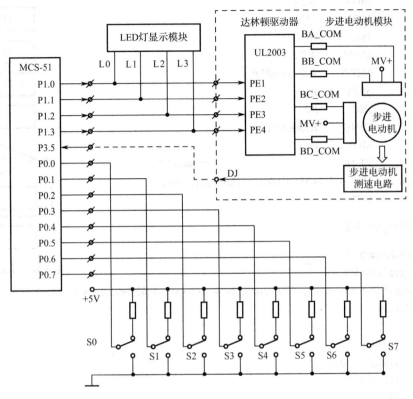

图 4.56 实验连线

（4）实验程序如下，流程图见图 4.57 和图 4.58。

;**

```
        ORG    0000h
        LJMP   0030h
        ORG    000BH
        LJMP   T0_INT
        ORG    0030H
START:  MOV    SP,#60H
        MOV    P0,#0FFH
        MOV    TMOD,#01H      ;T0 设定为模式 1
        MOV    TH0,#00H
        MOV    TL0,#00H
        MOV    R2,#0
        MOV    DPTR,#TABLE
        SETB   EA             ;开中断
        SETB   ET0
        SETB   TR0            ;启动 T0
        SJMP   $              ;等待中断
```

图 4.57 主程序流程图

```
T0_INT:  MOV    TL0,#0FFH           ;T1_ISR
         PUSH   ACC
         MOV    A,P0
         MOV    TH0,A
         POP    ACC
         MOV    A,R2
         MOVC   A,@A+DPTR
         MOV    P1,A
         INC    R2
         CJNE   R2,#8,EXIT
         MOV    R2,#0
EXIT:    RETI                        ;中断返回
TABLE:   DB     08H,0CH,04H,06H,02H,03H,01H,09H
         END
```

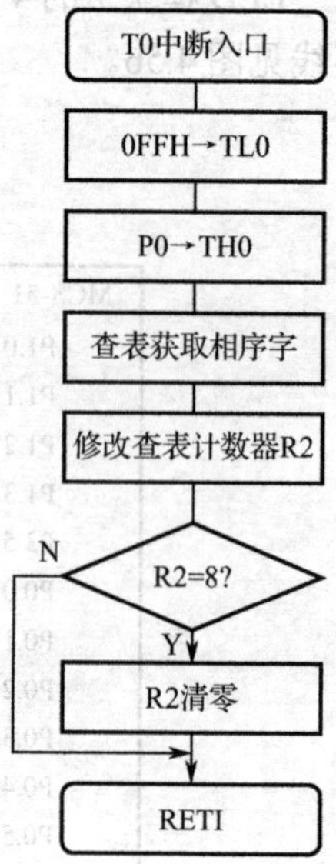

图 4.58　中断程序流程图

【C 语言参考程序】

```
#include<reg52.h>
unsigned char i=0;
unsigned char code table[]={0x08,0x0C,0x04,0x06,0x02,0x03,0x01,0x09};
void main()
{
    P0=0xff;
    TMOD = 0x01;
    TH0=0x00;
    TL0=0x00;
    TR0=1;
    ET0=1;
    EA=1;
    while(1)
    {
    }
}
void InterruptTimer0() interrupt 1
{
    TL0=0xff;
    TH0=P0;
    P1=table[i];
    i++;
    if(i==7)
        i=0;
}
```

（5）思考题。

将 4.2.5 节中的软件延时法的步进电动机驱动程序进行修改，以实现如下功能。

① 将源程序中的相序信号由"立即数法"改为"查表法"。

② 利用步进电动机模块的"测速电路"对步进电动机的转速进行测试，步进电动机的测速电路见图 4.59。

【提示】利用 T0、T1 组合实现步进电动机转速测量。

① T0 定时器设置为"定时方式"、模式 1，功能为实现"秒定时"。

② T1 定时器设置为"计数方式"、模式 2，初值为 00H，将 T1 的计数输入（P3.5）与测速端 DJ 连接（见图 4.56 和图 4.59）。

首先启动 T0 开始秒定时并启动 T1 开始计数，当 T0 的秒定时结束后立即关闭 T1，并且读取 T1 中的数据，利用 LED 模块，以二进制数的形式显示步进电动机的每秒转速。

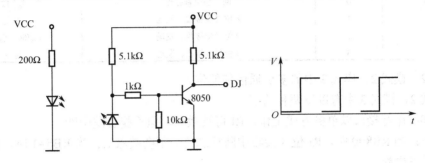

图 4.59　步进电动机的测速电路

4.5　MCS-51 单片机的串行接口 SBUF 结构及实验

串行通信在单片机系统中有着非常重要的地位。它不仅能够解决两台系统（设备）之间的数据交换，还是当前许多智能化外围设备与上位机之间实现网络连接的重要手段。

提醒读者注意，尽管 MCS-51 单片机具有异步通信接口（P3.0/RXD、P3.1/TXD），但如果应用于工程实际，还要使用 RS-232 或 RS-485 的电平转换芯片将单片机引脚的 TTL 电平转换成 RS-232 或 RS-485 电平，以提高通信的距离、减少外界干扰，提高通信的成功率。通用计算机的 COM 口即采用 RS-232 标准接口，如果单片机系统要与通用计算机通信，那么可以将 P3.0、P3.1 与 RS-232 电平转换芯片连接后再与上位机的 COM 口直接连接，这样就可以实现单片机与上位机之间的数据通信了。

4.5.1　知识点分析

MCS-51 单片机内部具有一个"全双工"的串行接口模块，具有"同步串行"和"异步串行"两种通信模式。前一种也称"移位寄存器模式"，与外接的移位寄存器配合可以很方便地实现系统内部并行接口的扩展，如多位 LED 数码管驱动等场合。由于实验设备的限制，本节内容仅限于异步串行通信模式的内容介绍与实践，关于同步串行通信不再描述，因为本书中的 SPI 或"I^{2}C 总线"内容同样可以实现类似于同步串行通信的功能。

1. 相关的特殊功能寄存器 SFR

（1）串行接口控制寄存器 SCON（SFR 的地址：98H——可按位寻址）。

SCON 用于控制、监视串行接口的工作状态。

其中各位定义如下。

(MSB)							(LSB)
SM0	SM1	SM2	REN	TB8	RB8	TI	RI

● SM0、SM1：串行接口操作模式选择位（见表4.17）。

表4.17　串行接口的4种工作模式

SM0 SM1	模　式	功　能	波　特　率
0　0	0	同步移位寄存器	$f_{osc}/12$
0　1	1	8位异步接收、发送	可变
1　0	2	9位异步接收、发送	$f_{osc}/64$、$f_{osc}/32$
1　1	3	9位异步接收、发送	可变

● SM2：模式2、模式3中的多机通信使能位。
在模式2、模式3中有以下两种情况。
SM2=0：串行接口以单机方式工作，RI可被激活，但不能引发中断。
SM2=1：当RB8=0时，RI位（接收中断标志位）不会被激活；当RB8=1时，RI位不仅被激活且引发中断。
在模式1、模式0中，SM2应设定为0。
● REN：允许接收位。由软件（指令）来置位或清零。
REN=1，允许接收；REN=0，禁止接收。
● TB8：发送数据的第9位。在模式2、模式3中存放发送的第9位数据。
在通信中，该位可作为"奇偶校验"位，在多机通信中可作为地址或数据的特征位。
● RB8：接收的第9位数据。
在模式2、模式3中存放接收的第9位数据，可用作接收奇偶校验位和地址、数据特征位，在多机方式（SM2=1）中，RB8的状态直接影响RI的激活。在模式1中，接收的是停止位（RB8=0）。在模式0中，RB8未用。
● TI：发送完成的中断标志。
在模式0中，发送完第8位数据后，由硬件自动置位。
在其他模式中，发送到停止位时，由硬件置位。
TI的作用：在完成发送一帧数据时，用TI=1作为标志向CPU申请中断。在开中断的情况下，CPU自动响应中断，发送下一帧数据。
要注意的是，在CPU响应中断并进入中断服务子程序时，要用软件（指令）将TI清零。
● RI：接收完成的中断标志。
在模式0中，接收到第8位数据时，由硬件自动置位。
在其他模式中，接收到停止位时，由硬件置位。
RI的作用：在串行接口的缓冲器SBUF接收到一个完整的数据帧时，使RI=1作为标志，向CPU发中断申请，在开中断的情况下，CPU进入中断服务程序，将串行接口的SBUF中的数据取出。同TI一样，在进入中断服务程序时，要使用软件将RI清零。
（2）串行接口的发送、接收缓冲器SBUF（SFR的地址：99H——不可按位寻址）。
因为MCS-51单片机的串行接口是"全双工"的，因此SBUF实际上是两个独立的缓冲器（见图 4.60）：接收缓冲 SBUF 和发送缓冲 SBUF（尽管在设计上都是用相同的地址）。

- MOV SBUF,A 指令实现将累加器 A 中的内容装载到"发送"的 SBUF。注意，这实际上就引发了一次串行通信。
- MOV A,SBUF 指令实现从"接收"的 SBUF 中读取数据到 A。当然，只有当 RI=1 时，读取 SBUF 中的数据才有意义。

利用 RI、TI 标志完成数据的接收、发送（见图 4.61）。

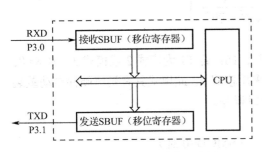

图 4.60 SBUF 寄存器结构示意图

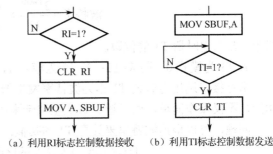

（a）利用RI标志控制数据接收　（b）利用TI标志控制数据发送

图 4.61 利用 RI、TI 标志完成数据的发送、接收

CPU 与 SBUF 之间各自独立工作。串行通信由 SBUF 完成，CPU 不参与具体的过程。数据的发送或接收是否完成，CPU 只能通过标志进行判断。

- RI（SCON.0）：接收完成标志。

当 SBUF 从 RXD 接收完一个完整的数据帧时，RI=1。如果串行接口中断是开放的，则 RI=1 时会自动引发中断。通过中断服务程序将 SBUF 中的数据取出送累加器 MOV A,SBUF（中断方式）。

使用查询的方式对 RI 进行检测：如果 RI=1，则执行 MOV A,SBUF，否则等待（查询方式）。

- TI（SCON.1）：发送完成标志。

当 SBUF 发送完一个完整的数据帧时，TI=1。如果串行接口中断是开放的，则会自动引发中断。用户可以通过中断服务程序向 SBUF 发送下一个数据：MOV SBUF,A（中断方式）。

使用查询的方式对 TI 进行检测：如果 TI=1 则执行 MOV SBUF,A，否则等待（查询方式）。

（3）电源控制寄存器 PCON（SFR 的地址：87H）。

(MSB)　　　　　　　　　　　　　　　　　　　　　　　　　　　　　　(LSB)

SMOD				GF1	GF0	PD	IDL

SMOD：波特率加速控制位。SMOD=0 波特率不增加；SMOD=1 波特率加倍（波特率×2）。单片机上电复位时 SMOD=0。

2. 串行接口的通信波特率 B

波特率反映了串行传输数据的速率。波特率越高，传输数据的速度就越快。当然，波特率的选择往往与所选择的通信设备、传输距离和传输线的质量有关，使用中要正确地加以选择。在 MCS-51 系统中，定时器 T1 作为波特率发生器。

串行接口在模式 0 时 $B=f_{osc}/12$，模式 2 时 $B=f_{osc}/32$ 或 $=f_{osc}/64$。模式 1、模式 3 的波特率由定时/计数器 1 的溢出率来决定。

相应的公式：

$$波特率 = \frac{2^{SMOD}}{32} \times 定时器1的溢出率$$

$$定时器1的溢出率 = \frac{f_{osc}}{12}\left(\frac{1}{2^K - 初值}\right)$$

这样，串行接口模式1、模式3的波特率公式：

$$波特率 = \frac{2^{SMOD}}{32} \times \frac{f_{osc}}{12}\left(\frac{1}{2^K - 初值}\right)$$

式中，K 为定时器 T1 的位数。

若 T1 为模式 0，则 K=13；若 T1 为模式 1，则 K=16；若 T1 为模式 2 或模式 3，则 K=8。

串行接口选用定时器 T1 作为波特率发生器并采用模式 2，此模式具有初值硬件自动重装功能，不仅操作简单，而且避免每次重装带来的定时误差。

同理，可以根据波特率来计算 T1 的初值：

TH1=256 − [f_{osc}/（384×B）]，（SMOD=0 时）

TH1=256 − [f_{osc}/（192×B）]，（SMOD=1 时）

常见的波特率与定时器 T1 中的初值关系见表 4.18。

表 4.18 常见的波特率与定时器 T1 中的初值关系

波特率 （bps）	f_{osc} （MHz）	SMOD	定时器 T1		
			C/T	模式	重装初值
模式 0：1M	12	×	×	×	×
模式 2：375k	12	1	×	×	×
模式 1、模式 3：62.5k	12	1	0	2	FFH
19.2k	11.0592	1	0	2	FDH
9.6k	11.0592	0	0	2	FDH
4.8k	11.0592	0	0	2	FAH
2.4k	11.0592	0	0	2	F4H
1.2k	11.0592	0	0	2	E8H
137.5k	11.0592	0	0	2	1DH
110k	6	0	0	2	72H

【举例】设 f_{osc} 为 11.0592MHz，波特率为 1200bps，求 TH1。

【解】用上述公式

TH1=256−[11.0592MHz/（384×1200）]=232=0E8H

设：SMOD=0。

4.5.2 MCS-51 串行接口实验（一）：单片机之间的点对点通信实验

（1）实验目的。

学习、掌握 MCS-51 单片机的串行接口编程原理，掌握串行接口模块的初始化方法，掌握串行通信中"波特率"B的计算方法,掌握"查询"和"中断"两种编程方法。

（2）实验要求。

采用导线或红外线作为串行通信的介质,实现两台单片机之间的"点对点"通信。

（3）实验连线。

使用两个实验台,分别承担"发送"和"接收"任务。注意,发送方的TXD接到接收端的RXD,发送方将拨动开关S0~S7按顺序与P1.0~P1.7连接。通过P1口输入8位二进制数并将此数发送出去；接收方将LED发光二极管L0~L7按顺序与P1口连接,显示从串行接口接收的数据。

可以采用两种方法实现点对点通信。

① 采用传统的导线作为通信的介质（见图4.62）。

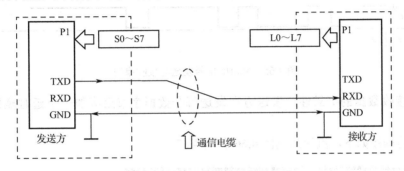

图4.62 采用导线作为通信的介质

② 采用红外线信号作为通信的介质（见图4.63）。有关红外调制接收器件及电路见图4.64,由数据信号DATA调制的38kHz信号发送与接收原理见图4.65。

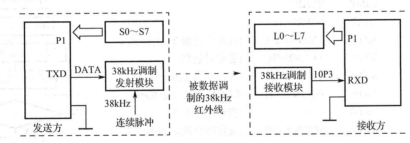

图4.63 采用红外线信号作为通信的介质

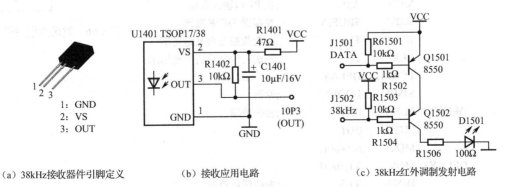

（a）38kHz接收器件引脚定义　　（b）接收应用电路　　（c）38kHz红外调制发射电路

图4.64 TSOP17系列38kHz红外调制接收器件及电路

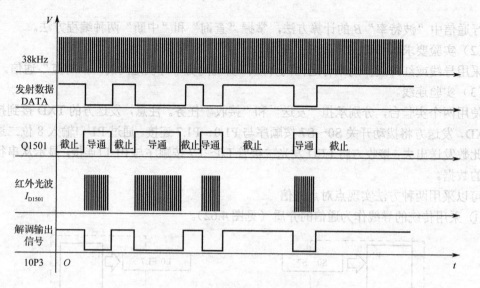

图 4.65 38kHz 信号发送与接收原理

为保证接收数据的可靠性,发送方在发送每个数据字节后应加一个延时操作(LCALL DELAY)。

(4) 实验程序如下,流程图见图 4.66 和图 4.67。

```
;**************************************************
;发送程序
;**************************************************
        ORG     0000H
        LJMP    START
        ORG     0030H
START:  MOV     TMOD,#20H       ;设定定时器 T1 为模式 2
        MOV     TL1,#0E8H       ;送定时初值
        MOV     TH1,#0E8H       ;波特率为 1200bps
        MOV     PCON,#00H       ;PCON 中的 SMOD=0
        SETB    TR1             ;启动定时器 T1
        MOV     SCON,#40H       ;设定串行接口为模式 1
LOOP1:  MOV     P1,#0FFH
        MOV     A,P1            ;从 P1 口输入数据
        MOV     SBUF,A          ;数据送 SBUF 发送
        JNB     TI,$            ;判断数据是否发送完毕
        CLR     TI              ;发送完一帧后清发送标志
        LCALL   DELAY
        SJMP    LOOP1           ;返回
DELAY:  PUSH    00H             ;保护数据
        PUSH    01H
        MOV     R0,#00H
DELAY1: MOV     R1,#00H
        DJNZ    R1,$            ;内层循环控制
```

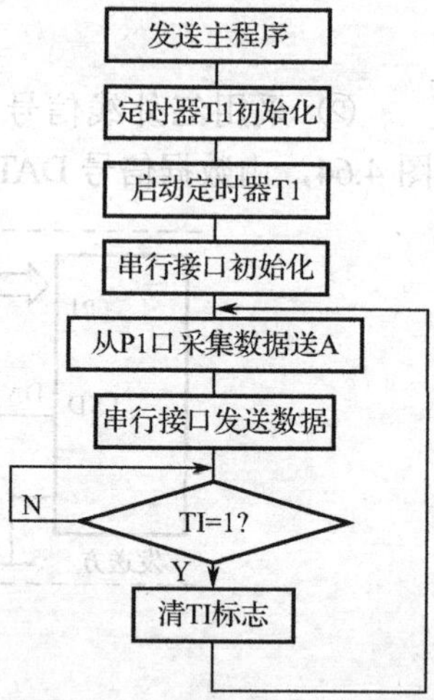

图 4.66 发送方程序流程图

```
        DJNZ    R0,DELAY1       ;外层循环控制
        POP     01H             ;恢复数据
        POP     00H
        RET
        END
;**************************************************
;接收程序
;**************************************************
        ORG     0000H
        LJMP    START
        ORG     0030H
START:  MOV     TMOD,#20H       ;设定定时器 T1 为模式 2
        MOV     TL1,#0E8H       ;送定时初值
        MOV     TH1,#0E8H       ;波特率为 1200bps
        MOV     PCON,#00H       ;PCON 中的 SMOD=0
        SETB    TR1             ;启动定时器 T1
        CLR     RI              ;清接收标志
        MOV     SCON,#50H       ;串行接口模式 1（允许接收）
LOOP1:  JNB     RI,LOOP1        ;判断是否接收到数据
        CLR     RI              ;接收到数据后清接收标志
        MOV     A,SBUF          ;数据送累加器 A
        MOV     P1,A            ;从 P1 口输出
        SJMP    LOOP1           ;返回
        END
;********************************************************************************
```

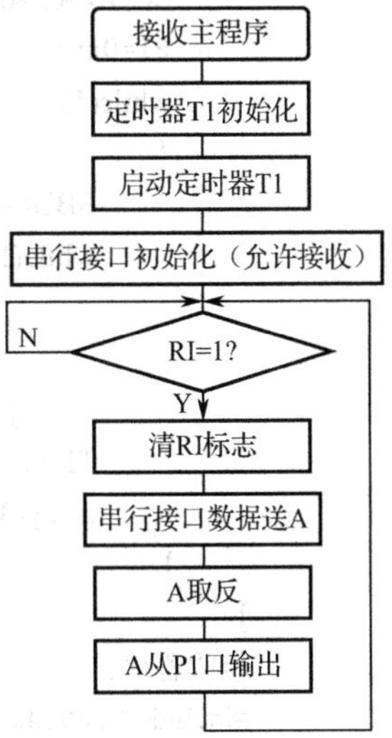

图 4.67 接收方程序流程图

注意，双方运行程序时，观察接收方的 8 位发光二极管的状态与发送方的拨动开关位置是否一致（拨动开关向上时输出为"1"电平，反之为"0"电平）。

【C 语言参考程序】

发送程序：
```c
#include<reg52.h>
#define uchar unsigned char
uchar i=0;
void delay(i)
{
    uchar j,k;
    for(j=i;j>0;j--)
        for(k=125;k>0;k--);
}
void main()
{
    TMOD=0x20;
    TL1=0xe8;
    TH1=0xe8;
    PCON=0x00;
```

```
TR1=1;
SCON=0x40;
P1=0xff;
while(1)
{
    SBUF=P1;
    while(!TI)
    {
        ;
    }
    TI=0;
    delay(30);
}
```

接收程序：
```
#include<reg52.h>
#define uchar unsigned char
void main()
{
    TMOD=0x20;
    TL1=0xe8;
    TH1=0xe8;
    PCON=0x00;
    TR1=1;
    RI=0;
    SCON=0x50;
    while(1)
    {
        while(!RI)
        {
            ;
        }
        RI=0;
        P1=SBUF;
    }
}
```

（5）思考题。

分别将发送方、接收方的程序修改为中断结构。为了保证程序调试的顺利进行，建议首先修改一方的程序，待正常后再修改另一方的程序。

4.5.3 MCS-51 串行接口实验（二）：单片机与PC之间的通信实验

在实验台上的单片机模块中设计有CH340芯片，可以实现单片机的TTL电平与USB之间的电平转换，使单片机直接与上位机之间进行异步通信。

CH340 是一个 USB 总线的转接芯片，实现 USB 转串行接口、USB 转 IrDA 红外线或 USB 转打印口等功能。在串行接口方式下，CH340 提供常用的 Modem 联络信号，用于为计算机扩展异步串行接口，或者将普通的串行接口设备直接升级到 USB 总线。

实验台上单片机模块的 CH340 与单片机引脚需使用两条线连接，见图 4.68。

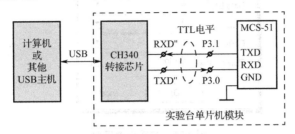

图 4.68 通过 CH340 芯片实现单片机的 TTL 信号与上位机之间的 USB 通信

与上位机通信时，要借助于上位机中的"串口调试助手"软件来实现上位机的通信功能，通信前应当使用 USB 电缆将实验台与上位机连接。

通过计算机的"设备管理器"界面，观察 USB 串口 CH340 所占用的 COM 口，见图 4.69，本设备占用本台计算机的 COM4 口。

打开串口调试助手（见图 4.70），设定相关参数：单击"串口配置"按钮，将 Port 设置为 COM4，Baud rate 设置为 1200，与实验程序一致（见图 4.71）。单击"OK"按钮，设定完成。单击"打开串口"按钮，在接收区左边勾选"HEX 显示"复选项（见图 4.70）。

图 4.69 上位机的"设备管理器"界面

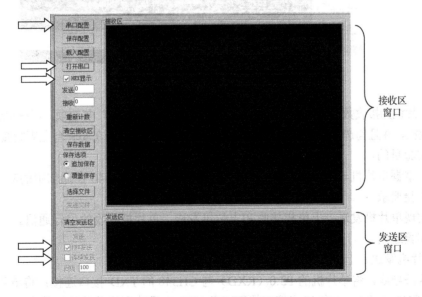

图 4.70 串口调试助手界面

单片机原理实验教程

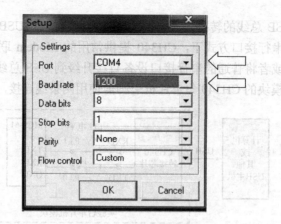

图 4.71 参数设置界面

首先运行单片机的发送程序,在串口调试助手的接收区观察接收的数据(见图 4.72)。

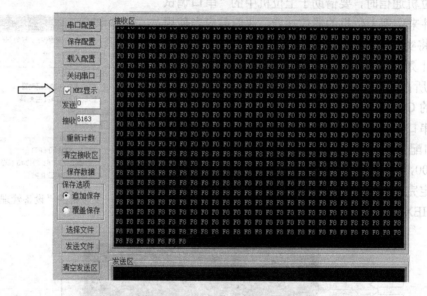

图 4.72 上位机接收数据界面

如果单片机为接收数据模式,则在发送区左边勾选"HEX 发送"复选项,再在发送区内输入要发送的数据,并且勾选"连续发送"复选项(见图 4.70),此时可在实验台上观察接收的数据。

(1)实验目的。

学习、掌握单片机与上位机之间的串行通信方法,了解 CH340 在通信中的应用。

(2)实验要求。

分别实现单片机发送、上位机接收和上位机发送、单片机接收的串行通信。

(3)实验连线。

① 单片机发送、上位机接收。

使用两条导线,将单片机的 P3.0(RXD)与 CH340 的 TXD"接口连接;将单片机的 P3.1(TXD)与 CH340 的 RXD"接口连接。使用一条 USB 电缆分别将单片机模块和上位机的 USB 接口连接(见图 4.73)。

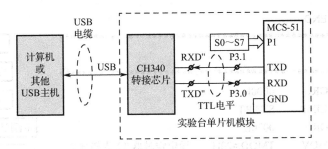

图 4.73　单片机发送、上位机接收的实验连线

② 上位机发送、单片机接收。

使用两条导线，将单片机的 P3.0（RXD）与 CH340 的 TXD"接口连接；将单片机的 P3.1（TXD）与 CH340 的 RXD"接口连接。使用一条 USB 电缆分别将单片机模块和上位机的 USB 接口连接（见图 4.74）。

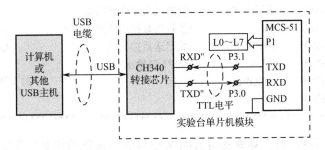

图 4.74　上位机发送、单片机接收的实验连线

（4）实验程序如下，流程图见图 4.75 和图 4.76。

```
;****************************************************
;发送程序
;****************************************************
        ORG     0000H
        LJMP    START
        ORG     0030H
START:  MOV     TMOD,#20H    ;设定定时器 T1 为模式 2
        MOV     TL1,#0E8H    ;送定时初值
        MOV     TH1,#0E8H    ;波特率为 1200bps
        MOV     PCON,#00H    ;PCON 中的 SMOD=0
        SETB    TR1          ;启动定时器 T1
        MOV     SCON,#40H    ;设定串行接口为模式 1
LOOP1:  MOV     P1,#0FFH
        MOV     A,P1         ;从 P1 口输入数据
        MOV     SBUF,A       ;数据送 SBUF 发送
        JNB     TI,$         ;判断数据是否发送完毕
        CLR     TI           ;发送完一帧后清发送标志
        SJMP    LOOP1        ;返回
```

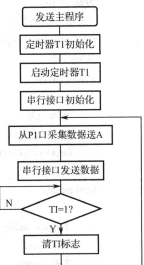

图 4.75　发送方程序流程图

```
            END
;****************************************************
;接收程序
;****************************************************
            ORG     0000H
            LJMP    START
            ORG     0030H
START:      MOV     TMOD,#20H       ;设定定时器 T1 为模式 2
            MOV     TL1,#0E8H       ;送定时初值
            MOV     TH1,#0E8H       ;波特率为 1200bps
            MOV     PCON,#00H       ;PCON 中的 SMOD=0
            SETB    TR1             ;启动定时器 T1
            CLR     RI              ;清接收标志
            MOV     SCON,#50H       ;串行接口模式 1（允许接收）
LOOP1:      JNB     RI,LOOP1        ;判断是否接收到数据
            CLR     RI              ;接收到数据后清接收标志
            MOV     A,SBUF          ;数据送累加器 A
            MOV     P1,A            ;从 P1 口输出
            SJMP    LOOP1           ;返回
            END
;************************************************************************
```

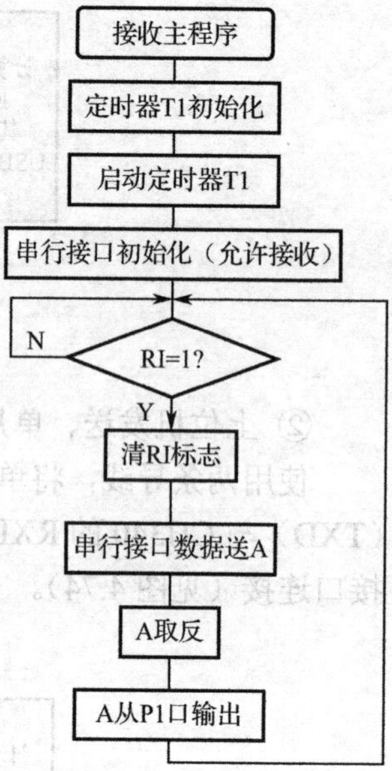

图 4.76 接收方程序流程图

注意，双方运行程序时，观察接收方的 8 位发光二极管的状态与发送方的拨动开关位置是否一致（拨动开关向上时输出为"1"电平，反之为"0"电平）。

【C 语言参考程序】

发送程序：
```c
#include<reg52.h>
#define uchar unsigned char
uchar i=0;
void delay(i)
{
    uchar j,k;
    for(j=i;j>0;j--)
    for(k=125;k>0;k--);
}
void main()
{
    TMOD=0x20;
    TL1=0xe8;
    TH1=0xe8;
    PCON=0x00;
    TR1=1;
    SCON=0x40;
    P1=0xff;
```

```
        while(1)
        {
            SBUF=P1;
            while(!TI)
                {
                    ;
                }
            TI=0;
            delay(30);
        }
    }
接收程序：
#include<reg52.h>
#define uchar unsigned char
void main()
{
        TMOD=0x20;
        TL1=0xe8;
        TH1=0xe8;
        PCON=0x00;
        TR1=1;
        RI=0;
        SCON=0x50;
        while(1)
        {
            while(!RI)
                {
                    ;
                }
            RI=0;
            P1=SBUF;
        }
}
```

4.5.4 MCS-51 串行接口实验（三）：通过蓝牙透传模块实现无线通信

蓝牙（Bluetooth）是一种无线接口及其控制软件的标准，主要为不同厂家生产的便携式设备提供近距离（10～100m）范围内的互操作通道。蓝牙设备工作在 2.4GHz 频段，采用主从架构网络，每个主机最多可与同网中的 7 个从机通信。通常蓝牙网络中主机是手机或 PC，从机是各种便携设备，如耳机、鼠标、键盘、遥控器等。

由于蓝牙协议本身软件、硬件技术复杂，单片机开发者通常不会自己实现蓝牙协议栈，而是通过专业厂商开发的蓝牙透传模块，将单片机的串行接口信号转换为符合蓝牙协议的无线信号。从单片机的角度看，软件设计完全不用考虑蓝牙透传模块的存在，与直接使用串行接口通信没有区别，因此称之为"透传"。

（1）实验目的。

了解蓝牙协议的基本知识，学习、掌握蓝牙透传模块的基本用法。

（2）实验要求。

通过蓝牙透传模块，实现手机与单片机之间的无线通信和简单控制功能。

（3）手机端软件配置与实验连线。

① 手机端软件配置。

下载蓝牙串口APP。注意，蓝牙协议发展了多种版本，应下载针对标准蓝牙的APP，而不是蓝牙BLE的版本。一种典型的蓝牙串口APP设置界面见图4.77。开启手机的蓝牙功能，在蓝牙串口APP中会出现可以配对（组网）的设备。选择配对，并且输入四位默认密码"0000"，即可建立手机与蓝牙透传模块之间的蓝牙连接，此时蓝牙透传模块下方的LINK指示灯会保持常亮（没有建立连接时指示灯会持续闪烁）状态。在设置界面中选择以十六进制模式接收和发送数据。

图4.77 典型的蓝牙串口APP设置界面

连接单片机与蓝牙透传模块，注意，单片机的TXD连接蓝牙透传模块的RXD，单片机的RXD连接蓝牙透传模块的TXD（实验台标识为BTXD）。将LED发光二极管L0～L7按顺序与P1口连接，显示从串行接口接收的数据。

② 实验连线。

● 单片机发送、手机接收。

设置单片机串行接口波特率为9600bps。单片机向串行接口发送0xffh，数据通过蓝牙透传模块转换为蓝牙协议信号发送给手机，并且在蓝牙串口APP的接收窗口显示，见图4.78。注意发送数据时要加延时程序。

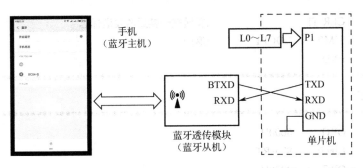

图 4.78 通过蓝牙透传模块实现手机与单片机的串行通信(单片机发送、手机接收)

● 手机发送、单片机接收并显示。

设置单片机串行接口波特率为 9600bps。在蓝牙串口 APP 的发送窗口填写十六进制数据,并单击"发送"按钮,无线蓝牙数据被蓝牙透传模块接收后转换为串行接口数据。单片机将接收的串行接口数据发送到 P1 口,在 LED 灯上显示,见图 4.79。

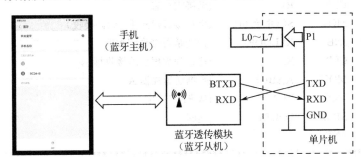

图 4.79 通过蓝牙透传模块实现手机与单片机的串行通信(手机发送、单片机接收并显示)

(4)实验程序如下,流程图见图 4.75 和图 4.76。

```
;**********************************************************************
;发送程序
;**********************************************************************
        ORG     0000H
        LJMP    START
        ORG     0030H
START:
        MOV     TMOD,#20H       ;设定定时器 T1 为模式 2
        MOV     TL1,#253        ;送定时初值
        MOV     TH1,#253        ;波特率为 9600bps
        MOV     PCON,#00H       ;PCON 中的 SMOD=0
        SETB    TR1             ;启动定时器 T1
        MOV     SCON,#40H       ;设定串行接口为模式 1
LOOP1:  MOV     P1,#0FFH
        MOV     A,P1            ;从 P1 口输入数据
        MOV     SBUF,A          ;数据送 SBUF 发送
        JNB     TI,$            ;判断数据是否发送完毕
```

```
            CLR    TI                    ;发送完一帧后清发送标志
            SJMP   LOOP1                 ;返回
            END
;***************************************************************************
;接收程序
;***************************************************************************
            ORG    0000H
            LJMP   START
            ORG    0030H
START:      MOV    TMOD,#20H             ;设定定时器 T1 为模式 2
            MOV    TL1,#253              ;送定时初值
            MOV    TH1,#253              ;波特率为 9600bps
            MOV    PCON,#00H             ;PCON 中的 SMOD=0
            SETB   TR1                   ;启动定时器 T1
            CLR    RI                    ;清接收标志
            MOV    SCON,#50H             ;串行接口模式 1（允许接收）
LOOP1:      JNB    RI,LOOP1              ;判断是否接收到数据
            CLR    RI                    ;接收到数据后清接收标志
            MOV    A,SBUF                ;数据送累加器 A
            MOV    P1,A                  ;从 P1 口输出
            SJMP   LOOP1                 ;返回
            END
;***************************************************************************
```

【C 语言参考程序】

发送程序：

```c
#include<reg52.h>
#define uchar unsigned char
uchar i=0;
void delay(i)
{
    uchar j,k;
    for(j=i;j>0;j--)
    for(k=125;k>0;k--);
}
void main()
{
    TMOD=0x20;
    TL1= 253;
    TH1= 253;
    PCON=0x00;
    TR1=1;
    SCON=0x40;
```

```
            P1=0xff;
            while(1)
            {
                SBUF=P1;
                while(!TI)
                    {
                        ;
                    }
                TI=0;
                delay(30);
            }
}
接收程序：
#include<reg52.h>
#define uchar unsigned char
void main()
{
            TMOD=0x20;
            TL1= 253;
            TH1= 253;
            PCON=0x00;
            TR1=1;
            RI=0;
            SCON=0x50;
            while(1)
            {
                while(!RI)
                    {
                        ;
                    }
                RI=0;
                P1=SBUF;
            }
}
```

4.5.5　MCS-51 串行接口实验（四）：通过 Wi-Fi 透传模块实现无线通信

　　Wi-Fi 是当今使用很广的一种无线网络传输技术，通常使用 2.4GHz 或 5GHz 频段。一般建立一个 Wi-Fi 无线网络需要一个无线接入点（AP），AP 可以接入网络运营商提供的互联网，并且提供无线连接。而 Wi-Fi 终端，如智能手机、平板电脑和笔记本电脑等，可通过 AP 接入互联网。

　　由于 Wi-Fi 协议本身软件、硬件技术复杂，要求较高的硬件性能（通常需要 32 位处理器），8 位单片机通常不会自己实现 Wi-Fi 协议栈，而是通过专业厂商开发的 Wi-Fi 透传模块，将单片机的串行接口信号转换为符合 Wi-Fi 协议的无线信号。从单片机的角度看，软件设计完全不用考虑 Wi-Fi 透传模块的存在，与直接使用串行接口通信没有区别，因此称之为"透传"。本实验台配备了一个 USR-C210 型 Wi-Fi 透传模块。

USR-C210 型 Wi-Fi 透传模块有两种工作模式：无线接入点（AP）和无线终端（STA）。AP 模式会建立起一个新的无线网络供其他设备加入连接，而 STA 模式只能连接加入现存的无线网络。

出厂后的 Wi-Fi 透传模块默认工作于 AP 模式，默认 SSID 为 USR-C210，可以通过有 Wi-Fi 连接功能的手机、计算机等连接。Wi-Fi 透传模块内置了 Web 服务，默认 IP 地址为 10.10.100.254。用浏览器访问此地址可以对 Wi-Fi 透传模块的功能进行设置，其界面见图 4.80。如果要修改默认 IP 地址，一定要记录好新的 IP 地址，否则将难以再次进入设置界面，必须对 Wi-Fi 透传模块进行重置（实验台上没有设计重置电路）。

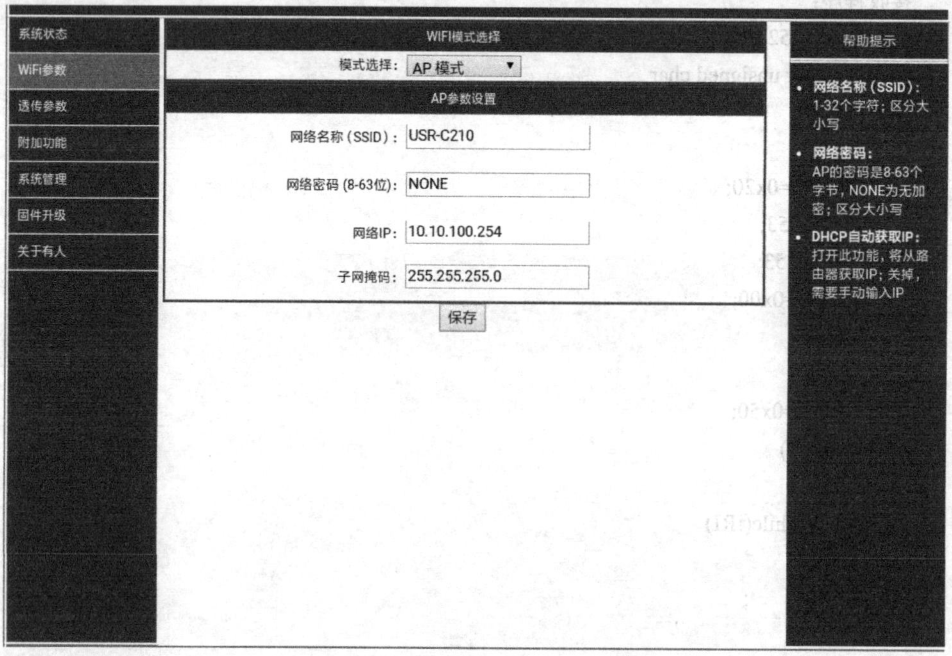

图 4.80　Wi-Fi 模式选择界面：AP 模式

如果将 Wi-Fi 透传模块设置为 STA 模式，则需要设置该模块加入的无线网络 SSID，其界面见图 4.81。可以通过搜索的方式找到现存的无线网络 SSID。对于加密网络还要设置正确的网络密码。为了避免 Wi-Fi 透传模块每次上电时被无线路由器分配到不同的 IP 地址，可以将 DHCP 模式改为 Disable，并且设置一个固定的 IP 地址。一定要记录好 Wi-Fi 透传模块的 IP 地址，否则将难以再次进入设置界面，必须对该模块进行重置（实验台上没有设计重置电路）。

Wi-Fi 透传模块启动后，要与特定的 IP 地址/域名建立 TCP 连接以收发数据。如果 TCP 连接由对方发起，则 Wi-Fi 透传模块应设置为 TCP-Server；如果 TCP 连接由自身向对方发起，则 Wi-Fi 透传模块应设置为 TCP-Client。服务器地址、波特率的设置界面见图 4.82，在同一个界面中还需要设置 Wi-Fi 透传模块与单片机通信的串行接口波特率。

第4章 MCS-51（AT89C51）单片机基本结构及典型接口实验

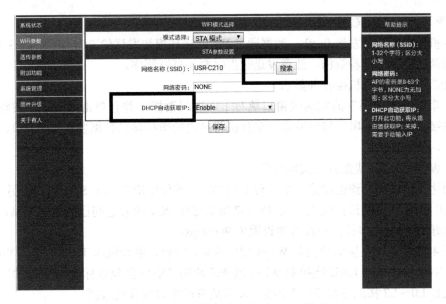

图 4.81 Wi-Fi 模式选择界面：STA 模式

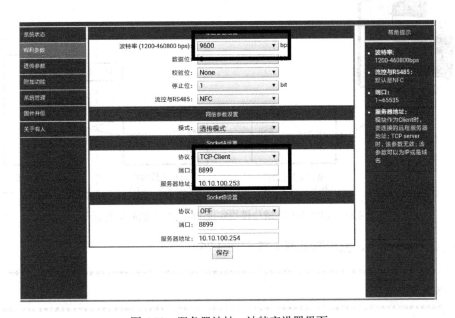

图 4.82 服务器地址、波特率设置界面

TCP 连接建立后，Wi-Fi 透传模块将单片机发来的串行接口数据打包为 TCP/IP 数据包，发送给指定的 IP 地址/域名；而由指定 IP 地址/域名发来的 TCP/IP 数据包，由 Wi-Fi 透传模块解压后将数据经串行接口发送给单片机。通过 Wi-Fi 透传模块可以在有网络覆盖的任意两点间收发数据，应用范围极其广泛。

（1）实验目的。

了解 Wi-Fi 的基本知识，学习、掌握 Wi-Fi 透传模块的基本用法。

（2）实验要求。

通过 Wi-Fi 透传模块，实现 PC 与单片机之间的无线通信和简单控制功能。

① 单片机发送、PC 接收。

单片机向串行接口发送 0xffh，数据通过 Wi-Fi 透传模块发送给 PC，可用 4.5.3 节中使用的"串口调试助手"查看数据。注意发送数据时要加延时程序。

② PC 发送、单片机接收并显示。

在"串口调试助手"的发送区窗口填写十六进制数据，并且单击"发送"按钮，Wi-Fi 透传模块接收数据后由串行接口发出。单片机将接收的串行接口数据发送到 P1 口，在 LED 灯上显示。

（3）Wi-Fi 透传模块配置与实验连线。

为简化实验过程，预先设置好实验台上的 Wi-Fi 透传模块工作于 STA 模式，另一个模块工作于 AP 模式。Wi-Fi 透传模块通过 RS-232 接口连接 PC，两者之间已经组建好 Wi-Fi 网络，并且设置好 IP 地址，串行接口波特率设置为 9600bps。

如图 4.83 所示，连接单片机与 Wi-Fi 透传模块，注意，单片机的 TXD 连接到 Wi-Fi 透传模块的 RXD，单片机的 RXD 连接到 Wi-Fi 透传模块的 TXD（实验台标识为 WTXD）。将 LED 发光二极管 L0~L7 按顺序与 P1 口连接，显示从串行接口接收的数据。

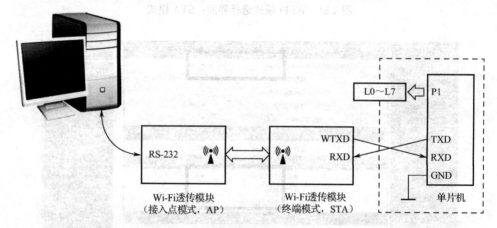

图 4.83　通过 Wi-Fi 透传模块实现 PC 与单片机的串行通信

（4）实验程序如下，流程图见图 4.75 和图 4.76。

```
;********************************************************************
;发送程序
;********************************************************************
            ORG     0000H
            LJMP    START
            ORG     0030H
START:
            MOV     TMOD,#20H       ;设定定时器 T1 为模式 2
            MOV     TL1,#253        ;送定时初值
            MOV     TH1,#253        ;波特率为 9600bps
            MOV     PCON,#00H       ;PCON 中的 SMOD=0
            SETB    TR1             ;启动定时器 T1
            MOV     SCON,#40H       ;设定串行接口为模式 1
```

```
LOOP1:  MOV    P1,#0FFH
        MOV    A,P1              ;从 P1 口输入数据
        MOV    SBUF,A            ;数据送 SBUF 发送
        JNB    TI,$              ;判断数据是否发送完毕
        CLR    TI                ;发送完一帧后清发送标志
        SJMP   LOOP1             ;返回
        END
;**************************************************************************
;接收程序
;**************************************************************************
        ORG    0000H
        LJMP   START
        ORG    0030H
START:  MOV    TMOD,#20H         ;设定定时器 T1 为模式 2
        MOV    TL1,#253          ;送定时初值
        MOV    TH1,#253          ;波特率为 9600bps
        MOV    PCON,#00H         ;PCON 中的 SMOD=0
        SETB   TR1               ;启动定时器 T1
        CLR    RI                ;清接收标志
        MOV    SCON,#50H         ;串行接口模式 1（允许接收）
LOOP1:  JNB    RI,LOOP1          ;判断是否接收到数据
        CLR RI                   ;接收到数据后清接收标志
        MOV    A,SBUF            ;数据送累加器 A
        MOV    P1,A              ;从 P1 口输出
        SJMP   LOOP1             ;返回
        END
;**************************************************************************
```

【C 语言参考程序】

发送程序：
```c
#include<reg52.h>
#define uchar unsigned char
uchar i=0;
void delay(i)
{
    uchar j,k;
    for(j=i;j>0;j--)
    for(k=125;k>0;k--);
}
void main()
{
    TMOD=0x20;
    TL1= 253;
    TH1= 253;
    PCON=0x00;
```

```
            TR1=1;
            SCON=0x40;
            P1=0xff;
            while(1)
            {
                SBUF=P1;
                while(!TI)
                {
                    ;
                }
                TI=0;
                delay(30);
            }
        }
接收程序:
#include<reg52.h>
#define uchar unsigned char
void main()
{
            TMOD=0x20;
            TL1= 253;
            TH1= 253;
            PCON=0x00;
            TR1=1;
            RI=0;
            SCON=0x50;
            while(1)
            {
                while(!RI)
                {
                    ;
                }
                RI=0;
                P1=SBUF;
            }
        }
```

4.6 SPI 接口的 TLC549 串行 A/D 转换器接口芯片及编程实验

4.6.1 知识点分析

SPI 接口标准是由 Motorola 公司推出的一种"同步串行"传输规范。由于它具有引脚少、封装简单、成本低廉、低功耗设计等优点，所以在市场上得到迅速而广泛的普及。每个 SPI 的外围器件有 4 条（或 3 条）引线：MISO，主控器输入/被控器输出；MOSI，主控器输出/被控器输入；/CS，片选信号（低电平有效）。所有器件的同名端相连接，片选信号由单片机口线单独控制（见图 4.84）。

如果系统中 SPI 外围器件使用较多，那么可以利用 74LS138（即 3/8 译码器）来管理各个/CS 信号，减少/CS 信号对单片机接口资源的占用。

TLC549 是德州仪器公司（TI）推出的一种 SPI 接口的低功耗 CMOS 8 位 A/D 转换器。芯片自带 A/D 转换时钟，以简化外电路设计。

TLC549 的芯片采用许多新的设计理念：不需要转换启动信号；没有转换完成标志；只要读完一组数据芯片便启动一次

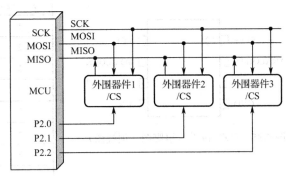

图 4.84　SPI 同步串行接口标准的单片机系统

新的转换过程。这种设计不仅减少了芯片的引脚，而且使编程更为简单。

芯片有一路模拟输入接口（ANALOG IN），3 态的数据串行输出接口（DATA OUT）可以方便地和微处理器或外围设备连接。仅使用输入/输出时钟（I/O CLOCK）和芯片选择（/CS）信号便可完成转换的控制，输入的同步时钟（I/O CLOCK）上限为 1.1MHz。

（1）器件特征。
- CMOS 工艺技术。
- 8 位转换结果数据。
- 与微处理器或外围设备串行接口（SPI）。
- 差分基准电压输入。
- 转换时间：最大值为 17μs。
- 每秒访问和转换次数：达到 40 000 次。
- 片上软件控制采样和保持功能。
- 全部非校准误差：±0.5LSB。
- 宽电压供电：3～6V 封装及引脚。
- 低功耗：最大值为 15mW。
- 5V 供电时输入范围：0～5V。
- 输入、输出完全兼容 TTL 和 CMOS 电路。
- 全部非校准误差：±1LSB。
- 工作温度范围：0～70℃（TLC549）。

（2）应用领域。
- 低功耗数据采集系统。
- 电池供电系统。
- 工业控制。
- 工厂自动化系统。

（3）TLC549 器件引脚定义与内部结构及工作时序。

实验台使用的 TLC549 采用的是贴片封装芯片，该芯片的引脚图及定义见图 4.85 和表 4.19。该芯片的内部结构见图 4.86，芯片参数见表 4.20，工作时序见图 4.87。

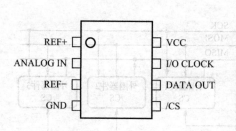

图 4.85 TLC549 芯片引脚图（顶视图）

表 4.19 TLC549 芯片引脚定义

引 脚	定 义	功 能
1	REF+	参考电压正输入端
2	ANALOG IN	模拟电压输入端
3	REF−	参考电压负输入端
4	GND	电源地
5	/CS	片选端（低电平有效）
6	DATA OUT	串行数据输出端
7	I/O CLOCK	串行同步时钟输入端
8	VCC	电源正端

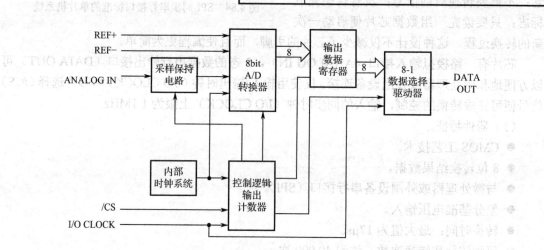

图 4.86 TLC549 芯片内部结构

表 4.20 芯片参数

	TLC548			TLC549			单位
	最小值	典型值	最大值	最小值	典型值	最大值	
工作电压（V_{CC}）	3	5	6	3	5	6	V
正的参考电压（V_{REF+}）	2.5	V_{CC}	V_{CC}+0.1	2.5	V_{CC}	V_{CC}+0.1	V
负的参考电压（V_{REF-}）	−0.1	0	2.5	−0.1	0	2.5	V
差分参考电压（V_{REF+}、V_{REF-}）	1	V_{CC}	V_{CC}+0.2	1	V_{CC}	V_{CC}+0.2	V
模拟输入电压	0		V_{CC}	0		V_{CC}	V
控制输入的高电平 V_{IH}（V_{CC}=4.75~5.5V）	2			2			V
控制输入的低电平 V_{IL}（V_{CC}=4.75~5.5V）			0.8			0.8	V
输入的时钟频率 f，V_{CC} 同上	0		2.048	0		1.1	MHz
输入/输出时钟高电平宽度 t_{WH}（I/O），V_{CC} 同上	200			404			ns
输入/输出时钟低电平宽度 t_{WL}（I/O），V_{CC} 同上	200			404			ns
输入/输出时钟的传递时间 t_t（I/O），V_{CC} 同上			100			100	ns

续表

	TLC548			TLC549			单位
	最小值	典型值	最大值	最小值	典型值	最大值	
转换周期/CS 高电平的持续时间 t_{wH}			17			17	μs
/CS 变低到第一个 CLOCK 的建立时间 t_{su}	1.4			1.4			μs
工作环境温度 TLC548C、TLC549C（商业级）	0		70	0		70	℃
工作环境温度 TLC548I、TLC549I（工业级）	−40		+80	−40		+80	℃

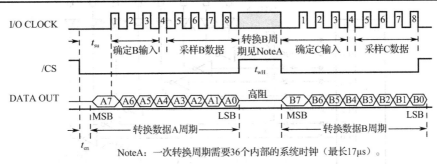

图 4.87 工作时序

4.6.2 SPI 接口的 TLC549 串行 A/D 转换实验

TLC549 A/C 转换电路没有启动控制端，只要读取前一次数据后马上就进行新的电压转换。转换完成后就进入保持状态（HOLD）。TLC549 每次转换所需要的时间是 17μs，没有转换完成标志信号，只要采用延时操作即可控制每次读取数据的操作（当然每次读取数据的时间应大于 17μs）。

根据 TLC549 的工作时序（见图 4.87）可以得出编程的步骤与方法。

- 串行数据中 D7 位（MSB）先输出，D0 位（LSB）最后输出。
- 在每次 CLK 的高电平期间，DAT 线上的数据产生有效输出，每出现一次 CLK 在 DAT 线上就输出一位数据。整个过程共有 8 次 CLK 信号的出现并对应着 8 个 bit 的数据输出。
- t_{su}：片选信号/CS 变为低电平后，CLK 开始正跳变的最小时间间隔为 1.4 μs。
- t_{en}：从/CS 变为低电平到 DAT 线上输出数据的最小时间为 1.2 μs。
- 从图 4.87 中不难看出，只要 CLK 变为高电平就可以读取 DAT 线上的数据（MOV C,DAT）。
- 读取 DAT 线上的数据采用 MOV C,DAT; RLC A 的方式实现。
- 整个芯片只有在/CS 端为低电平时，读取数据才能有效。

根据上述内容确定编程方法。

（1）实验目的。

学习、掌握 TLC549 的工作原理及编程方法。

（2）实验要求。

将 TLC549 与 MCS-51 单片机正确连接，编写数据采集程序，将模拟电压通过 TLC549 转换为数字量，并且以二进制的形式通过单片机的 P1 口输出显示。

（3）实验连线。

P0.0 接 TLC549 模块的 ADSD；P0.1 接 TLC549 模块的 ADCLK；P0.2 接 TLC549 模块的 ADCS，TLC549 模块的 ADREF 接 VREF5；电位器的 VOUT 接 TLC549 模块的 ADIN。

P1 口接 L0～L7。运行程序时，不断地旋转电位器，使 V_{OUT} 抽头电压连续变化，通过 L0～L7 的状态观察 A/D 转换的结果（见图 4.88）。

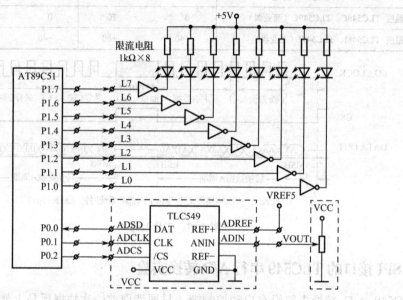

图 4.88 实验连线

（4）实验程序如下，流程图见图 4.89 和图 4.90。

```
;********************************************************************
        DAT     BIT     P0.0
        CLK     BIT     P0.1
        CS      BIT     P0.2
        ORG     0000H
        LJMP    START
        ORG     0030H
START:  MOV     SP,#60H
        SETB    DAT
LOOP:   LCALL   TLC549_ADC
        MOV     P1,A
        LCALL   DELAY
        SJMP    LOOP
TLC549_ADC:
        PUSH    07H
        CLR     A
        SETB    CS
        CLR     CLK
        MOV     R7,#08H
```

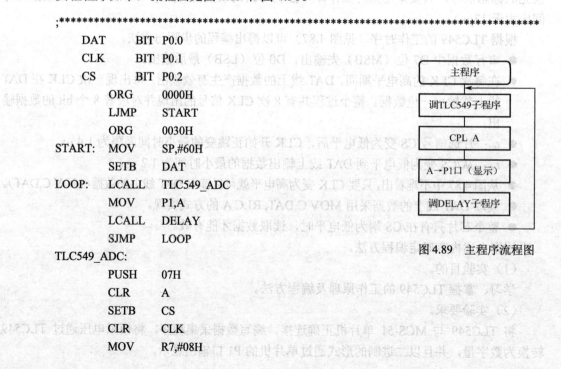

图 4.89 主程序流程图

```
              CLR     CS
              NOP
LOOP1:        SETB    CLK
              MOV     C,DAT
              RLC     A
              CLR     CLK
              DJNZ    R7, LOOP1
              SETB    CS
              CLR     CLK
              SETB    DAT
              POP     07H
              RET
DELAY:        PUSH    01H
              MOV     R1,#00H
              DJNZ    R1,$
              POP     01H
              RET
              END
```

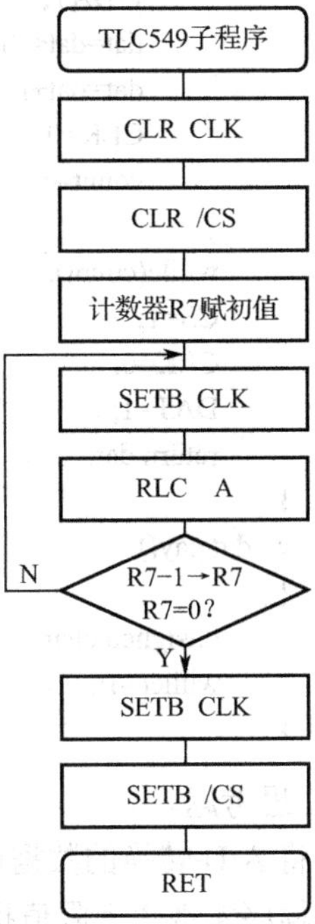

图 4.90　子程序流程图

【C 语言参考程序】

```
#include<reg52.h>
#include<intrins.h>
sbit DAT=P0^0;
sbit CLK=P0^1;
sbit CS=P0^2;
unsigned char TLC549();
void delay();
void main()
{
    unsigned char ad;
    while(1)
    {
        ad=TLC549();
        P1=ad;
        delay();
    }
}
unsigned char TLC549()
{
    unsigned char count=8,dat=0,i;
    CS=1;
    CLK=0;
    CS=0;
    _nop_();
    do
    {
        CLK=1;
```

```c
            i=DAT;
            dat=dat<<1;
            dat=dat+i;
            CLK=0;
            count--;
        }
        while(count);
        CS=1;
        CLK=0;
        DAT=1;
        return dat;
    }
    void delay()
    {
        unsigned char i=0;
        while(--i);
    }
```

(5) 思考题。

① 将 A/D 转换的数据在四位一体的 LED 数码管上以十进制（0～255）的形式显示。

② 程序实现"上限值报警"功能。在程序中给定一个报警值 N（0<N<255），当 A/D 转换的数据高于 N 值时，驱动蜂鸣器响 0.5s（每转换一次）。

③ 串行通信发送 A/D 转换数据。两个实验台为一组，其中一个做发送，将 A/D 转换的数据发送出去；另一个做接收，将收到的数据以二进制或十进制的形式显示。通信介质可采用"38K 红外调制"技术。

④ 在上述程序运行时，可以看出转换数据不稳定，这是高速 A/D 转换电路所固有的特点。如果不考虑转换的速度，那么请读者思考如何使转换的数据稳定？

【提示】可以采用数据滤波的方法。

方法一：采用求平均值的方法。

采集 N 次数据并将其进行累加，再对累加和被 N 除。例如，设计一个循环程序，在每次循环中对采集的数据进行累加（累加结果为双字节的 16 位数据，注意如何实现双字节数据的累加），然后将累加结果被循环次数除（如果是 256 次累加，则可以通过对 16 位数据连续右移 8 次来实现，实际上可以直接读取原来 16 位数据中的高 8 位来简化计算）。

方法二：采用排序的方法。

采集 N 次数据，对采集到的数据从小到大（或从大到小）排序。舍去两边的数据，再将中间的数据求平均值。

4.7 SPI 接口的 TLC5620 D/A 转换器接口芯片及编程实验

4.7.1 知识点分析

TLC5620 是德州仪器公司（TI）推出的 SPI 接口 4 路 8 位的电压输出型 D/A 转换芯片，它具有高阻抗的参考电压输入结构，电压输出模式。转换器输出的电压可设定为参考电压的 1 倍或 2 倍，工作时仅需单+5V 供电。其内部具有"上电复位"功能，确保芯片上电后运行可靠。

TLC5620 与控制器之间采用简约的三/四线串行总线。11 位的指令字包括 8 位数字位、2 位 D/A 转换通道选择位和 1 位范围选择位。TLC5620 的内部采用双缓冲结构，以便于控制。

1. TLC5620 的主要性能

- 4 路 8 位精度的电压输出 D/A 转换。
- +5V 单电源工作。
- 与控制器之间采用同步串行通信，节省控制器的口线资源。
- 具有高阻抗的参考电压输入，使系统设计更为容易、简洁。
- 可编程按参考电压的 1 倍或 2 倍输出 D/A 转换电压。
- 采用双缓冲结构，可同时更新多路输出电压。
- 具有上电复位功能。
- 采用低功耗设计。
- 具有半缓冲输出。

2. TLC5620 芯片的引脚及定义

实验台上采用的是贴片封装芯片（其引脚图见图4.91），该芯片引脚功能定义见表 4.21。

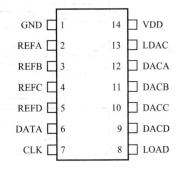

图 4.91 TLC5620 芯片引脚图（顶视图）

表 4.21 TLC5620 芯片引脚功能定义

引脚序号	定义	I/O	功 能	引脚序号	定义	I/O	功 能
1	GND	I	电源及参考电压地	8	LOAD	I	串行接口加载控制：在 LOAD 的下降沿时，输入的数据被锁存至输入锁存器
2	REFA	I	第 A 路输入参考电压	9	DACD	O	第 D 路模拟电压输出
3	REFB	I	第 B 路输入参考电压	10	DACC	O	第 C 路模拟电压输出
4	REFC	I	第 C 路输入参考电压	11	DACB	O	第 B 路模拟电压输出
5	REFD	I	第 D 路输入参考电压	12	DACA	O	第 A 路模拟电压输出
6	DATA	I	串行数据输入线	13	LDAC	I	加载 D/A 转换：当它为 1 时，输入的数据无输出更新，只有在此引脚下降沿时输入锁存器中的数据被锁存至输出锁存器，输出才有数据输出更新
7	CLK	I	同步脉冲，下降沿输入数据写入串行接口	14	VDD	I	正电源输入（+5V）

3. TLC5620 的内部结构图

TLC5620 为双缓冲结构，前级的输入寄存器由 LOAD 控制；后级的输出寄存器由 LDAC

控制，其中 LDAC 是 4 个通道总的控制。这种结构适合两路以上的模拟输出的场合：首先分步将各个通道的命令分别写入（此时并无输出），然后利用总的控制 LDAC 来产生所有通道波形的同步输出。其内部结构见图 4.92。

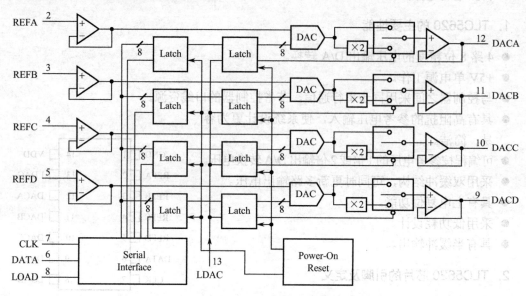

图 4.92 TLC5620 内部结构

4. TLC5620 工作时序

TLC5620 芯片采用同步串行接口设计。一个基本的操作由 2 个字节构成：第 1 个字节的低 3 位中包含通道代码、输出倍率参数；第 2 个字节为待转换的二进制数。

- A1、A0：通道选择代码，A1、A0=00B 时，选择 DACA 通道；A1、A0=11B 时选择 DACD 通道。
- RNG：最大输出电压与参考电压的倍率。RNG=1 时，V_{OUTMAX} 为 2 倍参考电压；RNG=0 时，V_{OUTMAX} 为参考电压。
- D7～D0：D/A 转换的输入数据。
- CLK 为高电平期间通过 DATA 线送入串行数据位，且在 CLK 的下降沿数据被写入到 DAC 芯片。
- TLC5620 的每次通信都是一个双字节的数据传送过程。在实际编程中，可以将 11 位数据代码转换为 2 个字节来装载：其中高位字节中的高 5 位填 0，低 3 位分别是通道代码和转换输出倍率，低位字节为待转换的 8 位数据。

TLC5620 的工作时序见图 4.93。

5. TLC5620 的控制字及格式

TLC5620 的控制字是一个 11 位格式，实际上是通过 2 个 8 位字节来完成的（见表 4.22）。在对它进行初始化时，要按照其顺序连续写入双字节的控制字。

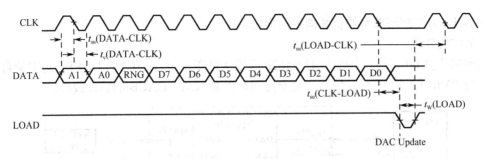

图 4.93 TLC5620 的工作时序

表 4.22 TLC5620 的双字节控制字格式

位定义	D7	D6	D5	D4	D3	D2	D1	D0
第 1 个字节	×	×	×	×	×	A1	A0	RNG
第 2 个字节	待转换的 8 位数据							

（1）第 1 个字节：
- 高 5 位添 "0"；
- 低 3 位自高到低分别为 "通道代码" A1、A0 及转换输出倍率（见表 4.23）。RNG=0 时参考电压与输出电压比为 1∶1；RNG=1 时参考电压与输出电压比为 1∶2。

表 4.23 TLC5620 的高位控制字定义

A1	A0	选中的通道	RNG=0	RNG=1
0	0	A 通道	1∶1 电压输出	1∶2 电压输出
0	1	B 通道	1∶1 电压输出	1∶2 电压输出
1	0	C 通道	1∶1 电压输出	1∶2 电压输出
1	1	D 通道	1∶1 电压输出	1∶2 电压输出

（2）第 2 个字节：对应的 8 位待转换数据。

4.7.2 TLC5620 实验：双通道信号发生器

（1）实验目的。

掌握 TLC5620 的控制原理，学习使用 DAC 模块作为信号发生器的编程方法。

（2）实验要求。

利用通道 A 输出一个三角波、通道 B 输出一个方波，两者的周期、最大波形幅值均相同。利用示波器观察其波形。

设定一个计数器 R3 用以控制两个通道的波形幅值和周期（VOLU）。设置一个 "上升/下降" 标志（初始值 00H 为上升标志）。每当完成一次上升或下降后（由 R3 控制），改变一次其状态。

向 TLC5620 写入控制字采用子程序完成。控制字为双字节：第 1 个字节为通道代码和倍率控制字；第 2 个字节为待转换的数据。

程序中所产生的波形幅值和周期都是由寄存器 R3 中的初值决定的，可以尝试改变 R3 的初值（VOLU）来观察波形幅值和周期的变化。

（3）实验连线。

利用单片机 P0 口的 4 条线与 TLC5620 连接（见图 4.94），芯片的 DAREF 与实验台的基准电压源 "VREF2.5" 连接。使用示波器分别观察 DACA、DACB 的输出波形。

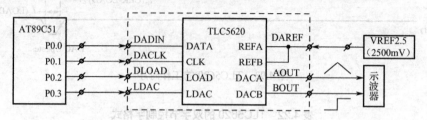

图 4.94　实验连线

【注意】实验台上设计有两种电压基准输出：VREF2.5（V_{REF}=2500mV）和 VREF5（V_{REF}=5500mV）。本实验选择 VREF2.5 的基准电源，这样 DAC 的输出波形幅值最大值被限定在 2.5V。

（4）实验程序如下，流程图见图 4.95。

```
;*****************************************************************************
        DAT     BIT     P0.0
        CLK     BIT     P0.1
        LOAD    BIT     P0.2
        LDAC    BIT     P0.3
        VOUTA   EQU     30H
        VOUTB   EQU     31H
        VOLU    EQU     0FFH        ;计数器送初值
                ORG     0000H
                LJMP    START
                ORG     0030H
START:  MOV     SP,#60H
        NOP
        CLR     CLK
        CLR     DAT
        SETB    LOAD
        SETB    LDAC
        MOV     R3,#VOLU            ;计数器送初值
        MOV     VOUTA,#00H          ;1 通道原始数据
        MOV     VOUTB,#00H          ;2 通道原始数据
        MOV     R4,#00H             ;上升/下降标志
DAC:    MOV     R1,#00H             ;处理 1 通道
        MOV     R2,VOUTA            ;数据送 R2
        LCALL   DAC5620             ;输出 1 通道
        CJNE    R4,#0FFH,CONTA      ;判断上升/下降
        DEC     R2                  ;标志为下降时
        MOV     VOUTB,#VOLU
        SJMP    CONTB
```

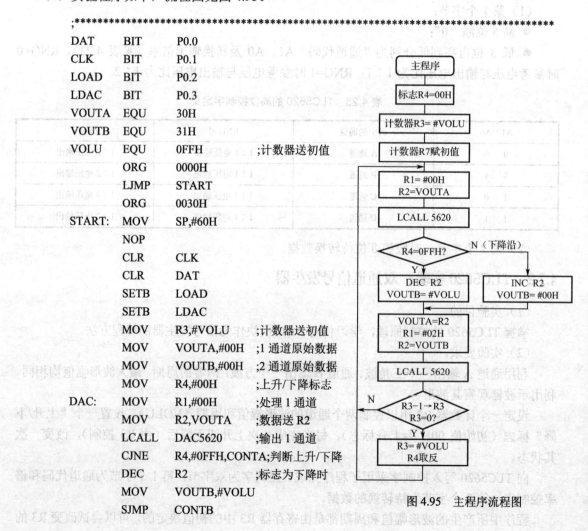

图 4.95　主程序流程图

```
CONTA:   INC     R2                      ;上升时直接转至此
         MOV     VOUTB,#00H
CONTB:   MOV     VOUTA,R2
         MOV     R1,#02H                 ;修改通道代码
         MOV     R2,VOUTB                ;取 2 通道数据
         LCALL   DAC5620                 ;输出 2 通道波形
         DJNZ    R3,DAC                  ;循环是否完成
         MOV     R3,#VOLU                ;计数器重赋值
         MOV     A,R4                    ;改变一次标志
         CPL     A
         MOV     R4,A
         SJMP    DAC
```
;**
;转换子程序
;入口参数：R1 为通道选择和倍率；R2 为带转换数据
;局部变量：ACC
;**
```
DAC5620:
         MOV     A,R1
         CLR     CLK
         LCALL   SENDBYTE                ;发送通道、增量 R1
         MOV     A,R2
         CLR     CLK
         LCALL   SENDBYTE                ;发送代转换的数据 R2
         CLR     LOAD                    ;数据锁存到寄存器
         SETB    LOAD                    ;不再接收新的数据
         CLR     LDAC                    ;输出更新
         SETB    LDAC                    ;输出不变
         RET
```
;**
;发送 1 个字节子程序
;入口参数：R7 为循环计数器；A 为要传送的数据
;**
```
SENDBYTE:
         PUSH    07H
         MOV     R7,#08H                 ;循环计数器
LOP:     SETB    CLK                     ;将 CLK 置 1
         RLC     A                       ;将 A 中的 D7 位送 CY
         MOV     DAT,C                   ;传送到串行接口数据线上
         CLR     CLK                     ;拉下 CLK 数据进入 TLC5620
         DJNZ    R7,LOP                  ;判断 8 位是否完成
         POP     07H
         RET
         END
```
程序的运行结果可通过双踪示波器检测，其波形图见图 4.96。

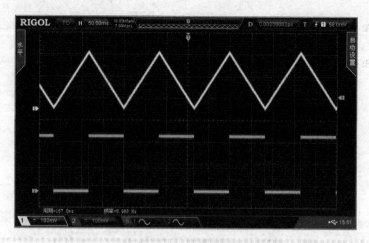

图 4.96　DACA、DAC 的输出波形图

【C 语言参考程序】

```c
#include <reg52.h>
unsigned char a,b,c,d,temp,i,vouta=0x00,voutb=0x00;
sbit clk=P0^1;
sbit dat=P0^0;
sbit load=P0^2;
sbit ldac=P0^3;
void send()                              /* 写入 1 个字节数据的子函数 */
{
    for(i=0;i<8;i++)
    { clk=1;
        temp=temp<<1;
        dat=CY;clk=0;
    }
}
void show()                              /* 写入 2 个字节控制命令的子函数 */
{
    temp=a;
    clk=0;
    send();
    temp=b;
    clk=0;
    send();
    load=0;
    ldac=1;
    ldac=0;
    load=1;
}
void main()
{
    clk=0;
    dat=0;
```

```
        load=1;
        ldac=1;
        c=0xff;
        vouta=0;
        voutb=0;
        d=0;
        while(1)                    /* 实现 D/C 转换的无限循环结构 */
        {
            if(c!=0)                /* c 为计数器，初值为 255 */
            {
                a=0x01;             /* a 为控制字，选择 A 通道转换倍率为 1∶2 */
                b=vouta;            /* b 为待转换的数据字节（锯齿波） */
                show();             /* 调用数据交换子函数（2 字节写入）*/
                if(d==0xff)         /* d 为控制锯齿波的上升、下降标志（0 为上升）*/
                    {b--; voutb=0xff;}  /*如果 d=0xff: OUTA 产生下降沿；OUTB 输出高电平 */
                else { b++; voutb=0;}   /*否则 OUTA 产生上升沿；OUTB 输出低电平 */
                vouta=b;
                a=0x03;             /* a 为控制字，选择 B 通道转换倍率为 1∶2 */
                b=voutb;            /* b 为待转换的数据字节（方波） */
                show();             /* 调用数据交换子函数（2 字节写入） */
                c--;                /* c 为循环计数器减 1 */
            }
            else{c=0xff;d=~d;}      /* 如果计数器为 0 则重新装载初值，上升标志取反 */
        }
    }
```

（5）思考题。

① 在不改变实验电路的前提下修改程序，使输出波形的幅值由 2.5V 提高到 5.0V。

② 设计一个方波发生器，周期固定，波形幅值可由电位器来调节其大小。

【提示】利用 A/D 转换电路将电位器抽头电压转换成 8 位的数字量，再将其数字量送给 D/A 转换电路作为幅值控制。实验连线见图 4.97。

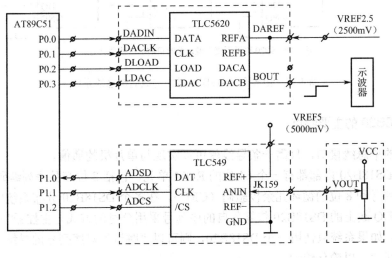

图 4.97　实验连线

4.8 单总线接口 DS18B20 智能温度传感器的特点及编程实验

4.8.1 知识点分析

单线（1-Wire）总线是美国 DALLAS 公司的一项专有技术。它使用一条导线对信号进行双向传输，具有接口简单、容易扩展等优点，适合单主控器、多从器件构成的分布式数据采集系统。DS18B20 便是单总线的一个典型应用（见图 4.98 和图 4.99）。

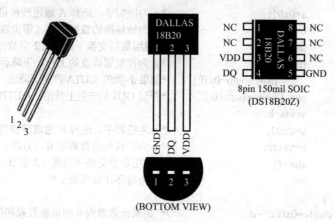

图 4.98 DS18B20 器件及引脚定义

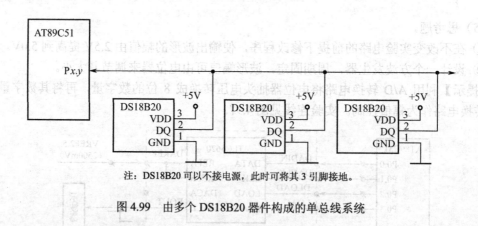

注：DS18B20 可以不接电源，此时可将其 3 引脚接地。

图 4.99 由多个 DS18B20 器件构成的单总线系统

1. DS18B20 的主要特点

- 独特的单总线接口，只需一条导线就可以实现与单片机的通信。
- 每个 DS18B20 内部都有一个 64 位的 ROM 单元，包括 8 位产品序列编码、唯一的 48 位序列号和 8 位的循环冗余校验码（CRC）。在多个 DS18B20 分布系统中，所有连在一条 DQ 线上的 DS18B20 依靠各自的序列号采用分时的方式与主控器"点对点"通信。当然，如果系统只使用一个 DS18B20，则可以"跳过"对序列号的寻址，主控器直接与其通信，以简化编程。

- 可以方便地实现"一线制"的单主控器-多从器件的分布式温度采集系统。
- 几乎不需要其他外接元件（只需要一个"上拉电阻"）。
- 在特定场合下，芯片可通过数据线 DQ 供电，不需要备份电源。
- 测量范围为-55～+125℃，分辨率为 0.0625℃/bit。数据格式为二进制补码。
- 典型的采集转换时间为 1s。
- 可以为用户提供"非易失性"温度报警装置。
- 可以广泛地应用于恒温控制、工业系统、消费类产品、温度计等热敏场合。

2．单总线系统的通信协议

单总线系统在空闲状态下呈高电平，单总线的任何操作都必须从空闲状态开始。
所有的处理过程都是从初始化开始的，初始化的内容如下。
- 主控器（单片机）发出一个复位脉冲。
- 从器件（DS18B20）反馈一个应答脉冲。

上述过程类似于 I²C 总线的启动与应答过程，即主控器发送完复位信号后释放总线、进入接收状态以便接收 DS18B20 的应答脉冲。其初始化过程的时序见图 4.100。

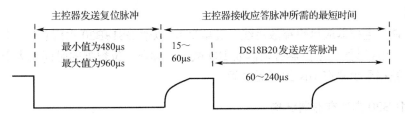

图 4.100　DS18B20 初始化过程的时序

DS18B20 有严格的通信协议来保证各位数据的正确性和完整性。在 DS18B20 的通信协议中规定了"复位脉冲"、"应答脉冲"、"写 0"、"写 1"、"读 0"和"读 1"等几种信号的时序。除了应答脉冲，其他信号都由主控器（单片机）控制。

① 写时序。主控器将数据线（DQ）由空闲状态下的高电平拉低来作为一个写周期的开始。写时序有两种类型："写 0"和"写 1"。无论是"写 0"还是"写 1"，其维持时间至少要 60μs，而两个写周期之间至少要有 1μs 的恢复间隔期，其时序见图 4.101。

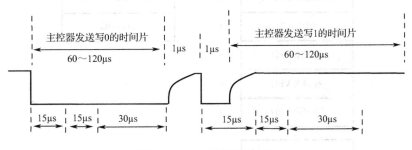

图 4.101　主控器的写时序

DS18B20 在 DQ 线电平被拉低后的 15～60μs 时间内对 DQ 线电平进行采样。若 DQ 线为高电平，则写入一位 1；若 DQ 线为低电平，则写入一位 0。在时序中可以看到：主控器在写

1时,要先将 DQ 拉低 1μs,然后在 15μs 内将 DQ 线拉高,以便 DS18B20 采样。当主控器写 0 周期时也应将 DQ 线拉低并至少保持 60μs 以上的时间。

② 读时序。主控器将 DQ 线拉低至少 1μs 作为读周期的开始,然后释放总线。而 DS18B20 输出的数据则在 DQ 线被拉低后的 15μs 内输出有效(见图 4.102)。

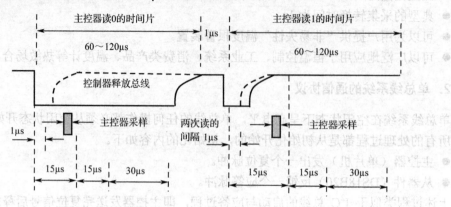

图 4.102 主控器的读时序

【注意】
- 在此期间主控器应尽快释放总线(高电平),以便 DS18B20 占用总线,输出数据。
- 在此 15μs 时间内主控器必须读取 DQ 数据。读取一位数据的时间要大于 60μs,读取两位数据至少要有 1μs 的间隔时间。

3. DS18B20 内部存储器结构

DS18B20 内部的数据存储器(RAM)由两部分构成(见图 4.103)。

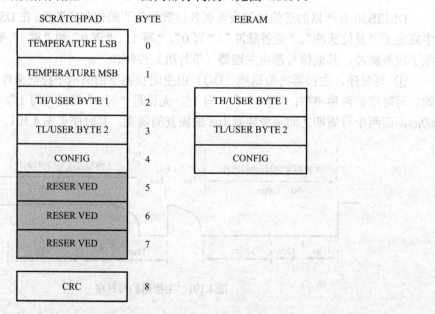

图 4.103 DS18B20 内部 RAM 结构

(1) 高速暂存区（便签 RAM）：共有 9 字节。
- 第 0、1 字节分别包含测得的 12 位温度值。其中 0 字节为温度值的低 8 位字节（LSB）、1 字节为温度值的高 3 位和符号位 S。温度为正数时：S=0，温度为负数时：S=1。

小数部分的处理：4 位二进制数（16 种组合）。最小分辨率为 0.0625℃/bit，4 位小数可采用"查表"的方式转换为一个整数值，加上小数点和原有的 8 位整数"组装"出带小数的温度值，见图 4.104。

- 第 2、3 字节为用户自定义数据缓存单元，通常用于存储上限、下限报警温度值 TH/TL，用户也可以用作其他用途。
- 第 4 字节为控制寄存器 CONFIG。寄存器中的 R1、R0 的设定值决定了采集温度的分辨率。出厂时 R1、R0 位被设定为 12 位精度（R1、R0=11B），见图 4.105。
- 第 5、6、7 字节为系统保留字。
- 第 8 字节为包含一个循环冗余校验 CRC 值。

2^3	2^2	2^1	2^0	2^{-1}	2^{-2}	2^{-3}	2^{-4}	LSB
MSB			(unit=℃)				LSB	
S	S	S	S	S	2^6	2^5	2^4	MSB

TEMPERATURE	DIGITAL OUTPUT (Binary)	DIGITAL OUTPUT (Hex)
+125℃	0000 0111 1101 0000	07D0h
+85℃	0000 0101 0101 0000	0550h*
+25.0625℃	0000 0001 1001 0001	0191h
+10.125℃	0000 0000 1010 0010	00A2h
+0.5℃	0000 0000 0000 1000	0008h
0℃	0000 0000 0000 0000	0000h
-0.5℃	1111 1111 1111 1000	FFF8h
-10.125℃	1111 1111 0101 1110	FF5Eh
-25.0625℃	1111 1110 0110 1111	FF6Fh
-55℃	1111 1100 1001 0000	FC90h

*The power on reset register value is +85℃.

图 4.104　第 0、1 字节温度数据定义示意图（注意低 4 位小数部分）

(2) "非易失性"的 EERAM 区。

EERAM 有 3 个字节，其中便签区的第 2、3、4 字节与 EERAM 的 3 个字节呈映射关系，即芯片每次上电时，都会将 EERAM 的 3 个字节中的内容"重新调出 EERAM（Recall EERAM）"到高速暂存 RAM 的第 2、3、4 字节中。

还可以通过"复制暂存存储器（Copy Scratchpad）"命令将 RAM 中 3 个字节的数据写入 EERAM 的 3 个字节，以便利用上电或执行"重新调出 EERAM（Recall EERAM）"命令将 EERAM 3 个字节的数据回传到 RAM 的 3 个字节中（芯片每次上电都会自动执行"重新调出"操作）。这种设计充分利用 EERAM "非易失性"的特点来存储一些重要的数据，如温度的上限、下限报警值，以及 CONFIG 数据等。

4. 关于 DS18B20 温度数据的处理算法

DS18B20 的输出数据为二进制补码。当数据的最高位为"0"时表明温度为正数；如果最高位为"1"，则温度为负数（见图 4.104）。对于负数可采取"取反加 1"的算法求出数据的绝对值。

数据的低 4 位为小数部分，共有 16 种组合（见表 4.24）。如果温度为正数，那么可以采用查表的方法求出小数的有效值数据，再与整数部分"拼出"完整的数据；如果是负温度数据，那么首先求出数据的绝对值，再对小数部分的 4 位查表即可。

| 0 | R1 | R0 | 1 | 1 | 1 | 1 | 1 |

MSB　　　　　　　　　　　　　　　　　　LSB

Bits 0-4 are don't cares on a write but will always read out "1".
Bit 7 is a don't care on a write but will always read out "0".

R1	R0	Thermometer Resolution	Max Conversion Time	
0	0	9bit	93.75ms	($t_{conv}/8$)
0	1	10bit	187.5ms	($t_{conv}/4$)
1	0	11bit	375ms	($t_{conv}/2$)
1	1	12bit	750ms	(t_{conv})

图 4.105　第 4 字节的控制寄存器结构及 R1、R0 设定示意图

表 4.24　DS18B20 的小数部分（正数数值）与温度的对应关系

小数的 4 位二进制数	对应的温度数据（小数部分）（℃）
0000	0.0
0001	0.0625
0010	0.125
0011	0.1875
0100	0.25
0101	0.3125
0110	0.375
0111	0.4375
1000	0.5
1001	0.5625
1010	0.625
1011	0.6875
1100	0.75
1101	0.8125
1110	0.875
1111	0.9375

5．DS18B20 的操作流程及命令说明

（1）DS18B20 的操作流程。

● 初始化。

- ROM 操作命令。
- 存储器和控制操作命令。
- 处理数据。

（2）ROM 操作命令。

以单总线方式工作的 DS18B20，在 ROM 操作未建立前不能使用存储器和控制操作。因此主控器必须首先提供以下 5 种操作命令之一。

① Read ROM（读 ROM）操作。代码：33H。
② Match ROM（匹配/符合）操作。代码：55H。
③ Search ROM（搜索 ROM）操作。代码：F0H。
④ Skip ROM（跳过 ROM）操作。代码：CCH。
⑤ Alarm search（告警搜索）操作。代码：ECH。

这些命令是对芯片内部的 64 位 ROM 进行部分相关的操作，如果在一条 DQ 线上有多个 DS18B20，则主控器可以通过这些命令挑选出所需要的器件。在初始化操作后，主控器一旦发现从器件的存在，就可以发出 5 个命令之一。所有的命令都是 8 位的。

① Read ROM（读 ROM）操作命令。此命令是主控器读取 DS18B20 的 8 位产品序列编码、唯一的 48 位序列号和 8 位的 CRC（共 64 位 ROM 数据）。注意，此命令只能在 DQ 线上仅有一个 DS18B20 的情况下使用。

② Match ROM（匹配/符合）操作命令。此命令后面跟着以主控器发出的 64 位 ROM 数据序列，对 DQ 线上多个从器件进行选址。只有与其 64 位数据完全相同的从器件才能对该命令做出响应，而其他与之不符的从器件不做响应，只是等待主控器发出的初始化操作。

③ Search ROM（搜索 ROM）操作命令。当系统开始工作时，主控器不知道 DQ 线上从器件的数量和 64 位 ROM 数据。搜索命令允许使用一种"消去"法来识别总线上所有从器件的 64 位 ROM 数据。

④ Skip ROM（跳过 ROM）操作命令。在单点系统中，此命令允许主控器不提供 64 位 ROM 编码而访问从器件以简化操作、节省时间。

⑤ Alarm search（告警搜索）操作命令。此命令与 Search ROM（搜索 ROM）流程相同，只在最近一次测量出现告警的情况下才对此命令做出响应。

（3）存储器和控制操作命令。

在成功地执行了 ROM 操作命令后，可以使用存储器和控制操作命令。主控器可以使用 6 种存储器和控制操作命令之一。

通过一个操作命令指示 DS18B20 完成温度检测，该测量结果存放于 DS18B20 内部的第 0、1 字节单元中。通过发出读暂存存储器内容的存储器操作命令可以将此数据读出。另外，第 2、3 字节告警单元 TH、TL 是 EERAM 的存储结构，如果不用作告警，则此单元可由用户自行使用。

存储器和控制操作命令如下。

① 写暂存存储器（代码 4EH）（Write Scratchpad）。将数据写于内部 RAM 从第 2 字节开始的单元（TH 单元），直到第 4 字节（CONFIG）。注意，完全写入 3 个字节后才能发出复位操作。

② 读暂存存储器（代码 BEH）（Read Scratchpad）。读内部 RAM 从第 0 字节开始的单元，

可以读到第 8 个字节（CRC）。如果没有必要读出所有内容，则可以在需要的任何时候主控器发出一个复位操作来中止读操作。

③ 复制暂存存储器（代码 48H）（Copy Scratchpad）。此命令的作用是将暂存存储器中的数据复制到 EERAM 中。把温度触发器字节（告警值）送入非易失性的存储单元中。因为对 EERAM 的写操作相对较慢，所以如果主控器在执行复制命令后再去发出读操作，则 DS18B20 会及时通过总线电平进行反馈："0"电平表明器件正在向 EERAM 写入数据；"1"表明复制过程已经结束。

④ 温度变换（代码 44H）（Convert T）。它实际上就是一个启动温度转换的命令。只要向 DS18B20 发出变换命令，芯片就开始进行温度采集。因为温度的采集、转换需要时间，所以当主控器发出变换命令后再发出读数据（温度值）时，器件同样以电平的方式表征温度变换是否结束：总线电平为"0"时表明 DS18B20 正忙于进行温度变换；总线电平为"1"时表明 DS18B20 已完成对温度的变换。

⑤ 重新调出 EERAM（代码 B8H）（Recall EERAM）。此命令将存储在 EERAM 中的温度触发器的值（告警值）重新调回到暂存存储器中。注意，这种重新调回的操作在 DS18B20 上电时会自动进行一次，以保证重要数据的上电恢复。当主控器发出此命令后再发出读数据命令时，DS18B20 会利用总线电平来表征芯片的状态："0"电平表明芯片正处于从 EERAM 中读数据的忙状态；"1"电平表明芯片已完成从 EERAM 中读数据的操作。

⑥ 读电源（代码 B4H）（Read Power Supply）。主控器发出此命令后，DS18B20 在发出第一个读出数据时间期间，会给出其自身的供电方式信息："0"表示寄生电源供电；"1"表示外部电源供电。

DS18B20 在编程时对每一项操作的时序要求较严。利用不同的延时程序（函数）产生器件的各种操作是 DS18B20 编程的特点。因此延时程序（函数）的精确性将直接影响程序运行的成功与否。

如果采用汇编语言，则可以根据系统时钟 f_{osc} 推算出单周期指令的时间（如 12MHz 时为 1μs）来精确确定延时程序的时间；如果采用 C 语言编制延时程序，则可以编制一个产生连续方波的函数（每延时一次，将接口电平取反一次），再借助一个示波器来测量方波的脉宽，这样就能确定该延时程序所产生的延时时间。注意，同一个 C 语言的延时程序，在不同的 C 编译器下产生的延时时间可能会不同。

4.8.2 单总线接口 DS18B20 实验

（1）实验目的。

了解单总线结构及通信协议，学习单总线接口 DS18B20 的编程方法。

（2）实验要求。

对 DS18B20 编程，采集环境温度并通过 8 位 LED 灯以二进制的方式显示温度数据。

（3）实验连线。

使用一条 8 芯排线，将 P1 口与 LED 灯连接，用以显示温度数据。使用一条单线将 DS18B20 的 DQ 线与单片机的 P0.0 连接（见图 4.106）。

第4章 MCS-51（AT89C51）单片机基本结构及典型接口实验

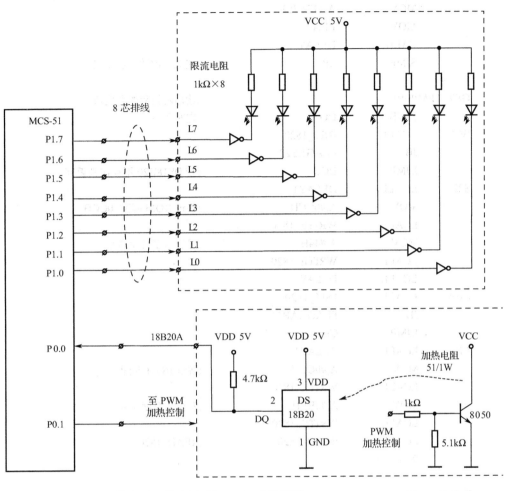

图 4.106　实验连线

（4）实验程序如下，流程图见图 4.107、图 4.108 和图 4.109。

```
;*******************************************************************
        TEMPER_L      EQU     36H           ;存放读出温度低位数据
        TEMPER_H      EQU     35H           ;存放读出温度高位数据
        TEMPER        EQU     34H           ;存放转换后的8位温度值
        TEMPER_NUM    EQU     60H           ;缓冲单元

        FLAG1         BIT     00H           ;20H单元中的位
        DQ            BIT     P0.0          ;总线控制接口
        ORG           0000H
        LJMP          MAIN
        ORG           0030H
MAIN:   MOV           SP,#70H
        SETB          P0.1
LP1:    LCALL         GET_TEMPER            ;从DS18B20读出温度数据
        LCALL         TEMPER_COV            ;转换读出的温度数据并保存
```

```
                MOV       A,TEMPER
                MOV       P1,A
                CALL      DELAY
                SJMP      LP1                    ;完成一次数字温度采集

GET_TEMPER:                                      ;读出转换后的温度值
                SETB      DQ                     ;定时入口
BCD:            LCALL     INIT_1820
                JB        FLAG1,S22
                LJMP      BCD                    ;若 DS18B20 不存在则返回
S22:            LCALL     DELAY1
                MOV       A,#0CCH                ;跳过 ROM 匹配 0CCH
                LCALL     WRITE_1820
                MOV       A,#44H                 ;发出温度转换命令
                LCALL     WRITE_1820
                LCALL     DELAY
CBA:            LCALL     INIT_1820
                JB        FLAG1,ABC
                LJMP      CBA
ABC:            LCALL     DELAY1
                MOV       A,#0CCH                ;跳过 ROM 匹配
                LCALL     WRITE_1820
                MOV       A,#0BEH                ;发出读温度命令
                LCALL     WRITE_1820
                LCALL     READ_1820              ;READ_1820
                RET

WRITE_1820:                                      ;写 DS18B20 的程序
                MOV       R2,#8
                CLR       C
WR1:            CLR       DQ
                MOV       R3,#7                  ;延时 15μs
                DJNZ      R3,$
                RRC       A
                MOV       DQ,C
                MOV       R3,#15H                ;延时 45μs
                DJNZ      R3,$
                SETB      DQ                     ;一个写周期至少要维持 60μs
                NOP                              ;离下一个写周期至少要有 1μs 的时间间隔
                DJNZ      R2,WR1
                SETB      DQ
                RET
READ_1820:                                       ;读 DS18B20 的程序,从 DS18B20 中读出两个字节的温度数据
                PUSH      02H
                PUSH      04H
```

```
                MOV     R4,#2           ;将温度高位和低位从 DS18B20 中读出
                MOV     R1,#36H         ;低位存入 36H（TEMPER_L），高位存入 35H（TEMPER_H）
RE00:           MOV     R2,#8
RE01:           CLR     C
                SETB    DQ
                NOP
                CLR     DQ              ;DQ=0，15μs 内
                NOP                     ;DS18B20 送数，主控器
                NOP                     ;必须完成 DQ 的采样
                NOP
                NOP
                NOP                     ;共延时 5μs
                SETB    DQ              ;主控器释放 DQ
                MOV     R3,#5
                DJNZ    R3,$            ;延时 10μs
                MOV     C,DQ            ;取 DQ 数据位
                MOV     R3,#1CH         ;延时 60μs
                DJNZ    R3,$
                RRC     A
                DJNZ    R2,RE01
                MOV     @R1,A
                DEC     R1
                DJNZ    R4,RE00
                POP     04H
                POP     02H
                RET

TEMPER_COV:                             ;将读出的数据进行转换
                MOV     A,#0F0H
                ANL     A,TEMPER_L      ;舍去小数点后 4 位
                SWAP    A
                MOV     TEMPER_NUM,A
                MOV     A,TEMPER_L
                JNB     ACC.3,TEMPER_COV1   ;四舍五入取温度值
                INC     TEMPER_NUM

TEMPER_COV1:
                MOV     A,TEMPER_H
                ANL     A,#07H
                SWAP    A
                ADD     A,TEMPER_NUM
                MOV     TEMPER_NUM,A    ;保存变换后的温度数据
                MOV     TEMPER,TEMPER_NUM
                RET
```

```
          INIT_1820:                              ;DS18B20 初始化程序
                    SETB      DQ
                    NOP
                    CLR       DQ
                    MOV       R0,#0ECH
          TSR1:     DJNZ      R0,TSR1             ;延时 500μs
                    SETB      DQ
                    MOV       R0,#1CH             ;延时 60μs
          TSR2:     DJNZ      R0,TSR2
                    JNB       DQ,TSR3
                    LJMP      TSR4                ;延时
          TSR3:     SETB      FLAG1               ;置标志位
                    LJMP      TSR5                ;DS18B20 存在
          TSR4:     CLR       FLAG1               ;清标志位
                    LJMP      TSR7                ;DS18B20 不存在
          TSR5:     MOV       R0,#0E0H            ;延时 500μs
          TSR6:     DJNZ      R0,TSR6
          TSR7:     SETB      DQ
                    RET

          DELAY1:   MOV       R7,#20H             ;延时 80μs
                    DJNZ      R7,$
                    RET

          DELAY:    PUSH      00H
                    PUSH      01H
                    MOV       R0,#00
          LP:       MOV       R1,#00H
                    DJNZ      R1,$
                    DJNZ      R0,LP
                    POP       01H
                    POP       00H
                    RET
                    END
```

程序说明如下。

DS18B20 芯片的编程对于操作顺序、流程，特别是对时序中的延时有着严格的要求，整个程序的重点在于 GET_TEM 子程序，所以希望读者认真分析程序的过程，这对于编程尤为重要。各个子程序的功能见表 4.25。

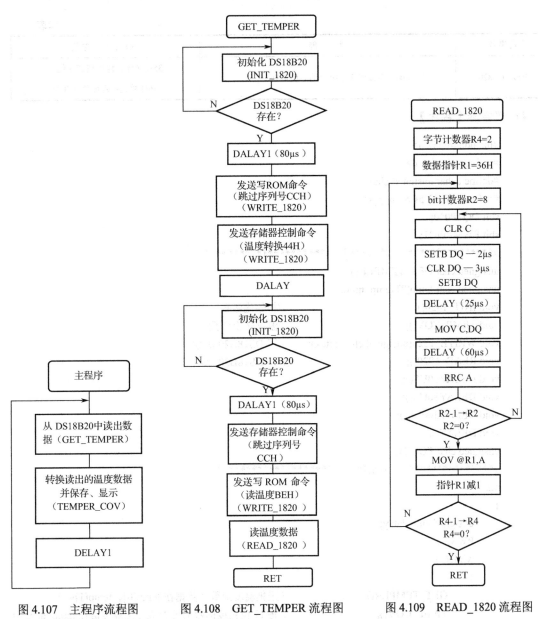

图 4.107　主程序流程图　　图 4.108　GET_TEMPER 流程图　　图 4.109　READ_1820 流程图

表 4.25　各个子程序的功能

子程序名称	功　　能	入口、出口参数
GET_TEMPER	从 DS18B20 中读出 12 位温度数据。高位存入单片机 RAM 的 35H 单元、低位存入 36H 单元	35H 单元：温度值高 4 位；36H 单元：温度值低 8 位
INIT_1820	初始化子程序（寻找 DS18B20 并建立标志）	FLAG1=1，DS18B20 存在 FLAG1=0，DS18B20 不存在
TEMPER_COV	将读出的 12 位温度数据去掉低 4 位并保存	8 位数据存入 TEMPER_NUM 单元
WRITE_1820	向 DS18B20 中写入 1 个字节的数据	待写数据在累加器 A 中

续表

子程序名称	功　　能	入口、出口参数
READ_1820	从 DS18B20 中读出 2 个字节的温度数据	35H 单元：温度值高 4 位；36H 单元：温度值低 8 位

【C 语言参考程序】

```c
#include<reg52.h>
#include <intrins.h>
#define uchar unsigned char
#define DELAY5US _nop_()
sbit DQ=P0^0;
sbit PWM=P0^1;
//**************     函数声明     ********************
unsigned char GET_TEMPER();
unsigned char temp[2],temp_num;
void INIT_1820();              //初始化函数
void TEMP_COV();               //温度转换函数
void WRITE_1820(unsigned char datax);   //写 DS18B20 函数
void READ_1820();              //读 DS18B20 函数
void DELAY60US();
void DELAY80US();
void DELAY300US();
void DELAY();
unsigned char FLAG1;
//**************     主函数     ********************
main()
{
    unsigned char datay;
    PWM=1;
    while(1)
    {
        GET_TEMPER();          //采集温度函数（数据在 temp[0]、temp[1]中）
        TEMP_COV();            //将 12 位精度的数值转换成 8 位温度值在 temp_num 中
        datay=temp_num;        //缓冲
        P1=datay;              //数据取反后送 P1 口输出
        DELAY();
    }
}
unsigned char GET_TEMPER()
{   unsigned char i;
    DQ=1;
BCD:INIT_1820();               //对 DS18B20 初始化
    if(FLAG1!=1)
        goto BCD;              //如果 DS18B20 不存在则返回
```

```c
        DELAY80US();               //存在时延时
        i=0xcc;                    //写 ROM 命令（跳过序列号）
        WRITE_1820(i);
        i=0x44;                    //发送温度转换命令
        WRITE_1820(i);
        DELAY();                   //延时等待转换
        CBA:INIT_1820();           //对 DS18B20 初始化
        if(FLAG1!=1)
            goto CBA;              //如果 DS18B20 不存在则返回
        DELAY80US();               //存在时延时
        i=0xcc;                    //写 ROM 命令（跳过序列号）
        WRITE_1820(i);
        i=0xbe;                    //发出读温度命令
        WRITE_1820(i);
        READ_1820();               //READ_1820
}

void INIT_1820()
{
        DQ=1;
        _nop_();
        DQ=0;
        DELAY300US();
        DQ=1;
        DELAY80US();
        if(DQ!=0x01) FLAG1=0x01;   //建立标志
            else FLAG1=0x00;
        DELAY300US();
        DQ=1;                      //释放总线
}
void WRITE_1820(unsigned char datax)
{   unsigned char i;
    for(i=0;i<8;i++)
            {                      //DQ=0 后 15μs 内就应当把数据发送到 DQ 上
                DQ=0;
                _nop_();
                _nop_();
                _nop_();
                _nop_();
                _nop_();
                _nop_();
                _nop_();
                if(datax & 0x01)DQ=1;   //根据 datax 组装发送位 DQ
                    else    DQ=0;       //或者使用 DQ=datax&0x01;
                datax=datax>>1;
```

```c
            DELAY60US();              //DS18B20 在 DQ=0 的 15~60μs 内采样 DQ
            DQ=1;
            _nop_();
        }
}
void READ_1820()                      //从 DS18B20 中连续读出 2 个字节温度值
{
    unsigned char i,j;                //数据送 temp[2]中，其中 temp[0]为低 8 位
    for(i=0;i<2;i++)
        {
            temp[i]=0xff;
            for(j=0;j<8;j++)
                {
                    DQ=1;
                    _nop_();
                    DQ=0;             //拉低 DQ
                    _nop_();          //维持 1μs
                    DQ=1;             //释放 DQ
                    _nop_();          //DQ=0 后 15μs 内主控器必须完成采样 DQ
                    temp[i]=temp[i]>>1;
                    if(DQ==1) temp[i]=temp[i]|0x80;
                        else temp[i]=temp[i]&0x7f;
                    DELAY60US(); //大于 60μs 后释放 DQ
                }
        }
}
void TEMP_COV()                       //将 temp[0]、temp[1]中的 12 位数值去掉低 4 位（小数）
{
    unsigned char i,j;                //合并到 temp_num 中
    i=temp[0]&0xf0;
    i=i>>4;
    j=temp[1]<<4;
    temp_num=i|j;
}
void DELAY60US()
{
    unsigned char i;
    for(i=0;i<6;i++);
}
void DELAY80US()
{
    unsigned char i,j;
    for(i=0;i<8;i++)
        for(j=0;j<1;j++);
}
```

```
void DELAY300US()
{
    unsigned char i,j;
    for(i=0;i<33;i++)
        for(j=0;j<1;j++);
}
void DELAY()
{
    unsigned char i,j;
    for(i=0;i<255;i++)
        for(j=0;j<250;j++);
}
```

（5）思考题。

① 利用单片机的一个口线做输入并与 Si 连接，当 Si= "1" 时，P0.1 输出高电平，驱动加热电阻工作，使 DS18B20 的环境温度升高；当 Si= "0" 时，P0.1 输出低电平，加热电阻不工作。

② 利用实验台上的数码管，以十进制方式显示温度数据。

③ 设计一个具有"上限值报警"功能的程序，当温度高于某个值时，驱动蜂鸣器报警。

④ 将两个 DS18B20 并联，实现两个温度点的检测与显示（提示，首先要分别测出两个传感器的序列号，然后采用"按序列号方式采集"的方法读取各自的温度值）。

4.9 单片机的同步串行接口及 I^2C 总线的结构、工作时序与模拟编程

4.9.1 知识点分析

尽管 MCS-51 单片机继承了 8086/8088 微型计算机系统的"三总线结构"，可以利用单片机的 P0、P2 和 P3 中的/WR、/RD 线实现系统设计和存储器等外围模块的扩展，但随着 51 系列单片机的不断发展和完善，内部大容量 RAM、ROM 及 ADC、WDT 等模块的不断充实，使单片机的系统组成变得简单、方便。"同步串行"已成为系统内部扩展的主流接口方式。

新型同步串行接口的外围器件具有结构简单、可靠性高、种类齐全、低功耗设计等特点，非常适合嵌入式系统的硬件设计。新型接口标准的引入已成为新型单片机的一个重要标志。

1. I^2C 总线接口标准

飞利浦公司制定的"电路板级"的总线标准是简约的"二线制"结构。若全部采用 I^2C 总线接口标准的外围器件，则整个系统只需两条信号线：双向的数据线 SDA 和主控器发送的同步时钟线 SCK。系统支持多主控器结构。

I^2C 总线接口的工作原理及通信协议也是本节的重点，通过 I^2C 总线构成单片机系统具有结构简单、可靠性高等诸多优点。I^2C 总线已被国际上定义为工业的一种标准。

2. I²C 总线的主要特点

I²C 总线（Inter Integrated Circuit）是飞利浦公司于 20 世纪 80 年代开发的一种"电路板级"的总线结构。与其他串行接口相比，I²C 总线无论从硬件结构、组网方式、软件编程等方面都有了很大的不同。尽管在 AT89C51 系统上没有 I²C 总线接口标准，但使用汇编语言（或 C 语言）模拟 I²C 总线的各种信号及编程原理，为自主开发、设计具有 I²C 总线接口系统打下一个良好的基础，也为其他串行接口的模拟编程创造一个好的思路和可行的方法。I²C 总线的特点如下。

（1）二线制结构，即双向的串行数据线 SDA 和串行同步时钟线 SCL。总线上的所有器件其同名端都分别接在 SDA、SCL 线上。

（2）I²C 总线所有器件的 SDA、SCL 引脚的输出驱动都为漏极开路结构，通过外接上拉电阻将总线上所有节点的信号电平实现"线与"功能。这不仅可以将多个节点器件按同名端引脚直接接在 SDA、SCL 线上，还使 I²C 总线具备了"时钟同步"的功能，以确保不同工作速度的器件协调工作。

（3）系统中的所有外围器件都具有一个 7 位的"从器件专用地址码"，其中高 4 位为器件类型地址（由生产厂家制定）、低 3 位为器件引脚定义地址（由使用者定义）。主控器通过地址码建立多机通信的机制。因此 I²C 总线省去了外围器件的片选信号线，这样无论总线上接多少器件，其系统仍然为简约的二线制结构。

（4）I²C 总线上的所有器件都具有"自动应答"功能，保证了数据交换的正确性。

（5）I²C 总线系统具有"时钟同步"功能。利用 SCL 线的"线与"逻辑协调不同器件之间的速度。

（6）在 I²C 总线系统中可以实现"多主控器"结构。依靠"总线仲裁"机制确保系统中任何一个主控器都可以掌握总线的控制权。任何主控器之间没有优先级、没有中心主控器的特权，当主控器竞争总线时，依靠主控器对其 SDA 信号的"线与"逻辑，自动实现"总线仲裁"。

（7）I²C 总线系统中的主控器必须是带 CPU 的逻辑模块；而被控器可以是无 CPU 的普通外围器件，也可以是具有 CPU 的逻辑模块。主控器与被控器的区别在于 SCL 的发送权，即对总线的控制权。

（8）I²C 总线不仅广泛应用于电路板级的"内部通信"场合，还可以通过 I²C 总线驱动器进行不同系统间的通信。

（9）I²C 总线的工作速度分为 3 个版本：S（标准模式），速率为 100kb/s，主要用于简单的检测与控制场合；F（快速模式），速率为 400kb/s；Hs（高速模式），速率为 3.4Mb/s。

3. I²C 总线的系统结构

I²C 总线采用简约的二线制结构，它们分别是双向的串行数据线 SDA 和由主控器掌控的串行时钟线 SCL。所有器件的同名端都连接在一起。因为总线为"漏极开路"结构，所以总线上的两条线都必须外接 5kΩ 左右的上拉电阻。具有多主控器的 I²C 总线的系统结构见图 4.110。

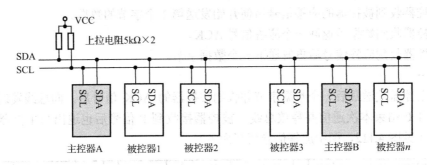

图 4.110　具有多主控器的 I²C 总线的系统结构

4．I²C 总线接口的内部结构

每个 I²C 总线器件内部的 SDA、SCL 引脚电路结构都是一样的，引脚的输出驱动与输入缓冲连在一起。输出驱动为漏极开路的场效应管，输入缓冲为一个高输入阻抗的同相器。I²C 总线中主控器接口的内部结构见图 4.111。这种电路具有两个特点。

（1）由于 SDA、SCL 为漏极开路结构，借助于外部的上拉电阻实现了信号的"线与"逻辑。

（2）引脚在输出信号的同时还将引脚上的电平进行检测，检测是否与刚才输出的一致，为"时钟同步"和"总线仲裁"提供判断依据。

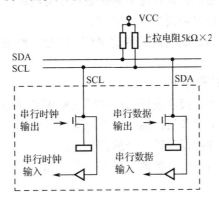

图 4.111　I²C 总线中主控器接口的内部结构

5．I²C 总线的工作过程与原理

I²C 总线上的所有通信都是由主控器引发的。在一次通信中，主控器与被控器总是在扮演着两种不同的角色。

（1）主控器向被控器发送数据的操作过程如下。
- 主控器在检测到总线为"空闲状态"（即 SDA、SCL 线均为高电平）时，发送一个启动信号 S，开始一次通信。
- 主控器接着发送一个命令字节。该字节由 7 位的被控器地址和 1 位读/写控制位 R/W 组成（R/W=0 为写操作、R/W=1 为读操作）。
- 相对应的被控器收到命令字节后向主控器反馈一个应答信号 ACK（ACK=0）。

- 主控器收到被控器的应答信号后便开始发送第 1 个字节的数据。
- 被控器收到数据后返回一个应答信号 ACK。
- 主控器收到应答信号后再发送下一个数据字节。
- ……
- 当主控器发送最后一个数据字节并收到被控器的 ACK 信号后，向总线发送一个停止信号 P 结束本次通信并释放总线。被控器接收到 P 信号后也退出与主控器之间的通信（见图 4.112，图中应答信号简写为 A）。

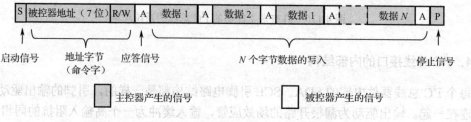

图 4.112 主控器向被控器写入 N 个字节数据的过程

说明如下。
- 主控器通过发送地址码与对应的被控器建立通信关系，而接在总线上的其他被控器虽然同时也收到了地址码，但因为与其自身的地址不符，所以退出与主控器的通信。
- 主控器的每一次发送通信，其发送的数据数量不受限制。主控器通过 P 信号通知发送结束，被控器收到 P 信号后退出本次通信。
- 主控器的每一次发送后都通过被控器的 ACK 信号了解被控器的接收状况，若无应答则重发。

（2）主控器接收数据的过程如下。
- 主控器发送启动信号后，接着发送命令字节（R/W=1 为读操作）。
- 对应的被控器收到地址字节后，返回一个应答信号并向主控器发送数据。
- 主控器收到数据后向被控器反馈一个应答信号。
- 被控器收到应答信号后再向主控器发送下一个数据。
- ……
- 当主控器完成接收数据后，向被控器发送一个非应答信号（/ACK=1），被控器收到/ACK 非应答信号后便停止发送。
- 主控器发送非应答信号后，再发送一个停止信号，释放总线结束通信。

主控器所接收数据的数量是由主控器自身决定的，当主控器发送非应答信号时，被控器便结束传送并释放总线（见图 4.113，图中非应答信号简写为/A）。

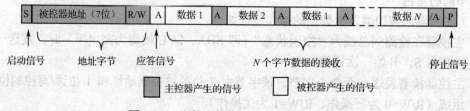

图 4.113 主控器接收 N 个字节数据的过程

6. I²C 总线的信号时序

下面以主控器向被控器发送 1 个字节的数据（写操作 R/W=0）为例进行说明。整个过程由主控器发送启动信号 S 开始，紧跟着发送 1 个字节的命令（7 位地址和 1 个方向位 R/W=0），得到被控器的应答信号（ACK=0）后就开始按位发送 1 个字节的数据。得到应答后发送 P 信号，1 个字节的数据传送完毕。其数据传送的时序见图 4.114。

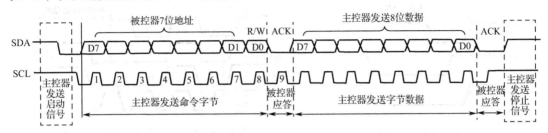

图 4.114 主控器发送 1 个字节数据的时序

在数据传送中数据最高位 D7 在前，SDA 线上的数据在时钟脉冲 SCL 为低电平时允许变化。在数据稳定后，时钟脉冲为高电平期间传送数据有效。

主控器接收数据（R/W=1）的时序类似于发送的，主要区别有两点：①主控器接收到数据后要向被控器发送应答信号（ACK=0）；②当主控器接收完最后一个数据时向被控器返回一个非应答信号（/ACK=1），以通知被控器结束发送操作，最后主控器发送一位停止信号 P 并释放总线。这里具体的时序在后面的"接收子程序"中进行描述。

7. I²C 总线的时钟同步与总线仲裁

I²C 总线的同步时钟脉冲 SCL 一般都是由主控器发出（作为串行数据的移位脉冲）的。被控器实际上是在主控器发出的同步脉冲 SCL 作用下实现与主控器之间的数据交换。由于通信双方可能存在速度的差异，因此主、被控器的通信速度必须协调一致。

同理，如果在一个 I²C 总线系统中存在两个主控器，则通过 SCL 信号电平的"线与"功能实现"时钟同步"，并且利用 SDA 信号电平的"线与"功能实现"总线仲裁"，以协调两个主控器（CPU）之间对总线的控制权问题。

（1）主、被控器速度的协调实现。

如果被控器希望主控器降低传送速度，则可以通过"主动"拉低、延长 SCL 低电平时间的方法来通知主控器，当主控器在准备下一次传送前发现 SCL 的电平被拉低时就进行等待，直至被控器完成操作并释放 SCL 线。这样主控器实际上受到被控器的时钟同步控制。可见 SCL 线上的低电平由 SCL 节点上低电平时间最长的器件决定；高电平的时间由高电平时间最短的器件决定。这就是时钟同步，它解决了 I²C 总线中主控器与被控器的速度同步、协调问题（见图 4.115）。

（2）I²C 总线上的总线仲裁。

如果在同一个 I²C 总线系统中存在两个主控器，那么对于 SDA 线上信号的使用，两个主控器同样也要按照"线与"的逻辑来影响 SDA 上的电平变化。

假设主控器 1 要发送的数据 DATA1 为"1011……"、主控器 2 要发送的数据 DATA2 为"1001……"，总线被启动后两个主控器在每发送一个数据位时都要对自己的输出电平进行检测，只要检测的电平与自己发出的电平一致，它们就会继续占用总线。这种情况下总线还是得不到仲裁。当主控器 1 发送第 3 位数据"1"时（主控器 2 发送"0"），由于"线与"的结果，SDA 上的电平为"0"，这样当主控器 1 检测自己的输出电平时，就会测到一个与自身输出不相符的"0"电平。这时主控器 1 只好放弃对总线的控制权，因此主控器 2 就成为总线的唯一主宰者。其仲裁时序见图 4.116。

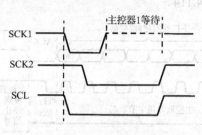

图 4.115　SCL 信号的同步

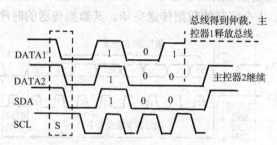

图 4.116　I^2C 总线上的总线仲裁时序

- 整个仲裁过程主控器 1 和主控器 2 都不会丢失数据。
- 各个主控器没有对总线实施控制的优先级别。
- 总线控制随机而定，遵循"低电平优先"的原则，谁先发送低电平谁就掌握对总线的控制权。

根据上面的描述，"时钟同步"与"总线仲裁"可以总结出如下规律。

- 主控器通过检测 SCL 上自身发送的电平来判断、调节与其他器件的速度同步——时钟同步。
- 主控器通过检测 SDA 上自身发送的电平来判断是否发生总线"冲突"——总线仲裁。

因此，I^2C 总线的"时钟同步"与"总线仲裁"是靠器件自身接口的特殊结构得以实现的。

8. I^2C 总线的工作时序与 AT89C51 单片机的模拟编程

对于具有 I^2C 总线接口的高档单片机而言，整个通信的控制过程和时序都是由单片机内部的 I^2C 总线控制器的硬件电路来实现的。编程者只要将数据送到相应的缓冲器并设定好对应的控制寄存器即可实现通信的过程。对于不具备这种硬件条件的 AT89C51 单片机而言，只能借助软件模拟的方法实现通信的目的。软件模拟的关键是要准确把握 I^2C 总线的时序及各部分定时的要求。

单片机与 I^2C 器件的连接见图 4.117，使用伪指令对 I/O 接口进行定义（设单片机的系统时钟 $f_{osc}=12MHz$，即单周期指令的运行时间为 $1\mu s$）。

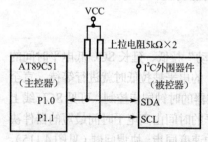

图 4.117　单片机与 I^2C 器件的连接

SDA　　BIT　　P1.0
SCL　　BIT　　P1.1

（1）发送启动信号 S。

信号描述：在同步时钟线 SCL 为高电平时，数据线出现由高到低的下降沿（见图 4.118）。启动信号子程序 STA 如下。

```
STA:   SETB   SDA
       SETB   SCL
       NOP
       NOP
       NOP
       NOP            ;完成 4.7μs 定时
       CLR    SDA     ;产生启动信号
       NOP
       NOP            ;完成 tHD:STA 定时
       NOP
       NOP
       CLR    SCL
       RET
```

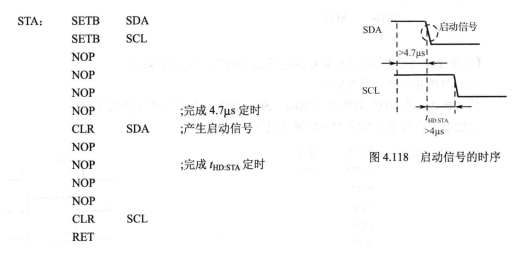

图 4.118　启动信号的时序

【注意】$t_{HD:STA}$ 为启动信号保持时间，最小值为 4μs。在这个信号过后才可以产生第一个同步信号。

（2）发送停止信号 P。

信号描述：在 SCL 为高电平期间，SDA 发生正跳变（见图 4.119）。

停止信号子程序 STOP 如下。

```
STOP:  CLR    SDA
       SETB   SCL
       NOP
       NOP
       NOP
       NOP            ;tSU:STOP 定时
       SETB   SDA
       NOP
       NOP
       NOP
       NOP            ;tBUF 定时
       RET
```

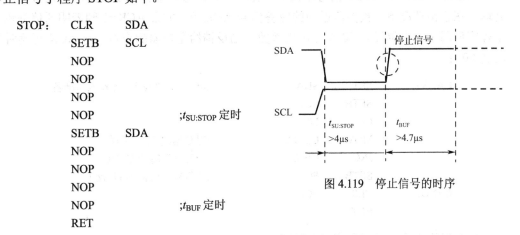

图 4.119　停止信号的时序

【注意】$t_{SU:STOP}$ 为停止信号，建立时间应大于 4μs。t_{BUF} 为 P 信号和 S 信号之间的空闲时间，应大于 4.7μs。

（3）发送应答信号 ACK。

信号描述：在 SDA 为低电平期间，SCL 发送一个正脉冲（见图 4.120）。

应答信号子程序 MACK 如下。

```
MACK:  CLR    SDA
       SETB   SCL
       NOP
       NOP
       NOP
       NOP            ;产生 tHIGH 定时
       CLR    SCL
```

图 4.120　应答信号的时序

```
             SETB    SDA
             RET
```

【注意】t_{HIGH} 为同步时钟 SCL 高电平最小时间，应大于 4μs。

（4）发送非应答信号 NACK。

信号描述：在 SDA 为高电平期间，SCL 发送一个正脉冲（见图 4.121）。

发送非应答信号子程序 MNACK 如下。

```
MNACK:   SETB    SDA
         SETB    SCL
         NOP
         NOP
         NOP
         NOP
         CLR     SCK
         CLR     SDA
         RET
```

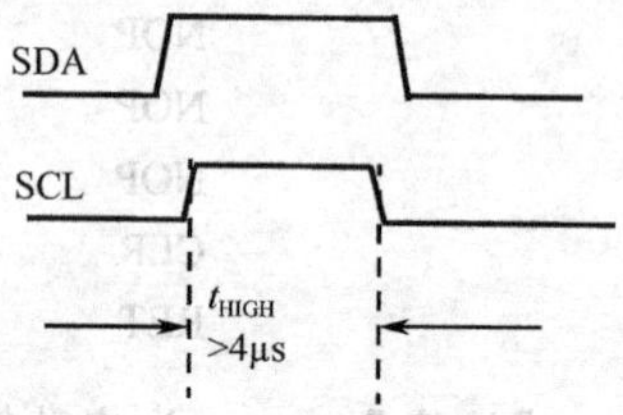

图 4.121 非应答信号的时序

（5）应答位检测子程序 CACK。

与发送 ACK 和 NACK 信号不同，这是主控器对接收被控器反馈的应答信号进行的检测处理。在正常情况下，被控器返回的应答信号 ACK=0，如果 ACK=1 则表明通信失败。这个子程序使用了一个位标志 F0 作为出口参数，当反馈给主控器的应答信号 ACK 正确时 F0=0，反之 F0=1。

```
CACK:    SETB    SDA           ;I/O 接口 "写 1" 为输入做准备
         SETB    SCL
         CLR     F0
         MOV     C,SDA         ;对数据线 SDA 采样
         JNC     CEND          ;应答正确时转 CEND
         SETB    F0            ;应答错误时标志 F0 置 1
CEND:    CLR     SCL
         RET
```

（6）发送 1 个字节子程序 WRBYT。

模拟 I^2C 总线的时钟信号 SCL，通过数据线 SDA 进行 1 个字节的数据发送。入口参数为累加器 A，A 中存有待发送的 8 位数据。按照 I^2C 总线的规范，先从最高位开始发送。

```
WRBYT:   MOV     R6,#08H       ;计数器 R6 赋初值 8
WLP:     RLC     A             ;将 A 中的数据高位左移进入 Cy 中
         MOV     SDA,C         ;将数据位送到 SDA 线上
         SETB    SCL           ;产生 SCL 时钟信号
         NOP
         NOP
         NOP
         NOP                   ;产生 $t_{HIGH}$ 定时（大于 4μs）
         CLR     SCL           ;时钟信号变低
```

```
            DJNZ      R6,WLP            ;判断 8 次位传送是否结束
            RET
```

（7）接收 1 个字节数据的子程序 RDBYT。

模拟 I²C 总线信号，从 SDA 线上读入 1 个字节的数据，并存于 R2 或累加器 A 中。

```
RDBYT:      MOV       R6,#08H
RLP:        SETB      SDA
            SETB      SCL
            MOV       C,SDA             ;采样 SDA 上的数据传到 Cy
            MOV       A,R2              ;R2 为接收数据的缓冲寄存器
            RLC       A                 ;将 Cy 中的数据移入累加器 A 中
            MOV       R2,A              ;数据送回缓冲寄存器
            CLR       SCL               ;时钟信号 SCL 拉低
            DJNZ      R6,RLP            ;8 位接收是否完成，未完成转 RLP
            RET
```

【说明】
- 将 I²C 总线的各种信号细分为对应的子程序。当选择具有 I²C 总线接口的外围器件进行编程时，即可根据具体器件的特性和要求，合理地组合、调用这些子程序完成相应的功能。
- 为了简化问题，上述的子程序对局部变量（如计数器、数据指针等）没有进行数据保护。为了使这些子程序具有很好的可移植性和通用性，编程者应对它们进行进栈保护。
- 上面的编程是假设系统采用 12MHz 的时钟，这样 NOP 指令的执行时间是 1μs。如果采用其他频率的时钟，则 NOP 指令的周期会发生变化，这样程序中 NOP 指令的条数要进行相应的改动以满足定时要求。
- 时序中的定时时间按 I²C 总线的标准模式（S 模式，100kb/s）制定。

上面介绍了在 AT89C51 单片机系统中，利用软件模拟的方式完成 I²C 总线的各种基本时序和操作的编程。在后续的内容中将对 I²C 总线系统的"多字节读"和"多字节写"子程序进行描述，这实际上就是运用上述的各个子程序进行有机组合而完成的。

9. I²C 总线芯片的内部单元寻址

作为 I²C 总线的外围器件，大多数器件还具有芯片内部的地址（如芯片内部的控制、状态寄存器、EEPROM 的存储单元地址等），因此对大多数 I²C 外围器件的访问实际上要分别处理"外围器件地址"和"器件内部的单元地址"这两部分内容。

（1）内部单元的单字节访问。

例如，对 AT24C02 的 00H 单元"写、读操作"，操作过程见图 4.122 和图 4.123。

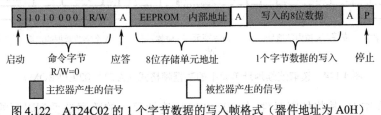

图 4.122　AT24C02 的 1 个字节数据的写入帧格式（器件地址为 A0H）

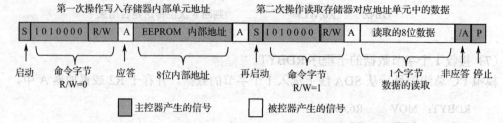

图 4.123　读取指定地址存储单元中的 1 个字节数据帧格式（器件地址为 A0H）

从图 4.123 中可以看到，一个带芯片内部单元地址的"读操作"是要发送两次命令字节的。
- 首先发送一个"写"操作的控制字（外围芯片地址为 A0H，即 R/W=0）。
- 紧接着将内部单元地址发送出去（如 00H）。这时，外围器件会将内部单元地址 00H 写入外围器件内的"地址计数器"中，这也就是为什么前面是一个"写"命令的原因。
- 当主控器收到外围器件的应答信号后，重新发送一个"启动信号"和一个"读操作"的命令字节（外围芯片地址为 A1H，即 R/W=1）。
- 外围器件收到命令并返回应答信号后，将内部单元（如 00H）的数据发到 SDA 线上。
- 主控器收到信号后向外围器件返回一个"非应答信号"，发送一个停止信号并释放总线。
- 外围器件收到主控器发出的"非应答信号"后，停止传送数据，释放总线。

（2）内部单元的多字节访问。

在很多情况下，对内部单元的访问往往是多字节的。如对 EEPROM 几个连续单元数据的读操作或写操作，又如对外围器件中相关几个控制、状态寄存器的访问等。

对于具有内部单元地址的 I^2C 总线接口的外围器件，其内部都设有一个"地址计数器"，每访问一次内部单元（无论是控制、状态寄存器还是 EEPROM 存储单元），其地址指针就会"自动加 1"。这种设计简化了对内部数据的访问操作。因此如果要访问一个数据，只要在发送控制命令时指定一个首地址即可。也正是因为这个原因，在访问内部一些相关的控制、状态寄存器数据时，应当利用这一特点，连续访问这些单元（尽管某些单元的内容没有用），这样可以节省对外围器件的访问操作。

对于连续访问的数据数量是由主控器来控制的，具体地说是通过向外围器件发送"非应答信号"来结束这个数据操作的。对于数据块的"读、写操作"要注意以下两点。

① 在读操作中要发送两个命令字节：第一个是带有外围器件地址的"写"命令（R/W=0），将后续发出的内部地址写入外围器件中的"地址计数器"中；第二个是发送带有外围器件地址的"读"命令（R/W=1），开始真正的"读操作"。两个命令字节之间是用一个"启动信号 S"来分割的（见图 4.124）。

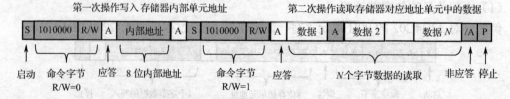

图 4.124　读取连续地址单元中的数据帧格式（AT24C02 EEPROM）

② 在写操作中，某些外围器件（如 EEPROM）连续写入的数据是受到限制的，如 AT24C02

每次连续写入的数据不能超过 8 个字节（这与其内部输入缓冲器的数量有关）。其操作时序见图 4.125。

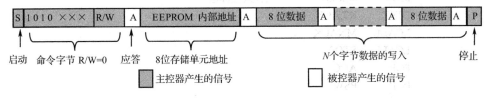

图 4.125　AT24C02 EEPROM 中 N 个字节数据写入的帧格式

（3）具有内部单元地址的多字节读子程序 RDNBYT、写子程序 WRNBYT。

下列两个子程序中包含了前面所描述的各种子程序，单片机与 I^2C 芯片的连接见图 4.126。在程序的前面还要使用伪指令定义以配合单片机引脚与外围器件的连接。

SDA　　BIT　　P1.0
SCL　　BIT　　P1.1

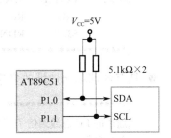

图 4.126　单片机与 I^2C 芯片的连接

- 具有内部单元地址的多字节读子程序 RDNBYT（流程图见图 4.127）。

```
;****************************************************
;通用的 I2C 总线通信子程序（多字节读操作）
;入口参数
;R7 通信中数据块的字节数
;R0 目标数据块首地址（单片机 RAM 数据块首地址）
;R2 被控器内部子地址（外围模块寄存器首地址）
;R3 器件地址（写），R4 器件地址（读）
;相关子程序 WRBYT、STOP、CACK、STA、MNACK、RDBYT
;****************************************************
RDNBYT: PUSH    PSW
        PUSH    ACC
RDADD1: LCALL   STA
        MOV     A,R3        ;取器件地址（写）
        LCALL   WRBYT       ;发送外围地址
        LCALL   CACK        ;检测外围器件的应答信号
        JB      F0,RDADD1   ;如果应答不正确返回
        MOV     A,R2        ;取内部地址
        LCALL   WRBYT       ;发送外围地址
        LCALL   CACK        ;检测外围器件的应答信号
        JB      F0,RDADD1   ;如果应答不正确返回
        LCALL   STA
        MOV     A,R4        ;取器件地址（读）
        LCALL   WRBYT       ;发送外围地址
        LCALL   CACK        ;检测外围器件的应答信号
```

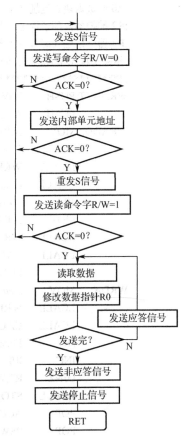

图 4.127　读 N 个字节数据的流程图

```
        JB      F0,RDADD1    ;如果应答不正确返回
RDN:    LCALL   RDBYT        ;读入数据（出口参数：A）
        MOV     @R0,A        ;存入缓冲区
        DJNZ    R7,ACK
        LCALL   MNACK
        LCALL   STOP
        POP     ACC
        POP     PSW
        RET
ACK:    LCALL   MACK
        INC     R0
        SJMP    RDN
;***********************************************************
```

● 具有内部单元地址的多字节写子程序 WRNBYT（流程图见图 4.128）。

```
;***********************************************************
;通用的 I²C 总线通信子程序（多字节写操作）
;入口参数
;R7 字节数
;R0 源数据块首地址（单片机内部 RAM 数据块起始地址）
;R2 被控器内部子地址（外围模块内部寄存器首地址）
;R3 器件地址（写），R4 器件地址（读）
;相关子程序 WRBYT、STOP、CACK、STA、MNACK
;***********************************************************
WRNBYT: PUSH    PSW
        PUSH    ACC
WRADD:  MOV     A,R3         ;取外围器件地址（包含 R/W=0）
        LCALL   STA          ;发送起始信号 S
        LCALL   WRBYT        ;发送外围地址
        LCALL   CACK         ;检测外围器件的应答信号
        JB      F0,WRADD     ;如果应答不正确返回
        MOV     A,R2         ;取内部单元地址
        LCALL   WRBYT        ;发送内部寄存器首地址
        LCALL   CACK         ;检测外围器件的应答信号
        JB      F0,WRADD     ;如果应答不正确返回
WRDA:   MOV     A,@R0
        LCALL   WRBYT        ;写数据到外围器件
        LCALL   CACK         ;检测外围器件的应答信号
        JB      F0,WRADD     ;如果应答不正确返回
        INC     R0
        DJNZ    R7,WRDA
        LCALL   STOP
        POP     ACC
        POP     PSW
        RET
;***********************************************************
```

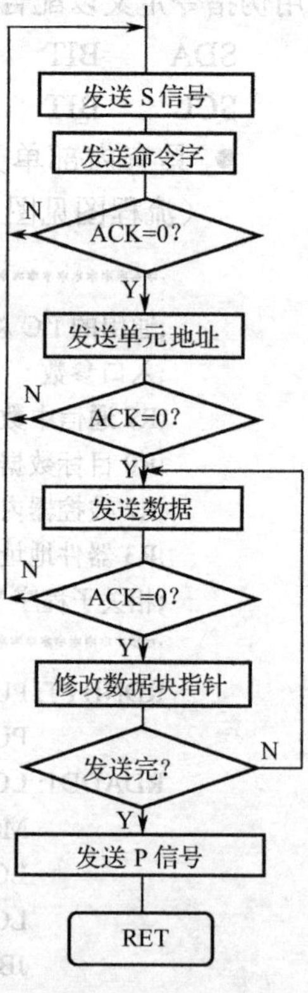

图 4.128 写 N 个字节数据的流程图

【小结】

① 多字节读子程序 RDNBYT 和多字节写子程序 WRNBYT 的使用关键在于 5 个入口参数的设定。可以这样来记忆、使用这些"入口参数"：
- R7 为数据的字节数；
- R0 为单片机内部数据块的起始地址（无论是读还是写）；
- R2 为外围模块内部寄存器首地址（无论是读还是写）；
- R3 为外围模块的"写地址"；
- R4 为外围模块的"读地址"。

② 无论是 RDNBYT 子程序还是 WRNBYT 子程序，在使用时还应将 WRBYT、STOP、CACK、STA、MNACK、RDBYT 等各个小的子程序包含进来，因为 RDNBYT 或 WRNBYT 子程序要调用它们。

③ 我们可以将复杂的 I^2C 总线通信过程简化为一个"主、从控器之间的数据块交换"过程，即"多字节的发送"或"多字节的接收"（以主控器的角度定义发送与接收）。使用两个子程序的关键在于设定好相关的 5 个入口参数，这样运用两个子程序就可以方便地实现一个复杂的 I^2C 总线通信。

④ 有一点必须提醒读者，尽管采用模拟的方法实现了 I^2C 总线通信的过程，但这只是一个最基本的操作过程。因为在上述的程序中并没有"总线仲裁"的功能，关于"多主控器结构"系统的"总线仲裁"编程这里就不介绍了。

4.9.2 I^2C 总线外围器件实验（一）：24 系列 EEPROM 芯片 AT24C02 存储实验

1. 相关知识

24 系列 EEPROM 芯片是目前单片机系统中应用比较广泛的存储芯片。采用 I^2C 总线接口，占用单片机的资源少、使用方便、功耗低、容量大，被广泛应用于智能化产品设计中。

24 系列 EEPROM 芯片为串行接口用电来擦除的可编程 CMOS 只读存储器。擦除次数为 10 万次以上，典型的擦除时间为 5ms，片内数据存储时间为 40 年以上。采用单+5V 供电，工作时电流为 1mA，静态电流为 10μA。

（1）24 系列 EEPROM 芯片的引脚定义。

24 系列 EEPROM 芯片的引脚图见图 4.129。

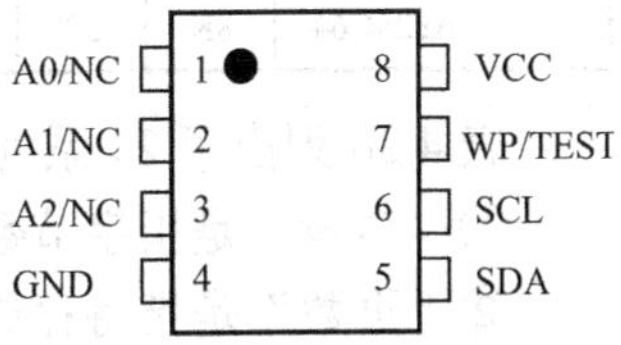

- SDA：串行数据输入/输出端。漏极开路结构，使用时必须外接一个 5.1kΩ 的上拉电阻。通信时高位在前。
- SCL：串行时钟输入端。漏极开路结构，用于同步输入数据。
- WP：写保护。用于保护写入的数据。WP=0 不保护，WP=1 保护，即所有的写操作失效，此时的 EEPROM 芯片实际上就是一个只读存储器。
- A0~A2：器件地址编码输入。I^2C 总线外围器件的地址由 7 位组成：高 4 位为生产厂家为每个型号芯片固定设置的地址，也称"特征码"；低 3 位以"器件地址编码输入"的形式留给用户自行定义地址。理论上在同一个 I^2C 总线系统中最多可以使用 8 个同一型号的外围器件。

图 4.129 24 系列 EEPROM 芯片的引脚图

- TEST:测试端。生产厂家用于对产品的检验,用户可以忽略。
- VCC:+5V 电源输入端。
- NC:空引脚。

(2) 24 系列 EEPROM 芯片的特性及分类。

在 24 系列 EEPROM 芯片产品中,芯片可以划分为 4 种类型。由于设计的年代不同,其性能、容量、器件地址编码的方式等各不相同。

第一类芯片属于早期产品,不支持用户引脚自定义地址功能,所以在一个系统中只能使用一个该型号的芯片,同时还不具备数据保护功能。

第二类芯片是目前常用的类型。它不仅具备数据保护功能,还具备用户引脚地址定义功能,所以在一个系统中可以同时使用 1~8 个该信号的芯片。

第三类芯片基本上类似于第二类芯片,其区别在于器件地址的控制比较特殊。

第四类芯片的主要特点是容量大,并且支持全部的器件定义地址,因此在一个系统中可同时使用 8 个该型号的芯片。

24 系列 EEPROM 芯片特性、分类见表 4.26。

表 4.26 24 系列 EEPROM 芯片特性、分类

类别	型号	容量	页数	连续写入块字节数（缓冲单元数 N）	器件地址编码	系统可用数量	硬件保护区域	命令字节格式		
								型号特征码	引脚地址	R/W
								D7 D6 D5 D4	D3 D2 D1	D0
一	AT24C01	128	×	8	不支持	1	不支持	1 0 1 0	× × ×	1/0
二	AT24C01A	128	×	8	A2 A1 A0	8	全部	1 0 1 0	A2 A1 A0	1/0
	AT24C02	256	×	8	A2 A1 A0	8	全部	1 0 1 0	A2 A1 A0	1/0
	AT24C04	512	2	16	A2 A1 NC	4	高 256	1 0 1 0	A2 A1 P0	1/0
	AT24C08	1K	4	16	A2 NC NC	2	不支持	1 0 1 0	A2 P1 P0	1/0
	AT24C16	2K	8	16	NC NC NC	1	高 1K	1 0 1 0	P2 P1 P0	1/0
三	AT24C164	2K	8	16	A2 A1 A0	8	高 1K	1 A2 A1 A0	P2 P1 P0	1/0
四	AT24C32	4K	16	32	A2 A1 A0	8	高 1K	1 0 1 0	A2 A1 A0	1/0
	AT24C64	8K	32	32	A2 A1 A0	8	高 2K	1 0 1 0	A2 A1 A0	1/0

表 4.26 列出了 24 系列 EEPROM 芯片的特性与分类。对于表中内容说明如下。

① "容量"是指字节数,如 128 是指 128×8,即 128 个字节、每个字节为 8bit。

② "页数"是指将存储器中每 256 个字节为一页。当芯片的存储容量小于或等于 256 个字节时,其容量实际局限在一页的范围之内。

③ "连续写入块字节数"是指主控器向 EEPROM 一次性连续写入的字节的数量。与普通的 SRAM 存储器不同,在写数据过程中,EEPROM 要占用大量的时间来完成存储器单元的擦除、写入操作。为了提高整个系统的运行速度,在芯片的设计中采用了"写入数据缓冲器"结构,即主控器通过总线高速将待写入的数据先送到 EEPROM 内部的数据缓冲器中,然后留给 EEPROM 自己逐一写入。这种设计方法可以极大地提高主控器的工作效率,当 EEPROM 在烧写数据时主控器可以进行其他工作。在 24 系列 EEPROM 芯片中,不同的芯片其内部缓冲

单元的数量是不同的，在编程中一次性连续写入 EEPROM 的数据字节数不能超过缓冲器的单元数，否则会出现写错误。因此，"写入块字节数"不能超过 EEPROM "写入数据缓冲器"的数量。

④ "器件地址编码"是指器件 7 位地址码中低 3 位引脚地址的定义功能。理论上 I^2C 总线外围的低 3 位地址是由器件本身的 3 个引脚电平来确定的，这种方法为在一个系统中使用多个同一型号的芯片带来了灵活性。但在实际设计中，7 位地址码中的低 3 位不全留给使用者使用和定义。这在 I^2C 总线外围器件中也是常见的。

⑤ "系统可用数量"是指在同一个 I^2C 总线系统中可同时使用某一型号芯片的数量。不难看出，这个数据实际上是由芯片本身的"器件地址编码"功能决定的。

⑥ "硬件写保护区域"是指对 EEPROM 中原先写入的数据进行保护。与普通的 SRAM 不同，EEPROM 存储的数据往往是一些重要的参数（如表格、程序运行参数等），采用保护措施后可以防止误操作而破坏系统的软件参数。保护功能是通过芯片的 WP 引脚接高电平实现的。在实际应用中可由主控器（单片机）的一个 I/O 口线控制或直接与 VCC 相连。

⑦ "命令字节格式"是指芯片的"型号特征码"、"引脚地址"和"R/W"位。这实际上是主控器寻址外围器件的命令字节。在这个命令字节格式中，最低位 D0 是由主控器发出的"读"或"写"控制码，高 4 位由厂家已经定义为 1010（AT24C164 除外），其余低 3 位根据芯片型号（容量）的不同而不同。这低 3 位（D3、D2、D1）的定义实际上与芯片的"器件地址编码"（引脚地址）定义功能有关。

● 对于 A2～A0 引脚全部参与器件地址定义的芯片，注意这也是存储单元不分页的芯片，因此，7 位地址码实际上是一种规范的"4+3"格式，即 4 位特征码加上 3 位引脚地址。只要使用者在硬件上将芯片的 A2～A0 引脚处理好，则该芯片的地址就被唯一地确定下来。以 AT24C01A 为例，将芯片的 A2～A0 全部接地，这样芯片的 7 位地址为 1010000，主控器要去读该芯片中的数据，其命令字节为 10100001（R/W=1）。

● 对于 A2～A0 引脚部分参与器件地址定义的芯片（如 AT24C04/08），其没有参与地址定义的引脚实际上在命令字节的对应位置上起到一个"页选 Pi"的功能，其页选数正好与不参与器件地址定义引脚的个数有关。例如，型号为 AT24C08 的芯片，有两位地址不参与地址定义，2^2=4，表明该芯片有 4 页的存储空间，容量为 256×4=1KB。假设芯片引脚 A2=1，如果要访问的是第 0 页中的存储空间，则其命令字节为 1010100XB（X 为命令字节的读/写控制位）；如果要访问的是第 1 页的空间，则其命令字节为 1010101XB；如果要访问的是第 2 页的空间，则其命令字节为 1010110XB；如果要访问的是第 3 页的空间，则其命令字节为 1010111XB。即在命令字节的 7 位地址对应位置上进行页 Pi（i=0～3）的控制选择功能。

● 对于 A2～A0 引脚全不介入器件地址定义的芯片（如 AT24C16），虽然其硬件引脚 A2～A0 无用，但在命令字节对应的位置实际上成为页地址的选择位，所以主控器寻址该器件时，其命令字节中的 7 位地址实际上是 4 位特征码加 3 位"页地址"。

● 对于第三类芯片 AT24C164 而言，其 A2～A0 引脚全部参与器件地址定义，存储区域又分为 8 页。那么如何将这些"器件地址"和"页地址"信息通过命令字节表达出来呢？可以占用原来特征码的 3 个位的位置，这是一种较为特殊的寻址方式。

● 对于第四类芯片 AT24C32/64 而言，虽然其存储容量大大超过了 256 字节，但采用了不分页的处理方法，这就意味着主控器必须使用双字节的地址信息来确定具体的存储单元（而其他型号的存储单元地址为单字节）。

⑧ "R/W" 读/写控制位，也称方向位。R/W=1 为读操作；R/W=0 为写操作。

（3）芯片寻址与芯片内部的存储单元寻址。

EEPROM 作为 I²C 总线的外围器件不仅需要芯片的地址（4 位特征码+3 位引脚地址）供主控器寻址，还要有与读/写操作相关的存储单元地址。这就决定了主控器对 EEPROM 的访问不同于其他常规外围器件的操作过程。对芯片内部的寻址分为两种。

① 容量在 256B 以内的芯片，其内部地址为 8bit。

② 容量在 256B 以上的芯片，其内部地址大于 8bit，采用双字节方式，其中高位在前。

可以用单字节数据访问 EEPROM，也可以用多字节连续访问 EEPROM。在多字节连续访问时要注意两点。

① 连续"写"数据时，连续写入的数据（字节）不能超过该芯片的缓冲单元数，而读操作不受此限制。

② 对于分页的芯片，在连续访问时，其首地址必须是页的首地址，否则会发生"卷回错误"。

（4）24 系列 EEPROM 芯片的读/写操作特点（以 AT24C02 为例）。

① 写操作。

写操作分为"字节写"和"数据块写"两种方式。

a．字节写。

在这种方式中，主控器首先发送一个命令字节（特征码+引脚地址+R/W），待得到外围器件的应答信号 ACK 后，再发送 1 个字节或 2 个字节的内部单元地址，这个内部单元地址被写入 EEPROM 的地址指针中。主控器收到 EEPROM 的应答信号后就向 EEPROM 发送 1 个字节的数据（高位在前），EEPROM 将 SDA 线上的数据逐位接收存入输入缓冲器中，并向主控器反馈应答信号。当主控器收到应答信号后，向 EEPROM 发出停止信号 P 并结束操作、释放总线。而 EEPROM 收到 P 信号后，激活内部的数据编程周期，将缓冲器中的数据写入指定的存储单元中。在 EEPROM 的数据编程周期中，为了保证数据写入的正确性和完整性，对所有的输入都采取无效处理、不产生任何的应答信号，直至数据编程周期结束，数据被写入指定的单元后，EEPROM 才恢复正常的工作状态（见图 4.130 和图 4.131）。

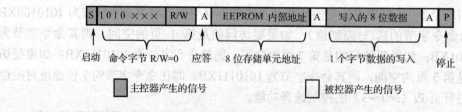

图 4.130 AT24C01/02/04/08/16 的 1 个字节数据写入帧格式

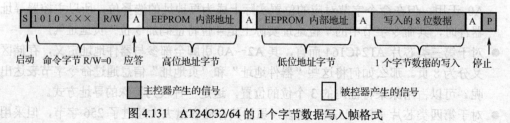

图 4.131 AT24C32/64 的 1 个字节数据写入帧格式

b．数据块写。

数据块写的基本操作与字节写相似，但有几点应当注意。
- 连续写入的数据数量不能超过芯片本身"数据缓冲器"单元的数量（见表4.26）。
- 主控器通过发送停止信号P作为操作过程的结束，实际上起到控制写入数量的作用。
- 当存储器收到主控器的停止信号P后，激活"数据编程周期"，开始数据的烧写过程。在这个过程结束前，存储器不接收外部的任何信号。
- 烧写数据的时间取决于数据的数量 N，如果 $N=8$，则时间为8ms；如果 $N=32$，则时间为32ms。
- AT24C32/64 的数据块写与 AT24C01/02/04/08/16 的数据块写相似（见图4.132）。

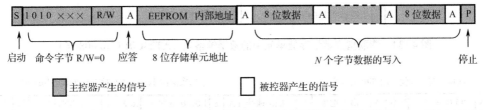

图4.132　AT24C01/02/04/08/16 的 N 个字节数据写入帧格式

② 读操作。

与写操作不同，读操作分为两个步骤完成。

第一步，利用一个写操作（R/W=0）发出寻址命令并将内部的存储单元地址写入 EEPROM 的地址指针中。在这个过程中，EEPROM 反馈应答信号，以保证主控器判断操作的正确性。

第二步，主控器重新发送一个开始信号 S、再发送一个读操作的命令字节（R/W=1），当 EEPROM 收到命令字节后，返回应答信号并从指定的存储单元中读取数据通过 SDA 线送出。

另外，因为读操作没有"数据烧写"操作，因此不使用数据缓冲器。这样连续读数据的数量不受数据缓冲器数量的限制。

读操作有三种情况。

第一种情况，读取当前地址单元中的数据。

在串行 EEPROM 芯片内部有一个可以自动加1的地址指针。每当完成一次读/写操作时，其指针都会自动加1指向下一个单元。只要芯片不断电，指针中的内容就一直保留。当主控器没有指定某个存储单元地址时，EEPROM 就按当前地址指针中的地址内容寻址、操作。在这种情况下，因为不用对 EEPROM 中的地址指针重新赋值，所以省去了对 EEPROM 的写操作（见图4.133）。

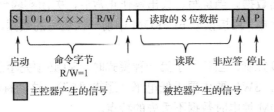

图4.133　读取当前地址单元数据的帧格式

第二种情况，读取指定地址存储单元中的数据（见图4.134和图4.135）。

首先利用一个写操作（R/W=0）发出寻址命令以便将后续的内部地址写入EEPROM的地址指针中。然后主控器重新发送一个开始信号S、再发送一个读操作的命令字节（R/W=1），当EEPROM收到命令字节后，返回应答信号并从指定的存储单元中读取数据通过SDA线送出。

第三种情况，读连续地址单元中的数据（见图4.136）。

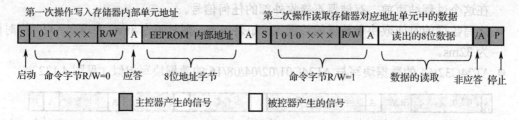

图4.134 读取指定地址存储单元中的数据帧格式（AT24C01/02/04/08/16）

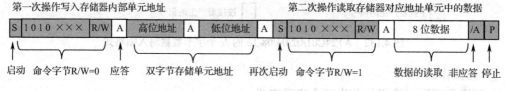

图4.135 读取指定地址存储单元中的数据帧格式（AT24C32/64）

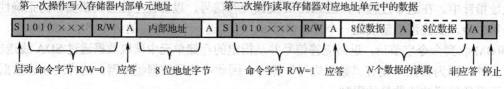

图4.136 读取连续地址单元中的数据帧格式（AT24C01/02/04/08/16）

2. AT24C02 存储器实验

（1）实验目的。

学习 I²C 总线的编程方法，掌握 AT24C02/AT24C64 EEPROM 的读/写编程。

（2）实验要求。

整个实验分为两种运行模式。

① 烧写数据、读出数据。当烧写、读出操作正常后，关闭实验台的电源系统。

② 重新为实验台上电，直接读取 EEPROM 中前一次烧写的数据，以验证 EEPROM 中数据的"非易失性"。

两种运行模式由 S0 控制：当运行于第一种模式时，S0 必须先至于高电平（逻辑"1"）；当运行于第二种模式时，SW1 要先置于低电平（逻辑"0"）。这两种模式之间要有一次掉电的过程，以验证 EEPROM 掉电时数据不丢失的特点。

首先在单片机的 30H～37H 中建立一个内容为 00H～07H 的数据块，然后分别将其烧写到 EEPROM 的 00H～07H 单元中。再将 EEPROM 中所烧写的 8 个数据读回到单片机内存

38H～3FH 中。在调试程序时，采用"断点"的运行方式，在 EEPROM 中所烧写的数据读回到单片机的存储器后，利用观察窗口对存储器中的 38H～3FH 数据进行观察、验证，看看是否为烧写的数据。

（3）实验连线。

使用两条连接线实现 I²C 总线的组网连接：P1.0 连接模块的 SDA；P1.1 连接 SCL；P1.7 连接 S0 作为程序的读/写控制信号。其实验连线见图 4.137。

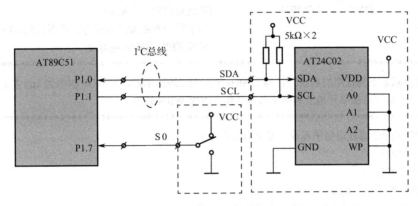

图 4.137　实验连线

（4）实验程序如下，流程图见图 4.138。

```
;****************************************************
SDA     BIT     P1.0
SCL     BIT     P1.1
WSLA    EQU     0A0H
RSLA    EQU     0A1H
        ORG     0000H
        LJMP    0100H
        ORG     0100H
START:  SETB    P1.7            ;P1.7 设定为输入口
        JNB     P1.7,LOOP11     ;如果 P1.7=0，则读 EEPROM 数据
        MOV     R7,#08H          ;如果 P1.7=1，则先写入后读出
        MOV     R0,#30H
        CLR     A
LOOP:   MOV     @R0,A
        INC     R0
        INC     A
        DJNZ    R7,LOOP
AA:                             ;开始数据块的写操作
        MOV     R7,#08H          ;设定写入数据字节个数
        MOV     R0,#30H          ;设定源数据块的首地址
        MOV     R2,#00H          ;设定外围芯片的内部地址
        MOV     R3,#WSLA
        LCALL   WRNBYT
```

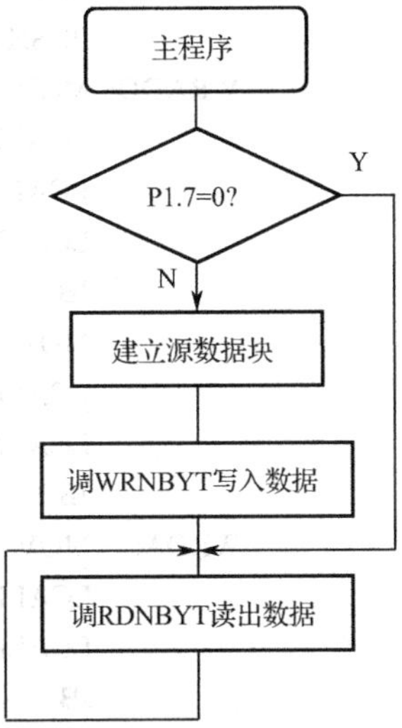

图 4.138　主程序流程图

```
LOOP11: MOV     R7,#08H              ;开始数据块的读操作
        MOV     R0,#38H              ;设定数据字节数
        MOV     R2,#00H              ;设定目标数据地址
        MOV     R4,#RSLA             ;设定外围器件内部地址
        MOV     R3,#WSLA             ;设定读命令
        LCALL   RDNBYT               ;设定写命令
        SJMP    LOOP11               ;调用读数据块子程序
                                     ;在此处设定一个断点
                                     ;为了减少不必要的写操作,不返回到 START
                                     ;延长 EEPROM 使用寿命
;*********************************************************************
;【提示】下列程序的系统时钟为 12MHz（或 11.0592MHz）,即 NOP 指令为 1μs 左右
;（1）带有内部单元地址的多字节写操作子程序 WRNBYT
;*********************************************************************
;通用的 I²C 总线通信子程序（多字节写操作）
;入口参数
;R7 字节数
;R0 源数据块首地址
;R2 从器件内部子地址,R3 外围器件地址（写）
;相关子程序 WRBYT、STOP、CACK、STA
;*********************************************************************
WRNBYT: PUSH    PSW
        PUSH    ACC
WRADD:  MOV     A,R3                 ;取外围器件地址（包含 R/W=0）
        LCALL   STA                  ;发送起始信号 S
        LCALL   WRBYT                ;发送外围地址
        LCALL   CACK                 ;检测外围器件的应答信号
        JB      F0,WRADD             ;如果应答不正确返回
        MOV     A,R2
        LCALL   WRBYT                ;发送内部寄存器首地址
        LCALL   CACK                 ;检测外围器件的应答信号
        JB      F0,WRADD             ;如果应答不正确返回
WRDA:   MOV     A,@R0
        LCALL   WRBYT                ;发送外围地址
        LCALL   CACK                 ;检测外围器件的应答信号
        JB      F0,WRADD             ;如果应答不正确返回
        INC     R0
        DJNZ    R7,WRDA
        LCALL   STOP
        POP     ACC
        POP     PSW
        RET
;*********************************************************************
;（2）带有内部单元地址的多字节读操作子程序 RDNBYT
;*********************************************************************
```

;通用的 I²C 总线通信子程序（多字节读操作）
;入口参数
;R7 字节数
;R0 目标数据块首地址
;R2 从器件内部子地址
;R3 器件地址（写），R4 器件地址（读）
;相关子程序 WRBYT、STOP、CACK、STA、MNACK
;**

```
RDNBYT: PUSH    PSW
        PUSH    ACC
RDADD1: LCALL   STA
        MOV     A,R3                ;取器件地址（写）
        LCALL   WRBYT               ;发送外围地址
        LCALL   CACK                ;检测外围器件的应答信号
        JB      F0,RDADD1           ;如果应答不正确返回
        MOV     A,R2                ;取内部地址
        LCALL   WRBYT               ;发送外围地址
        LCALL   CACK                ;检测外围器件的应答信号
        JB      F0,RDADD1           ;如果应答不正确返回
        LCALL   STA
        MOV     A,R4                ;取器件地址（读）
        LCALL   WRBYT               ;发送外围地址
        LCALL   CACK                ;检测外围器件的应答信号
        JB      F0,RDADD1           ;如果应答不正确返回
RDN:    LCALL   RDBYT
        MOV     @R0,A
        DJNZ    R7,ACK
        LCALL   MNACK
        LCALL   STOP
        POP     ACC
        POP     PSW
        RET
ACK:    LCALL   MACK
        INC     R0
        SJMP    RDN
```

;**
;（3）I²C 总线各个信号子程序
;**
;   启动信号子程序 STA
;**

```
STA:    SETB    SDA                 ;启动信号 S
        SETB    SCL
        NOP                         ;产生 4.7μs 延时
        NOP
        NOP
```

```
            NOP
            NOP
            CLR     SDA
            NOP                         ;产生 4.7μs 延时
            NOP
            NOP
            NOP
            NOP
            CLR     SCL
            RET
;****************************************************************
;       停止信号子程序 STOP
;****************************************************************
STOP:       CLR     SDA                 ;停止信号 P
            SETB    SCL
            NOP                         ;产生 4.7μs 延时
            NOP
            NOP
            NOP
            NOP
            SETB    SDA
            NOP                         ;产生 4.7μs 延时
            NOP
            NOP
            NOP
            NOP
            SETB    SCL                 ;释放总线
            SETB    SDA
            RET
;****************************************************************
;       应答信号子程序    MACK
;****************************************************************
MACK:       CLR     SDA                 ;发送应答信号 ACK
            SETB    SCL
            NOP                         ;产生 4.7μs 延时
            NOP
            NOP
            NOP
            NOP
            CLR     SCL
            SETB    SDA
            RET
;****************************************************************
;       非应答信号子程序 MNACK
;****************************************************************
```

MNACK:	SETB	SDA	;发送非应答信号 NACK
	SETB	SCL	
	NOP		;产生 4.7μs 延时
	NOP		
	NOP		
	NOP		
	NOP		
	CLR	SCL	
	CLR	SDA	
	RET		

;***
;   应答位检测子程序 CACK
;***

CACK:	SETB	SDA	;应答位检测子程序
	SETB	SCL	
	CLR	F0	
	MOV	C,SDA	;采样 SDA
	JNC	CEND	;应答正确时转 CEND
	SETB	F0	;应答错误时 F0 置 1
CEND:	CLR	SCL	
	RET		

;***
;   发送 1 个字节子程序 WRBYT
;***

WRBYT:	PUSH	06H	
	MOV	R6,#08H	;发送 1 个字节子程序
WLP:	RLC	A	;入口参数 A
	MOV	SDA,C	
	SETB	SCL	
	NOP		;产生 4.7μs 延时
	NOP		
	NOP		
	NOP		
	NOP		
	JNB	SCL,$	
	CLR	SCL	
	DJNZ	R6,WLP	
	POP	06H	
	RET		

;***
;   接收 1 个字节子程序 RDBYT
;***

RDBYT:	PUSH	06H	
	MOV	R6,#08H	;接收 1 个字节子程序,出口参数 R2
RLP:	SETB	SDA	

```
            SETB    SCL
            JNB     SCL,$
            MOV     C,SDA
            MOV     A,R2
            RLC     A
            MOV     R2,A
            CLR     SCL
            DJNZ    R6,RLP
            POP     06H
            RET
;*********************************************************************************
            END
```

【C 语言参考程序】

```c
#include <reg52.h>
#include <intrins.h>
#define DELAY5US _nop_();_nop_();
#define uchar unsigned char
sbit SDA=P1^0;
sbit SCL=P1^1;
sbit P1_7=P1^7;
#define WSLA1 0xa0
#define RSLA1 0xa1
void STA(void);
void STOP(void);
void MACK(void);
void NMACK(void);
void CACK(void);
void WRBYT(unsigned char *p);
void RDBYT(unsigned char *p);
void WRNBYT(unsigned char *R3,unsigned char *R2,unsigned char *R0,unsigned char n);
void RDNBYT(unsigned char *R3,unsigned char *R4,unsigned char *R2,unsigned char *R0,unsigned char n);
void main()
{
    uchar data *q;
    uchar f=0,g=8;
    uchar n=8,*c,*y,*x,*d,wai=0x00,WSLA=WSLA1,RSLA=RSLA1;
    q=0x30;
    P1_7=1;
    if(P1_7==1)
    {
        for(g=0;g<8;g++)
        {
            *q = f;
```

```
                    q++;
                    f++;
                }
            x=&WSLA;
            c=&wai;
            y=0x30;
            WRNBYT(x,c,y,n);
            y=0x38;
            c=&wai;
            x=&WSLA;
            d=&RSLA;
            RDNBYT(x,d,c,y,n);
        }
        else
        {
            while(1)
            {
                y=0x38;
                c=&wai;
                x=&WSLA;
                d=&RSLA;
                RDNBYT(x,d,c,y,n);
            }
        }
}
//**************************************************************************
void STA(void)
{   SDA=1;
    SCL=1;
    DELAY5US
    SDA=0;
    DELAY5US
    SCL=0;
}
//**************************************************************************
void STOP(void)
{   SDA=0;
    SCL=1;
    DELAY5US
    SDA=1;
    DELAY5US
    SCL=1;
    SDA=1;
}
//**************************************************************************
```

```
void MACK(void)
{    SDA=0;
    SCL=1;
    DELAY5US
    SCL=0;
    SDA=1;
}
//*******************************************************************************
void NMACK(void)

{    SDA=1;
    SCL=1;
    DELAY5US
    SCL=0;
    SDA=0;
}
//*******************************************************************************
void CACK(void)
{
    SDA=1;
    SCL=1;
    DELAY5US
    F0=0;
    if(SDA==1)
    F0=1;
    SCL=0;
}
//*******************************************************************************
void WRBYT(unsigned char    *p)
{    unsigned char   i=8,temp;
    temp=*p;
    while(i--)
    {    if((temp&0x80)==0x80)
            {    SDA=1;
                SCL=1;
                DELAY5US
                while(!SCL);
                SCL=0;
            }
        else
        {    SDA=0;
            SCL=1;
            DELAY5US
            while(!SCL);
            SCL=0;
```

```
                }
                temp=temp<<1;
        }
}
//*******************************************************************************
    void RDBYT(unsigned char   *p)
    {   unsigned char i=8,temp=0;
        while(i--)
        {   SDA=1;
            SCL=1;
            DELAY5US
            while(!SCL);
            temp=temp<<1;
            if(SDA==1)
               temp=temp|0x01;
            else
               temp=temp&0xfe;
            SCL=0;
        }
        *p=temp;
    }
//*******************************************************************************
    void WRNBYT(unsigned char   *R3,unsigned char   *R2,unsigned char   *R0,unsigned char   n)
    {
    loop:    STA();
             WRBYT(R3);
             CACK();
             if(F0)
             goto loop;
             WRBYT(R2);
             CACK();
             if(F0)
             goto loop;
             while(n--)
             {   WRBYT(R0);
                 CACK();
                 if(F0)
                 goto loop;
                 R0++;
             }
             STOP();
    }
//*******************************************************************************
    void RDNBYT(unsigned char   *R3,unsigned char   *R4,unsigned char   *R2,unsigned char   *R0,
unsigned char   n)
```

```
            }
            loop1:    STA();
                      WRBYT(R3);
                      CACK();
                      if(F0)
                      goto loop1;
                      WRBYT(R2);
                      CACK();
                      if(F0)
                      goto loop1;
                      STA();
                      WRBYT(R4);
                      CACK();
                      if(F0)
                      goto loop1;
                      while(n--)
            {         RDBYT(R0);
                         if(n>0)
                            {
                                MACK();
                                R0++;
                            }
                         else  NMACK();
            }
                      STOP();
            }
//***********************************************************************
```

（5）思考题。

对实验台上的 AT24C64 编程，写入"00H、01H、02H、…、1FH" 32 个字节。

【提示】首先在单片机内部 RAM 建立"00H、01H、02H、…、1FH" 32 个字节的数据缓冲单元。

AT24C64 EEPROM 为 8KB 存储单元，被划分为 32 页，每页有 256B 个存储单元（见表 4.26）。其内部地址为双字节，其中高位在前、低位在后（见图 4.135），所以原有的两个子程序 RDNBYT 和 WRNBYT 要进行适当的修改。

在访问 EEPROM 时，如果是一个数据块操作则应注意以下几点。

① 在写操作时，数据快的长度不要超过芯片的"缓冲单元数"，如果数据块的长度超过了"缓冲单元数"，则分开操作。

② 一次访问 EEPROM 的起始地址应当考虑：起始地址加上数据块的长度后是否产生"跨页错误"，一般情况下建议使用芯片中页的"首地址"，这样可避免出现"跨页错误"。

4.9.3 I²C 总线外围器件实验（二）：ZLG7290B 动态显示驱动芯片编程实验

1．相关知识

ZLG7290B 是广州周立功单片机发展有限公司自行设计的数码管动态显示驱动、键盘扫描管理芯片。它能够驱动 8 位共阴极结构的 LED 数码管或 64 位独立的 LED，同时还能扫描管理多达 64 个按键（S1～S56、F0～F7）的扫描识别。其中 8 个按键（F0～F7）可以作为功能键使用，就像计算机键盘上的 Ctrl、Shift、Alt 按键一样。另外，ZLG7290B 内部还设有连击计数器，能够使某些按键按下后不松手时连续有效。该芯片接口采用 I²C 总线结构，为工业级芯片，被广泛应用于仪器、仪表等工业测量领域的电路设计中。

（1）ZLG7290B 的主要特征。
- 直接驱动 1 英寸（2.54cm）以下的 8 位 LED 共阴极数码管或 64 位独立的 LED。
- 能够管理多达 64 个按键。具有自动去抖功能，其中 8 个按键可直接作为功能键使用。
- 段电流可达 20mA，位电流为 100mA 以上。
- 利用外接功率驱动器可以驱动 1 英寸以上的大型数码管。
- 具有闪烁、段点亮、段熄灭、功能键、连击计数等功能。
- 提供 10 种数字、21 种字母的译码显示功能，也可以将字形码写入显示寄存器直接显示数据。
- 系统仅使用键盘电路时，工作电流为 1mA。
- 与主控器之间采用 I²C 总线接口，仅需两条信号线。
- 工作电压范围：+3.3～+5.5V。
- 工作温度范围：−40～+85℃。
- 封装：DIP24（窄体）或 SOP-24。
- ZLG7290B 的器件地址：70H（写地址）、71H（读地址）。

（2）ZLG7290B 引脚图、系统功能框图及寄存器映像图见图 4.139、图 4.140，其引脚功能见表 4.27。

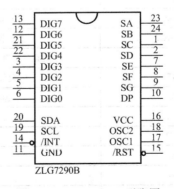

图 4.139　ZLG7290B 引脚图

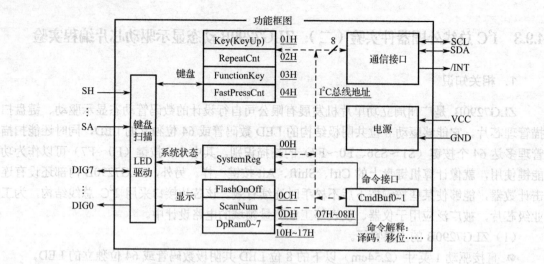

图 4.140 系统功能框图及寄存器映像图

表 4.27 ZLG7290B 的引脚功能

引脚序号	引脚名称	功能描述
1	SC/KR2	数码管 c 段/键盘行信号 2
2	SD/KR3	数码管 d 段/键盘行信号 3
3	DIG3/KC3	数码管位选信号 3/键盘列信号 3
4	DIG2/KC2	数码管位选信号 2/键盘列信号 2
5	DIG1/KC1	数码管位选信号 1/键盘列信号 1
6	DIG0/KC0	数码管位选信号 0/键盘列信号 0
7	SE/KR4	数码管 e 段/键盘行信号 4
8	SF/KR5	数码管 f 段/键盘行信号 5
9	SG/KR6	数码管 g 段/键盘行信号 6
10	DP/KR7	数码管 dp 段/键盘行信号 7
11	GND	接地
12	DIG6/KC6	数码管位选信号 6/键盘列信号 6
13	DIG7/KC7	数码管位选信号 7/键盘列信号 7
14	/INT	键盘中断输出信号，低电平（下降沿有效）
15	/RST	复位输入信号，低电平有效
16	VCC	电源输入端，+3.3～+5.5V
17	OSC1	晶体输入信号
18	OSC2	晶体输出信号
19	SCL	I^2C 总线时钟信号
20	SDA	I^2C 总线数据信号
21	DIG5/KC5	数码管位选信号 5/键盘列信号 5
22	DIG4/KC4	数码管位选信号 4/键盘列信号 4
23	SA/KR0	数码管 a 段/键盘行信号 0
24	SB/KR1	数码管 b 段/键盘行信号 1

（3）ZLG7290B 典型应用电路原理图。

图 4.141 和图 4.142 所示分别为 ZLG7290B 的应用电路和实验台上的实际电路。关于电路的应用有以下几点说明。

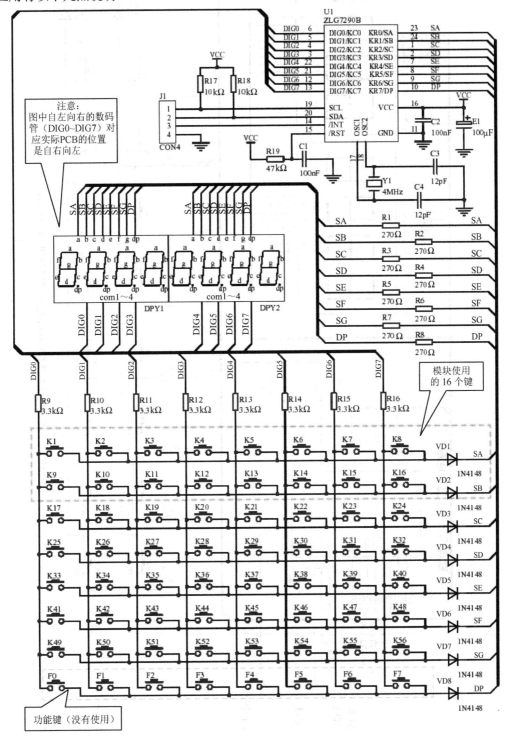

图 4.141 ZLG7290B 的应用电路

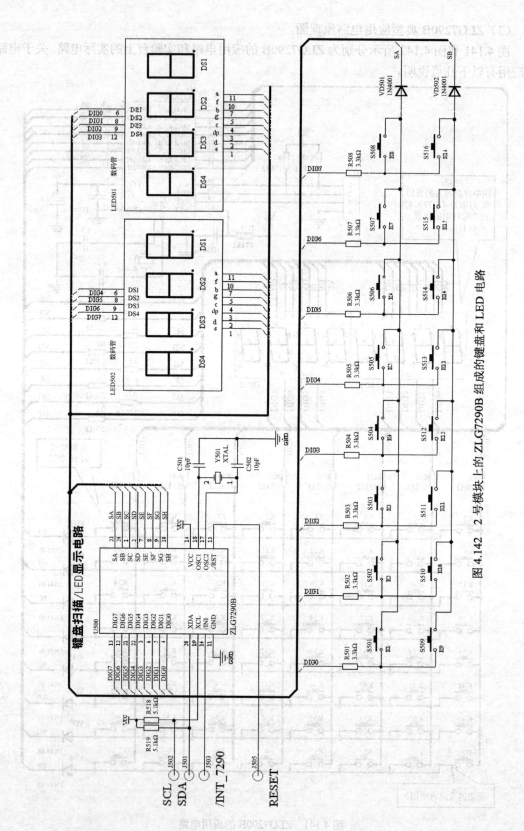

图 4.142 2号模块上的 ZLG7290B 组成的键盘和 LED 电路

① 图 4.141 中自左向右的数码管（DIG0～DIG7）对应实际 PCB 的位置是自右向左。也就是说，DIG0 对应最低位 LSB 数码管（在 PCB 右侧），DIG7 对应最高位 MSB 数码管（在 PCB 左侧）。这在设计 PCB 时应当特别注意。

② 在实验台上，实际上只连接了 K1～K16 按键（见图 4.142，对应的键值为 01H～10H）。

③ ZLG7290B 芯片其工作速度比 S 标准（标准模式）的速率（100kb/s）要低，主要表现在读操作上（写操作速度满足 S 标准）。对于具有 I^2C 总线接口的 MCU 则靠总线的速度协调（SCL/SCK 同步功能）来保证通信的正确性，这种单片机的 I^2C 总线接口会对 ZLG7290B 进行读、写操作。本书提供的 I^2C 总线模拟程序具备时钟同步功能，因此满足工作速度较低的外围器件与主控器的通信。

④ ZLG7290B 的读取键值是从 1 开始的（K1=01H），为了产生 0 的键值（K1=00H、K2=01H 等），可人为地将读取的键值进行减 1 处理。

(4) ZLG7290B 内部寄存器详解。

① 系统寄存器 SystemReg（地址：00H）。

寄存器的第 0 位 D0（LSB）称作 Key Avi（按键有效位）。D0=1 表明有按键按下；D0=0 表明没有按键按下。

当有按键按下时，一方面将系统寄存器的 D0 置 1，同时在 ZLG7290B 的/INT 引脚会产生一个低电平的中断请求信号。当读取键值后中断信号会自动消失（不读取键值时，一段时间后/INT 引脚也会回到高电平）。因此，对于"按键操作"的监测有两种方法。

第一种方法，读取系统寄存器的 D0 位是否为 1 来判断是否有按键操作。这种方法的优点是无须另加信号线，通过查询 00H 地址单元中的 Key Avi 位，实现对键盘的"软扫描"，根据这个特点，我们更愿意将"系统寄存器"称为"键盘状态寄存器"。这种查询方法的缺点是需要单片机对 ZLG7290B 不断地进行读、写操作，浪费 CPU 的资源，同时过多的 I^2C 总线通信会使系统消耗过多的电流并形成一定的电磁干扰。

第二种方法，利用 ZLG7290B 的/INT 信号线与单片机的外部中断输入端/INT 连接，单片机可以采用中断或查询/INT 引脚电平的方法来对键盘进行监控。这种方法的优点是避免了较为复杂的 I^2C 总线通信，使程序结构得以简化，特别是单片机采用中断方式时，减轻了 CPU 的查询负担，提高了系统的工作效率；缺点是在硬件结构上增加了一条/INT 中断信号线。

② 键值寄存器 Key（地址：01H）。

如果按下的是普通的按键（如 K1～K56，见图 4.141），键值寄存器中就会保留其按键所对应的键值（1～56）。当此键值被读取后，键值寄存器的内容自动回零。如果/INT=0 而键值寄存器的内容为 0，则表明按下的是功能键 F0～F7。

【注意】本单元中的键值数据在按键操作后必须立即读取，否则该单元中的键值数据会消失（变为 00H），也就是说，在调试程序时不要在读取键值指令前设定"断点"，否则经断点后读取的键值永远为 0。

当程序将键值读取后，ZLG7290B 的/INT 引脚的低电平信号会自动回到高电平。

③ 连击计数器 RepeatCnt（地址：02H）。

ZLG7290B 为普通按键（K1～K56）提供了一种"连击计数"功能。当按下某个普通按键时，经过一段时间（ZLG7290B 使用 4MHz 晶体时约为 2s）开始连续计数（只要按键不释放），计数周期为 170ms（ZLG7290B 使用 4MHz 晶体）。

一个完整的连击计数过程：当按下某个普通按键一直不松手时，首先会产生一个中断信号（/INT=0），此时"连击计数器"的值还是 0。经过 2s 延时后（ZLG7290B 使用 4MHz 晶体）芯片会连续产生中断有效信号，而每次中断"连击计数器"就会自动加 1，当此计数器计满 255 时其计数值就不再增长了，而中断信号一直有效。

④ 功能键键值寄存器 FunctionKey（地址：03H）。

在 ZLG7290B 的键盘矩阵中，F0～F7 被定义为功能键，当按下某个功能键时，其/INT 引脚上就会像按下普通键一样产生低电平的中断申请信号。与普通键的区别是，按下功能键时在键值寄存器中不会产生键值，而是在功能键寄存器中产生对应的"功能键代码"。功能键寄存器中的每一位对应一个功能键：如 D0 位（LSB）对应 F0 按钮，当按下 F0 按键时，此位为 0；同理 D7 位（MSB）对应 F7 按键。即当按下某个功能键时，寄存器中其 FunctionKey 位就会被清零。功能键寄存器初值为 FFH。

功能键的另一个特征是二次中断，即按下和抬起它时都会产生中断，而普通键（K1～K56）只有在按下它时产生中断。

⑤ 命令寄存器 CmdBuf0 和 CmdBuf1（地址：07H、08H）。

ZLG7290B 除能够实现 LED 数码显示、键盘扫描外，还可以实现 LED 数码的闪烁显示等一些较为特殊的功能，使芯片的应用更为灵活。这些特殊的功能就是通过向命令寄存器写入相关的"命令字"来实现的。

ZLG7290B 的命令字包括"段寻址"、"下载显示数据"和"控制闪烁"三种，命令字的高 4 位为特征码以区分不同的命令。编程中命令字均为 2 个字节，即含有特征码的命令字和与该命令相关的控制字。

⑥ 闪烁控制寄存器 FlashOnOff（地址：0CH）。

闪烁控制寄存器决定闪烁的频率和占空比。ZLG7290B 复位时初值为 01110111B，其中高 4 位决定闪烁时亮的时间，低 4 位决定闪烁时灭的时间。改变 FlashOnOff 的值同时改变了闪烁的频率和占空比。当 FlashOnOff 的值为 00H 时可以获得最快的闪烁速度。

需要说明的是，单独控制闪烁控制寄存器的值并不会看到闪烁的效果，而是需要事先向命令寄存器写入对应的命令字（2 条命令字）配合闪烁命令字一起使用（见闪烁命令字）。

⑦ 扫描位数寄存器 ScanNum（地址：0DH）。

扫描位数寄存器决定 ZLG7290B 动态扫描显示的位数，取值 0～7，对应显示 1～8 位。ZLG7290B 复位时扫描位数寄存器的值为 7，即数码管的 8 位都显示。在实际应用中可以根据需要来确定显示的位数。当显示的位数小于 8 位时，因为扫描的周期变短而会使数码管显示的亮度增加。当 ScanNum=0 时（1 位显示），其亮度达到最高。

⑧ 显示缓冲寄存器 DpRam0～7（地址：10H～17H）。

DpRam0～7 这 8 个显示缓冲寄存器直接决定数码管上所显示的字形和显示的位置。在实验台上，DpRam0 寄存器对应右面的数码管（DIG0）；同理，DpRam7 对应左面的数码管（DIG7）。

【注意】在每个寄存器中，D7～D0 分别对应数码管的 a～g、dp。也就是说，DpRam0～7 寄存器中装载的是"字形码"而非二进制数。不难看出，只要将显示数字的"字形码"分别装入到 DpRam0～7 中，那么数码管上就会显示出字形（见表 4.28）。

表 4.28　ZLG7290B 显示缓冲器中字形码（驱动共阴极 LED）与显示字形的关系

显示字形	数码管 8 段输入电平 a b c d e f g dp	字形码 （共阴极）
0	1 1 1 1 1 1 0 0	FCH
1	0 1 1 0 0 0 0 0	60H
2	1 1 0 1 1 0 1 0	DAH
3	1 1 1 1 0 0 1 0	F2H
4	0 1 1 0 0 1 1 0	66H
5	1 0 1 1 0 1 1 0	B6H
6	1 0 1 1 1 1 1 0	BEH
7	1 1 1 0 0 1 0 0	E4H
8	1 1 1 1 1 1 1 0	FEH
9	1 1 1 1 0 1 1 0	F6H
A	1 1 1 0 1 1 1 0	EEH
b	0 0 1 1 1 1 1 0	3EH
C	1 0 0 1 1 1 0 0	9CH
d	0 1 1 1 1 0 1 0	7AH
E	1 0 0 1 1 1 1 0	9EH
F	1 0 0 0 1 1 1 0	8EH
为了避免数码管显示"8"、"B"和"0"、"D"时产生混淆，将字母"B"和"D"的显示改为字母的小写形式"b"和"d"		

【提示】对于初学者而言，从简化问题的角度出发，先从最基本的 LED 显示和键盘扫描操作开始。

- 利用 ZLG7290B 显示 8 位 LED 数据：此时只要对 ZLG7290B 的显示缓冲单元写入"字形码"，即依次向 ZLG7290B 的 10H～17H 单元写入 8 个"字形码"，在 8 位数码管上就会出现与所输入字形码对应的数字。
- 利用 ZLG7290B 实现扫描键盘、读取按键的键值：将 ZLG7290B 的/INT 引脚与单片机的/INT 引脚连接，利用按键时所产生的中断信号激活单片机的中断服务，在中断服务程序中读取 ZLG7290B 的 01H 单元中的键值。

当然也可以不使用 ZLG7290B 的/INT 引脚信号，直接采用不断地读取 ZLG7290B 的 00H 单元的 D0 位：如果 D0=1 则读取 ZLG7290B 的 01H 单元中的键值，否则继续查询 ZLG7290B 的 00H 单元。我们不推荐这种方式，因为过多的 I^2C 总线操作不仅占用单片机的资源，也会产生一定的电磁干扰。

- 当读者能够比较熟练地实现键盘扫描和动态显示后，就可以加入一些闪烁控制等较为复杂的操作了。

（5）ZLG7290B 控制命令。

在命令寄存器 CmdBuf0 和 CmdBuf1（地址：07H、08H）共同组成的命令缓冲区中，可以通过向该寄存器写入相关的控制字来实现段寻址、移位、下载数据、闪烁控制等功能。

① 段寻址命令（seg on off）。

在段寻址命令中，8个数码管被看成64段，每段被看成独立的LED发光二极管。其中第1个字节01H为该命令的特征码，第2个字节中的"on"为点亮/熄灭控制位（见表4.29）。on=1时该段点亮；on=0时该段熄灭。S5~S0为段地址：000000B~111111B共64段，无效地址不会产生任何作用。64段的段地址一览表见表4.30。

表4.29 段寻址命令格式

命令寄存器	D7	D6	D5	D4	D3	D2	D1	D0
CmdBuf0（07H）	0	0	0	0	0	0	0	1
CmdBuf1（08H）	on	0	S5	S4	S3	S2	S1	S0

表4.30 64段的段地址一览表

显示寄存器/段	SA	SB	SC	SD	SE	SF	SG	SH
DpRam0	00H	01H	02H	03H	04H	05H	06H	07H
DpRam1	08H	09H	0AH	0BH	0CH	0DH	0EH	0FH
DpRam2	10H	11H	12H	13H	14H	15H	16H	17H
DpRam3	18H	19H	1AH	1BH	1CH	1DH	1EH	1FH
DpRam4	20H	21H	22H	23H	24H	25H	26H	27H
DpRam5	28H	29H	2AH	2BH	2CH	2DH	2EH	2FH
DpRam6	30H	31H	32H	33H	34H	35H	36H	37H
DpRam7	38H	39H	3AH	3BH	3CH	3DH	3EH	3FH

在表4.30中，将整个8个字节（DpRam0~7）定义为64段的段地址，这样可以使用ZLG7290B来构建一个由8×8共64个发光二极管组成的LED阵列，通过阵列的方式显示文字、图形、符号等。

【注意】该命令的使用特点：一个命令字（2个字节）只能设定64段中的一个，要想实现8×8个LED的全部控制就要对应64条"段寻址"命令。

② 下载数据命令（down load）。

下载数据命令的格式如下。

● 第1个字节：高4位为命令特征码0110，低4位A3、A2、A1、A0是数据显示所在的数码管地址（位置），其中A3为保留位暂时无用。在实验台上，数码管的位置自右向左的地址分别为0、1、2、3、4、5、6、7，由A2、A1和A0这3位二进制数表示。

● 第2个字节：dp控制小数点是否点亮。dp=1时小数点点亮，dp=0时小数点熄灭；flash表示是否要闪烁，flash=0正常显示，flash=1闪烁，闪烁速度可由"闪烁控制寄存器"控制；D4、D3、D2、D1、D0为要显示的数据，这些数据包含10个数字（0~9）和21个字母。下载数据命令格式见表4.31。

表 4.31　下载数据命令格式

命令寄存器	D7	D6	D5	D4	D3	D2	D1	D0
CmdBuf0（07H）	0	1	1	0	A3	A2	A1	A0
CmdBuf1（08H）	dp	flash	0	D4	D3	D2	D1	D0

　　下载数据命令实际上提供了另一种显示数据的方法，与直接向显示缓冲寄存器 DpRam0～7（地址：10H～17H）写入字形码来实现数据的显示相比，省去了"软件查表"的操作，直接向显示缓冲寄存器 DpRam0～7（地址：10H～17H）写入 0H～1FH 数据，即可直接显示对应的字形。

　　通过 dp、flash 位控制该字是否带小数点（dp=1 时带小数点）、是否闪烁显示（flash=1 时闪烁）。这种方法的缺点是：每条下载命令只能送一个显示字符，如果要显示 8 位数据则需要 8 条命令。下载数据命令中的数据与数码管上所显示的数字、字母的对应关系见表 4.32。

表 4.32　下载数据命令中的数据与数码管上所显示的数字、字母的对应关系

D4 D3 D2 D1 D0（二进制）	D4 D3 D2 D1 D0（十六进制）	显 示 结 果
0 0 0 0 0	00H	0
0 0 0 0 1	01H	1
0 0 0 1 0	02H	2
0 0 0 1 1	03H	3
0 0 1 0 0	04H	4
0 0 1 0 1	05H	5
0 0 1 1 0	06H	6
0 0 1 1 1	07H	7
0 1 0 0 0	08H	8
0 1 0 0 1	09H	9
0 1 0 1 0	0AH	A
0 1 0 1 1	0BH	b
0 1 1 0 0	0CH	C
0 1 1 0 1	0DH	d
0 1 1 1 0	0EH	E
0 1 1 1 1	0FH	F
1 0 0 0 0	10H	G
1 0 0 0 1	11H	H
1 0 0 1 0	12H	i
1 0 0 1 1	13H	j
1 0 1 0 0	14H	L
1 0 1 0 1	15H	o
1 0 1 1 0	16H	p

续表

D4 D3 D2 D1 D0（二进制）	D4 D3 D2 D1 D0（十六进制）	显 示 结 果
10111	17H	q
11000	18H	r
11001	19H	t
11010	1AH	U
11011	1BH	y
11100	1CH	c
11101	1DH	h
11110	1EH	T
11111	1FH	（无显示）

③ 闪烁控制命令（flash）。

闪烁控制命令格式见表 4.33，可以分别控制 8 个数码管是否闪烁。其中，第 1 个字节的高 4 位 0111B 为特征码，低 4 位无用。第 2 个字节表示被控制位的闪烁，每位对应一个数码管，为 0 时正常显示，为 1 时闪烁。ZLG7290B 复位后所有位都不闪烁。

表 4.33 闪烁控制命令格式

命令寄存器	D7	D6	D5	D4	D3	D2	D1	D0
CmdBuf0（07H）	0	1	1	1	×	×	×	×
CmdBuf1（08H）	F7	F6	F5	F4	F3	F2	F1	F0

【注意】在实验台上，F7 对应左面的数码管，F0 对应右面的数码管。

【提示】上述命令的执行效果可以通过实验来加以验证。应当说明的是，命令对 ZLG7290B 是唯一的，但在硬件设计中，由于数码管等元件其实际物理位置的排放顺序可能不同而导致所谓的"左"和"右"不一致，这并不是命令的"不确定性"，而是数码管在 PCB 上排放的顺序与常规顺序相反造成的，可以通过实验得到确认。

另外，ZLG7290B 还有用于移位控制的命令，这里就不再叙述了，可以通过相关的数据手册进行查询。

2．ZLG7290B 动态显示驱动芯片编程实验

（1）实验目的。

学习 ZLG7290B 芯片的动态扫描显示原理与编程方法。

（2）实验要求。

利用 ZLG7290B 控制的 8 位 LED 数码管显示"12345678"，要求使用直接向 ZLG7290B 的显示缓冲寄存器 DpRam0～7（地址：10H～17H）送入字形码的方法显示。

变量单元的分配及程序结构和算法如下。

- 30H～37H：变量缓冲区，装载 8 个待显示的二进制数。
- 20H～27H：显示缓冲区，通过"查表"获取与变量缓冲区中二进制数据相对应的字形码，以备写入 ZLG7290B 的 10H～17H 显示缓冲寄存器中进行显示。

建议读者首先了解整个程序的流程，化繁为简，同时也可以将此程序作为一个"显示功能"的模板。程序流程如下。

- 对 ZLG7290B 进行复位，使其进入到一个原始状态（显示缓冲区清零、命令寄存器默认为普通模式等）。
- 使用一个循环程序在单片机的内存 30H～37H 中建立一个变量数据块。
- 使用一个循环程序对变量数据查表得到对应的字形码并送到 20H～27H 的显示缓冲区中。
- 调用 WRNBYT 子程序将显示缓冲区中的 8 个字形码依次写入 ZLG7290B 的显示缓冲区，这样 LED 数码管上显示出对应的数据。

【提示】上述流程可应用于"电子时钟""数据采集及显示"等场合：将"时间""数据"参数送入"变量缓冲区"中，然后套用上述流程即可将对应的数据显示在 LED 数码管上。

（3）实验连线。

使用导线将 ZLG7290B 的 SDA、SCL 和/RST 引脚与单片机的 P1 对应接口连接，其中 P1.0 接 SDA、P1.1 接 SCL、P1.7 接 RST_L（见图 4.143）。

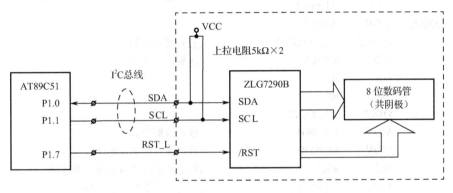

图 4.143 实验连线

（4）实验程序如下，流程图见图 4.144。

```
;****************************************************
;这是一个 I²C 总线的动态显示试验程序
;在 8 个数码管上显示 12345678
;P1.0 接 I²C 总线应用模块的 SDA、P1.1 接 SCL、P1.7 接 RST_L
;****************************************************
        SDA     BIT P1.0
        SCL     BIT P1.1
        WSLA    EQU     070H
        RSLA    EQU     071H
                ORG     0000H
                LJMP    START
;****************************************************
;主程序
                ORG     0030H
        START:  MOV     SP,#60H
```

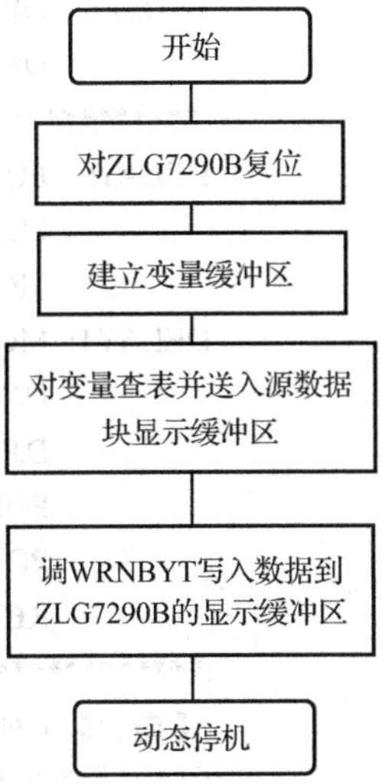

图 4.144 程序流程图

```
        CLR     P1.7                        ;ZLG7290B 复位
        LCALL   DELAY

        SETB    P1.7
        MOV     30H,#01H                    ;变量缓冲区赋值
        MOV     31H,#02H
        MOV     32H,#03H
        MOV     33H,#04H
        MOV     34H,#05H
        MOV     35H,#06H
        MOV     36H,#07H
        MOV     37H,#08H
        MOV     DPTR,#LEDSEG                ;开始对变量查表
        CLR     A
        MOV     R7,#08H
        MOV     R0,#20H
        MOV     R1,#30H
LOOP1:  MOV     A,@R1
        MOVC    A,@A+DPTR                   ;查表得对应的字形码
        MOV     @R0,A                       ;送显示缓冲区
        INC     R1
        INC     R0
        DJNZ    R7,LOOP1
        MOV     R7,#08H                     ;设定数据个数
        MOV     R0,#20H                     ;设定源数据块首地址
        MOV     R2,#10H                     ;设定外围器件内部寄存器首址
        MOV     R3,#WSLA                    ;设定外围器件地址（写）
        LCALL   WRNBYT                      ;调显示子程序
        SJMP    $
LEDSEG: DB      0FCH,60H,0DAH,0F2H,66H,0B6H,0BEH,0E4H
        DB      0FEH,0F6H,0EEH,3EH,9CH,7AH,9EH,8EH
;****************************************************************
DELAY:  PUSH    00H
        PUSH    01H
        MOV     R0,#00H
DELAY1: MOV     R1,#00H
        DJNZ    R1,$
        DJNZ    R0,DELAY1
        POP     01H
        POP     00H
        RET
;****************************************************************
;【提示】下列程序的系统时钟为12MHz（或 11.0592MHz），即 NOP 指令为 1μs 左右
;（1）带有内部单元地址的多字节写操作子程序 WRNBYT
;****************************************************************
```

```
;通用的 I²C 总线通信子程序（多字节写操作）
;入口参数
;R7 字节数
;R0 源数据块首地址
;R2 从器件内部子地址
;R3 外围器件地址（写）
;相关子程序 WRBYT、STOP、CACK、STA
;********************************************************************
WRNBYT: PUSH    PSW
        PUSH    ACC
WRADD:  MOV     A,R3              ;取外围器件地址（包含 R/W=0）
        LCALL   STA               ;发送起始信号 S
        LCALL   WRBYT             ;发送外围地址
        LCALL   CACK              ;检测外围器件的应答信号
        JB      F0,WRADD          ;如果应答不正确返回
        MOV     A,R2
        LCALL   WRBYT             ;发送内部寄存器首地址
        LCALL   CACK              ;检测外围器件的应答信号
        JB      F0,WRADD          ;如果应答不正确返回
WRDA:   MOV     A,@R0
        LCALL   WRBYT             ;发送外围地址
        LCALL   CACK              ;检测外围器件的应答信号
        JB      F0,WRADD          ;如果应答不正确返回
        INC     R0
        DJNZ    R7,WRDA
        LCALL   STOP
        POP     ACC
        POP     PSW
        RET
;********************************************************************
;（2）带有内部单元地址的多字节读操作子程序 RDNBYT
;********************************************************************
;通用的 I²C 总线通信子程序（多字节读操作）
;入口参数
;R7 字节数
;R0 目标数据块首地址
;R2 从器件内部子地址
;R3 器件地址（写），R4 器件地址（读）
;相关子程序 WRBYT、STOP、CACK、STA、MNACK
;********************************************************************
RDNBYT: PUSH    PSW
        PUSH    ACC
RDADD1: LCALL   STA
        MOV     A,R3              ;取器件地址（写）
        LCALL   WRBYT             ;发送外围地址
```

```
            LCALL   CACK                    ;检测外围器件的应答信号
            JB      F0,RDADD1               ;如果应答不正确返回
            MOV     A,R2                    ;取内部地址
            LCALL   WRBYT                   ;发送外围地址
            LCALL   CACK                    ;检测外围器件的应答信号
            JB      F0,RDADD1               ;如果应答不正确返回
            LCALL   STA
            MOV     A,R4                    ;取器件地址(读)
            LCALL   WRBYT                   ;发送外围地址
            LCALL   CACK                    ;检测外围器件的应答信号
            JB      F0,RDADD1               ;如果应答不正确返回
    RDN:    LCALL   RDBYT
            MOV     @R0,A
            DJNZ    R7,ACK
            LCALL   MNACK
            LCALL   STOP
            POP     ACC
            POP     PSW
            RET
    ACK:    LCALL   MACK
            INC     R0
            SJMP    RDN
;*********************************************************************
;(3) I²C 总线各个信号子程序
;*********************************************************************
;           启动信号子程序 STA
;*********************************************************************
    STA:    SETB    SDA                     ;启动信号 S
            SETB    SCL
            NOP                             ;产生 4.7μs 延时
            NOP
            NOP
            NOP
            NOP
            CLR     SDA
            NOP                             ;产生 4.7μs 延时
            NOP
            NOP
            NOP
            NOP
            CLR     SCL
            RET
;*********************************************************************
;           停止信号子程序 STOP
;*********************************************************************
```

```
STOP:   CLR    SDA                    ;停止信号 P
        SETB   SCL
        NOP                            ;产生 4.7μs 延时
        NOP
        NOP
        NOP
        NOP
        SETB   SDA
        NOP                            ;产生 4.7μs 延时
        NOP
        NOP
        NOP
        NOP
        SETB   SCL                    ;释放总线
        SETB   SDA
        RET
;***************************************************************
;      应答信号子程序 MACK
;***************************************************************
MACK:   CLR    SDA                    ;发送应答信号 ACK
        SETB   SCL
        NOP                            ;产生 4.7μs 延时
        NOP
        NOP
        NOP
        NOP
        CLR    SCL
        SETB   SDA
        RET
;***************************************************************
;      非应答信号子程序 MNACK
;***************************************************************
MNACK:  SETB   SDA                    ;发送非应答信号 NACK
        SETB   SCL
        NOP                            ;产生 4.7μs 延时
        NOP
        NOP
        NOP
        NOP
        CLR    SCL
        CLR    SDA
        RET
;***************************************************************
;      应答位检测子程序 CACK
;***************************************************************
```

```
CACK:   SETB    SDA                 ;应答位检测子程序
        SETB    SCL
        CLR     F0
        MOV     C,SDA               ;采样 SDA
        JNC     CEND                ;应答正确时转 CEND
        SETB    F0                  ;应答错误时 F0 置 1
CEND:   CLR     SCL
        RET
;****************************************************************************
;           发送 1 个字节子程序 WRBYT
;****************************************************************************
WRBYT:  PUSH    06H
        MOV     R6,#08H             ;发送 1 个字节子程序
WLP:    RLC     A                   ;入口参数 A
        MOV     SDA,C
        SETB    SCL
        NOP                         ;产生 4.7μs 延时
        NOP
        NOP
        NOP
        NOP
        JNB     SCL,$
        CLR     SCL
        DJNZ    R6,WLP
        POP     06H
        RET
;****************************************************************************
;           接收 1 个字节子程序 RDBYT
;****************************************************************************
RDBYT:  PUSH    06H
        MOV     R6,#08H             ;接收 1 个字节子程序,出口参数 R2
RLP:    SETB    SDA
        SETB    SCL
        JNB     SCL,$
        MOV     C,SDA
        MOV     A,R2
        RLC     A
        MOV     R2,A
        CLR     SCL
        DJNZ    R6,RLP
        POP     06H
        RET
;****************************************************************************
END
;****************************************************************************
```

【C 语言参考程序】

```c
#include <reg52.h>
#include <intrins.h>
#define   DELAY5US _nop_();
sbit     SDA=P1^0;
sbit     SCL=P1^1;
sbit     DAT=P3^3;
sbit     CLK=P3^2;
sbit     CS=P3^4;
sbit     P1_7=P1^7;
#define WSLA1 0x70
#define RSLA1 0x71
void STA(void);
void STOP(void);
void CACK(void);
void WRBYT(unsigned char  *p);
void WRNBYT(unsigned char  *R3,unsigned char  *R2,unsigned char  *R0,unsigned char  n);
void DELAY();
void main()
{
    unsigned char  n,*c,*y,*x,wai=0x10,WSLA=WSLA1;
    unsigned char  a[8]={0x60,0xda,0xf2,0x66,0xb6,0xbe,0xe4,0xfe};
    unsigned long int h=0,hh=0;
    P1_7=0;
    DELAY();
    P1_7=1;
    while(1)
    {
        x=&WSLA;
        c=&wai;
        y=a;
        n=8;
        WRNBYT(x,c,y,n);
        DELAY();
    }
}
void    DELAY()
{
    unsigned char i,j;
    for(i=0;i<100;i++)
        for(j=0;j<100;j++);
}
//*************************************************************************
void STA(void)
```

```c
    {   SDA=1;
        SCL=1;
        DELAY5US
        SDA=0;
        DELAY5US
        SCL=0;
    }
//*****************************************************************************
void STOP(void)
    {   SDA=0;
        SCL=1;
        DELAY5US
        SDA=1;
        DELAY5US
        SCL=1;
        SDA=1;
    }
//*****************************************************************************
void MACK(void)
    {   SDA=0;
        SCL=1;
        DELAY5US
        SCL=0;
        SDA=1;
    }
//*****************************************************************************
void NMACK(void)

    {   SDA=1;
        SCL=1;
        DELAY5US
        SCL=0;
        SDA=0;
    }
//*****************************************************************************
void CACK(void)
    {
        SDA=1;
        SCL=1;
        DELAY5US
        F0=0;
        if(SDA==1)
        F0=1;
        SCL=0;
    }
```

//***
```c
void WRBYT(unsigned char  *p)
{    unsigned char   i=8,temp;
     temp=*p;
     while(i--)
        {   if((temp&0x80)==0x80)
              {   SDA=1;
                  SCL=1;
                  DELAY5US
                  while(!SCL);
                  SCL=0;
              }
              else
              {   SDA=0;
                  SCL=1;
                  DELAY5US
                  while(!SCL);
                  SCL=0;
              }
              temp=temp<<1;
        }
}
```
//***
```c
void RDBYT(unsigned char   *p)
{    unsigned char i=8,temp=0;
     while(i--)
     {    SDA=1;
          SCL=1;
          DELAY5US
          while(!SCL);
          temp=temp<<1;
          if(SDA==1)
              temp=temp|0x01;
          else
              temp=temp&0xfe;
          SCL=0;
     }
     *p=temp;
}
```
//***
```c
void WRNBYT(unsigned char    *R3,unsigned char    *R2,unsigned char   *R0,unsigned char   n)
{
 loop:     STA();
           WRBYT(R3);
           CACK();
```

```
            if(F0)
            goto loop;
            WRBYT(R2);
            CACK();
            if(F0)
            goto loop;
            while(n--)
            {   WRBYT(R0);
                CACK();
                if(F0)
                  goto loop;
                R0++;
            }
            STOP();
    }
//*******************************************************************************
    void RDNBYT(unsigned char *R3,unsigned char *R4,unsigned char *R2,unsigned char *R0,
unsigned char  n)
        {
            loop1:   STA();
                     WRBYT(R3);
                     CACK();
                     if(F0)
                     goto loop1;
                     WRBYT(R2);
                     CACK();
                     if(F0)
                     goto loop1;
                     STA();
                     WRBYT(R4);
                     CACK();
                     if(F0)
                     goto loop1;
                     while(n--)
                     {    RDBYT(R0);
                        if(n>0)
                            {
                                MACK();
                                R0++;
                            }
                        else   NMACK();
                     }
                     STOP();
        }
//*******************************************************************************
```

(5) 思考题。

将显示内容修改为当前的"年、月、日",并且将显示内容快速闪烁。

【提示】运用向命令缓冲区（07H、08H）写入闪烁控制命令即可实现对某些位的闪烁控制；同时向闪烁控制寄存器（0CH）填入相应的参数调节闪烁频率。

4.9.4 I²C 总线外围器件实验（三）：ZLG7290B 键盘扫描实验

（1）实验目的。

学习使用 ZLG7290B 进行键盘扫描、识别的算法及编程。

（2）实验要求。

利用 ZLG7290B 读取按键的键值。采用中断的方式获取按键操作的信息，当有按键操作时，ZLG7290B 会引发单片机的中断，在中断服务程序中完成键值的读取操作。

数码管初始显示为"data =   "，当有按键操作时，将所读取的键值显示在右面的两位数码管上（如当按下 S1 按键时，显示"data = 01"）。

变量单元的分配及程序结构和算法如下。

- DATA_1（30H～37H）：变量缓冲区。装载变量，此变量查表后即可显示"data =   "。
- DISDA（20H～27H）：显示缓冲区。装载待显示的字形码，将变量缓冲区中的 8 个数据经查表后添加进来。其中，20H 单元的字形码显示在实验台上右面（最低位）的 LED 数码管上。通过调用 WRNBYT 子程序将显示缓冲区中的数据写入 ZLG7290B 的 10H～17H 中，这样就可以将 8 位数字显示出来了。
- 29H：存储从 ZLG7290B 的 01H 单元读取的 1 个字节的键值数据。
- 当有按键操作时，利用 ZLG7290B 的/INT 信号引发单片机的一个中断，利用中断服务程序从 ZLG7290B 中的 01H 单元读取一个字节的键值数据，将此值拆分、查表后送显示缓冲区的 20H、21H 单元。
- 本程序的难点是数据的"拆分"环节。当中断服务程序从 ZLG7290B 的 01H 单元中获取到 1 个字节（8 位）的键值数据时，是不能直接通过"查表"获取"字形码"的。例如，要将 8 位数据按照"高 4 位""低 4 位"拆分为两个 4 位独立的数据（其中高 4 位要右移 4 位），并且存放于两个不同的存储单元中，这样就可以正常地进行查表等操作了。

实际上，在利用 LED 进行数码显示时，不论是 BCD 码还是十六进制数，都要事先将其进行"拆分"处理并分别存放，这样才能正确查表、显示，所以上述的"拆分"操作也可作为数据采集后、显示前的"参考模板"。

【提示】因为 ZLG7290B 的键值单元中的数据是"暂存"的，即只能维持很短的时间，所以当有按键中断时应立即读取 ZLG7290B 的 01H 中的键值数据，否则读出的键值是 00H。根据这个特点，读者在调试程序时，不能在读取键值操作前加"断点"，因为"断点"操作会将键值"消除"。如果想在调试中检查键值，建议在读取键值后设置断点，这一点非常重要。

（3）实验连线。

使用导线将 ZLG7290B 的 SDA、SCL、/RST 和/INT_KEY 引脚与单片机的 P1 对应接口连接（见图 4.145）。在这个实验电路中，利用 ZLG7290B 的/INT_KEY 引脚与单片机的/INT0 连接，这样当有"按键"操作时，会自动引发单片机的/INT0 中断服务，在中断服务程序中读取 ZLG7290B 的 01H 单元的 8 位键值。

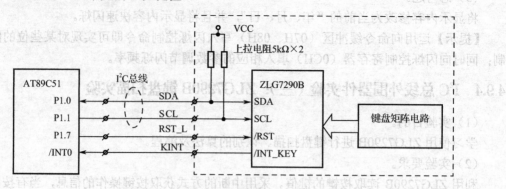

图 4.145 实验连线

（4）实验程序如下，流程图见图 4.146 和图 4.147。

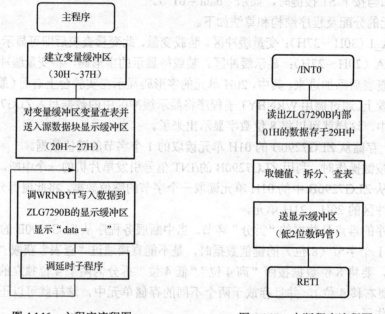

图 4.146 主程序流程图　　　图 4.147 中断程序流程图

```
;**********************************************************************
;              这是一个键盘扫描程序
;将得到的键值（01H~10H）在右边两位数码管中显示（data=  ）
;程序采用中断结构，硬件上将 KINT 信号与 P3.2（/INT0）连接
;P1.0 接 I²C 总线应用模块的 SDA，P1.1 接 SCL，P1.7 接 RST_L，P3.2 接 KINT
;**********************************************************************
    SDA     BIT   P1.0
    SCL     BIT   P1.1
    WSLA    EQU   070H
    RSLA    EQU   071H
    DISDA   EQU   20H              ;源数据块首地址
```

```
DISCON       EQU   08H                      ;写入数据个数
DATA_1       EQU   30H                      ;变量区首地址
;****************************************************************
             ORG   0000H
             LJMP  0100H
             ORG   0003H
             LJMP  INT_7290
;****************************************************************
;            初始化部分
;****************************************************************
             ORG   0100H
START:       MOV   SP,#60H
             CLR   P1.7                     ;ZLG7290B 复位
             LCALL DELAY
             SETB  P1.7
             SETB  EA                       ;开/INT0 中断
             SETB  EX0
             SETB  IT0                      ;触发极性为下降沿
;****************************************************************
;            建立变量缓冲区（30H～37H）
;****************************************************************
             MOV   DATA_1,  #13H            ;变量缓冲区（显示 data=   ）
             MOV   DATA_1+1,#13H
             MOV   DATA_1+2,#13H            ;变量取值范围是 0～F
             MOV   DATA_1+3,#12H
             MOV   DATA_1+4,#10H
             MOV   DATA_1+5,#11H
             MOV   DATA_1+6,#10H
             MOV   DATA_1+7,#0DH
;****************************************************************
;            通过查表建立显示缓冲区（20H～27H）
;****************************************************************
             MOV   DPTR,#LEDSEG             ;开始对变量查表
             MOV   R7,#DISCON               ;写入数据个数
             MOV   R0,#DISDA                ;源数据块首地址
             MOV   R1,#DATA_1
LOOP1:       MOV   A,@R1
             MOVC  A,@A+DPTR                ;查表得对应的字形码
             MOV   @R0,A                    ;送显示缓冲区
             INC   R1
             INC   R0
             DJNZ  R7,LOOP1
;****************************************************************
;            向 ZLG7290B 写入数据,以显示"data=   "
;****************************************************************
```

```
LOOP:   MOV     R7,#DISCON
        MOV     R2,#10H
        MOV     R3,#WSLA
        MOV     R0,#DISDA
        LCALL   WRNBYT              ;调显示子程序
        LCALL   DELAY               ;使显示稳定
        SJMP    LOOP
;****************************************************************************
LEDSEG: DB      0FCH,60H,0DAH,0F2H,66H,0B6H,0BEH,0E4H    ;0~7 的字形码
        DB      0FEH,0F6H,0EEH,3EH,9CH,7AH,9EH,8EH      ;8~F 的字形码
        DB      0FAH,1EH,12H,00H                         ;熄灭码
;****************************************************************************
;               拆分程序（将 A 中的数据拆分为两个 4 位十六进制数并查表）
;               （结果放在 R4、R3 中）
;****************************************************************************
CF:     PUSH    02H                 ;将 A 中的数据拆分为两个 4 位十六进制数并查表
        PUSH    DPH
        PUSH    DPL
        MOV     DPTR,#LEDSEG
        MOV     R2,A
        ANL     A,#0FH
        MOVC    A,@A+DPTR
        MOV     R3,A
        MOV     A,R2
        SWAP    A
        ANL     A,#0FH
        MOVC    A,@A+DPTR
        MOV     R4,A
        POP     DPL
        POP     DPH
        POP     02H
        RET
;****************************************************************************
;               中断服务程序 INT_7290:（/INT0）
;****************************************************************************
INT_7290:
        PUSH    00H
        PUSH    02H
        PUSH    03H
        PUSH    04H
        PUSH    07H
        PUSH    ACC
        PUSH    PSW
        MOV     R0,#29H             ;状态数据区首地址
        MOV     R7,#01H             ;取状态数据个数
```

```
        MOV     R2,#01H         ;内部数据首地址
        MOV     R3,#WSLA        ;取器件地址（写）
        MOV     R4,#RSLA        ;取器件地址（读）
        LCALL   RDNBYT          ;读出 ZLG7290B 的 01H 数据存于 29H 中
        NOP                     ;设定一个断点，以观察读出的数据
        MOV     A,29H           ;取键值
        LCALL   CF              ;拆分、查表
        MOV     20H,R3          ;送显示缓冲区
        MOV     21H,R4
        POP     PSW
        POP     ACC
        POP     07H
        POP     04H
        POP     03H
        POP     02H
        POP     00H
        RETI
;****************************************************************
DELAY:  PUSH    00H
        PUSH    01H
        MOV     R0,#00H
DELAY1: MOV     R1,#00H
        DJNZ    R1,$
        DJNZ    R0,DELAY1
        POP     01H
        POP     00H
        RET
;****************************************************************
;【提示】下列程序的系统时钟为 12MHz（或 11.0592MHz），即 NOP 指令为 1μs 左右
;（1）带有内部单元地址的多字节写操作子程序 WRNBYT
;****************************************************************
;通用的 I²C 总线通信子程序（多字节写操作）
;入口参数
;R7 字节数
;R0 源数据块首地址
;R2 从器件内部子地址，R3 外围器件地址（写）
;相关子程序 WRBYT、STOP、CACK、STA
;****************************************************************
WRNBYT: PUSH    PSW
        PUSH    ACC
WRADD:  MOV     A,R3            ;取外围器件地址（包含 R/W=0）
        LCALL   STA             ;发送起始信号 S
        LCALL   WRBYT           ;发送外围地址
        LCALL   CACK            ;检测外围器件的应答信号
        JB      F0,WRADD        ;如果应答不正确返回
```

```
            MOV     A,R2
            LCALL   WRBYT                   ;发送内部寄存器首地址
            LCALL   CACK                    ;检测外围器件的应答信号
            JB      F0,WRADD                ;如果应答不正确返回
    WRDA:   MOV     A,@R0
            LCALL   WRBYT                   ;发送外围地址
            LCALL   CACK                    ;检测外围器件的应答信号
            JB      F0,WRADD                ;如果应答不正确返回
            INC     R0
            DJNZ    R7,WRDA
            LCALL   STOP
            POP     ACC
            POP     PSW
            RET
;********************************************************************************
;（2）带有内部单元地址的多字节读操作子程序 RDNBYT
;********************************************************************************
;通用的 I²C 总线通信子程序（多字节读操作）
;入口参数
;R7 字节数
;R0 目标数据块首地址
;R2 从器件内部子地址
;R3 器件地址（写），R4 器件地址（读）
;相关子程序 WRBYT、STOP、CACK、STA、MNACK
;********************************************************************************
    RDNBYT: PUSH    PSW
            PUSH    ACC
    RDADD1: LCALL   STA
            MOV     A,R3                    ;取器件地址（写）
            LCALL   WRBYT                   ;发送外围地址
            LCALL   CACK                    ;检测外围器件的应答信号
            JB      F0,RDADD1               ;如果应答不正确返回
            MOV     A,R2                    ;取内部地址
            LCALL   WRBYT                   ;发送外围地址
            LCALL   CACK                    ;检测外围器件的应答信号
            JB      F0,RDADD1               ;如果应答不正确返回
            LCALL   STA
            MOV     A,R4                    ;取器件地址（读）
            LCALL   WRBYT                   ;发送外围地址
            LCALL   CACK                    ;检测外围器件的应答信号
            JB      F0,RDADD1               ;如果应答不正确返回
    RDN:    LCALL   RDBYT
            MOV     @R0,A
            DJNZ    R7,ACK
            LCALL   MNACK
```

```
            LCALL   STOP
            POP     ACC
            POP     PSW
            RET
ACK:        LCALL   MACK
            INC     R0
            SJMP    RDN
```
;***
;（3）I²C 总线各个信号子程序
;***
;   启动信号子程序 STA
;***
```
STA:        SETB    SDA                 ;启动信号 S
            SETB    SCL
            NOP                         ;产生 4.7μs 延时
            NOP
            NOP
            NOP
            NOP
            CLR     SDA
            NOP                         ;产生 4.7μs 延时
            NOP
            NOP
            NOP
            NOP
            CLR     SCL
            RET
```
;***
;   停止信号子程序 STOP
;***
```
STOP:       CLR     SDA                 ;停止信号 P
            SETB    SCL
            NOP                         ;产生 4.7μs 延时
            NOP
            NOP
            NOP
            NOP
            SETB    SDA
            NOP                         ;产生 4.7μs 延时
            NOP
            NOP
            NOP
            SETB    SCL                 ;释放总线
            SETB    SDA
```

```
                RET
;************************************************************************
;               应答信号子程序 MACK
;************************************************************************
        MACK:   CLR     SDA             ;发送应答信号 ACK
                SETB    SCL
                NOP                     ;产生 4.7μs 延时
                NOP
                NOP
                NOP
                NOP
                CLR     SCL
                SETB    SDA
                RET
;************************************************************************
;               非应答信号子程序 MNACK
;************************************************************************
        MNACK:  SETB    SDA             ;发送非应答信号 NACK
                SETB    SCL
                NOP                     ;产生 4.7μs 延时
                NOP
                NOP
                NOP
                NOP
                CLR     SCL
                CLR     SDA
                RET
;************************************************************************
;               应答位检测子程序 CACK
;************************************************************************
        CACK:   SETB    SDA
                SETB    SCL
                CLR     F0
                MOV     C,SDA           ;采样 SDA
                JNC     CEND            ;应答正确时转 CEND
                SETB    F0              ;应答错误时 F0 置 1
        CEND:   CLR     SCL
                RET
;************************************************************************
;               发送 1 个字节子程序 WRBYT
;************************************************************************
        WRBYT:  PUSH    06H
                MOV     R6,#08H         ;发送 1 个字节子程序
        WLP:    RLC     A               ;入口参数 A
                MOV     SDA,C
```

```
            SETB    SCL
            NOP                              ;产生 4.7μs 延时
            NOP
            NOP
            NOP
            NOP
            JNB     SCL,$
            CLR     SCL
            DJNZ    R6,WLP
            POP     06H
            RET
;****************************************************************************
;           接收 1 个字节子程序 RDBYT
;****************************************************************************
RDBYT:      PUSH    06H
            MOV     R6,#08H                  ;接收 1 个字节子程序，出口参数 R2
RLP:        SETB    SDA
            SETB    SCL
            JNB     SCL,$
            MOV     C,SDA
            MOV     A,R2
            RLC     A
            MOV     R2,A
            CLR     SCL
            DJNZ    R6,RLP
            POP     06H
            RET
;****************************************************************************
            END
```

【C 语言参考程序】

```
#include <reg52.h>
#include <intrins.h>
#define    DELAY5US _nop_();_nop_();
sbit       SDA=P1^0;
sbit       SCL=P1^1;
sbit       P1_7=P1^7;
#define WSLA1 0x70
#define RSLA1 0x71
void STA(void);
void STOP(void);
void MACK(void);
void NMACK(void);
void CACK(void);
void WRBYT(unsigned char    *p);
```

225

```c
void RDBYT(unsigned char   *p);
void WRNBYT(unsigned char   *R3,unsigned char   *R2,unsigned char   *R0,unsigned char   n);
void RDNBYT(unsigned char   *R3,unsigned char   *R4,unsigned char   *R2,unsigned char   *R0,unsigned char   n);
unsigned char   xxyuan[8];
unsigned char code   b[20]={0xfc,0x60,0xda,0xf2,0x66,0xb6,0xbe,0xe4,0xfe,0xf6,0xee,0x3e,0x9c,0x7a,0x9e,0x8e,0xfa,0x1e,0x12,0x00};
void    DELAY();
void main()
{
    unsigned char   n,i,*c,*y,*x,wai=0x10,WSLA=WSLA1;
    unsigned char   a[8]={0x13,0x13,0x13,0x12,0x10,0x11,0x10,0x0d};
    for(i=0;i<8;i++)
    xxyuan[i]=b[a[i]];
    P1_7=0;
    DELAY();
    P1_7=1;
    EA=1;
    EX0=1;
    IT0=1;
    while(1)
    {
    x=&WSLA;
    c=&wai;
    y=xxyuan;
    n=8;
    WRNBYT(x,c,y,n);
    DELAY();
    }
}
void INT_7290() interrupt 0 using 0
{   unsigned char n=4,i,dyuan[4],*c,*y,*x,*d,wai=0x00,WSLA=WSLA1,RSLA=RSLA1;
    y=dyuan;
    c=&wai;
    x=&WSLA;
    d=&RSLA;
    RDNBYT(x,d,c,y,n);
    i=dyuan[1];
    i=i&0x0f;
    xxyuan[0]=b[i];
    i=dyuan[1]>>4;
    i=i&0x0f;
    xxyuan[1]=b[i];
}
void    DELAY()
```

```c
{   unsigned char i,j;
    for(i=0;i<100;i++)
    for(j=0;j<100;j++);
}


//****************************************************************************
void STA(void)
{   SDA=1;
    SCL=1;
    DELAY5US
    SDA=0;
    DELAY5US
    SCL=0;
}
//****************************************************************************
void STOP(void)
{   SDA=0;
    SCL=1;
    DELAY5US
    SDA=1;
    DELAY5US
    SCL=1;
    SDA=1;
}
//****************************************************************************
void MACK(void)
{   SDA=0;
    SCL=1;
    DELAY5US
    SCL=0;
    SDA=1;
}
//****************************************************************************
void NMACK(void)

{   SDA=1;
    SCL=1;
    DELAY5US
    SCL=0;
    SDA=0;
}
//****************************************************************************
void CACK(void)
{
```

```
            SDA=1;
            SCL=1;
                DELAY5US
                F0=0;
                if(SDA==1)
                F0=1;
                SCL=0;
        }
//*********************************************************************
        void WRBYT(unsigned char    *p)
        {    unsigned char  i=8,temp;
            temp=*p;
                while(i--)
                    {   if((temp&0x80)==0x80)
                            {  SDA=1;
                                SCL=1;
                                DELAY5US
                                while(!SCL);
                                SCL=0;
                            }
                            else
                            {  SDA=0;
                                SCL=1;
                                DELAY5US
                                while(!SCL);
                                SCL=0;
                            }
                        temp=temp<<1;
                    }
        }
//*********************************************************************
        void RDBYT(unsigned char    *p)
        {   unsigned char i=8,temp=0;
                while(i--)
                    {    SDA=1;
                        SCL=1;
                        DELAY5US
                        while(!SCL);
                        temp=temp<<1;
                        if(SDA==1)
                            temp=temp|0x01;
                        else
                            temp=temp&0xfe;
                        SCL=0;
                    }
```

```
            *p=temp;
    }
//*****************************************************************************
    void WRNBYT(unsigned char    *R3,unsigned char    *R2,unsigned char    *R0,unsigned char    n)
    {
     loop:      STA();
                    WRBYT(R3);
                    CACK();
                    if(F0)
                    goto loop;
                    WRBYT(R2);
                    CACK();
                    if(F0)
                    goto loop;
                    while(n--)
                    {   WRBYT(R0);
                        CACK();
                         if(F0)
                           goto loop;
                            R0++;
                    }
                    STOP();
    }
//*****************************************************************************
    void RDNBYT(unsigned char    *R3,unsigned char    *R4,unsigned char    *R2,unsigned char    *R0,
unsigned char    n)
            {
            loop1:    STA();
                      WRBYT(R3);
                      CACK();
                      if(F0)
                      goto loop1;
                      WRBYT(R2);
                      CACK();
                      if(F0)
                      goto loop1;
                      STA();
                      WRBYT(R4);
                      CACK();
                      if(F0)
                      goto loop1;
                      while(n--)
                      {     RDBYT(R0);
                            if(n>0)
                                {
```

```
                    MACK();
                    R0++;
                }
            else NMACK();
            }
        STOP();
    }
//**************************************************************************
```

（5）思考题。

① 利用键盘操作，实现对 P1 口的输出控制，使之产生不同的 LED 驱动效果（左移、右移或全闪）。

② 使用蜂鸣器为每个按键配一个按键音，不同的按键其声响的频率各不相同，以示区别。

4.9.5　I^2C 总线外围器件实验（四）：A/D 转换的十进制显示实验

（1）实验目的。

学习一个"数据采集系统"的设计，掌握多模块之间协调工作的方法。

（2）实验要求。

使用 A/D 转换芯片 TLC549 对模拟电压进行数字转换，将转换的结果处理为 3 位的十进制数（000～255）并通过 ZLG7290B 进行十进制显示。

变量单元的分配及程序结构和算法如下。

- 20H 开始的单元：存放 N 个 TLC549 采集的数据。
- 40H～47H 显示缓冲区。
- ZLG7290B 的键值是从 01H 开始的，即它没有 "0" 的键值，这一点给应用带来不便，但读者可以将读出的键值 "人为" 地减 1，使 ZLG7290B 的键值从 00H 开始。
- 本程序的难点是数据的 "拆分" 环节。当中断服务程序从 ZLG7290B 的 01H 单元中获取 1 个字节（8 位）的键值数据时，不能直接 "查表" 获取 "字形码"。例如，要将 8 位数据按照 "高 4 位" "低 4 位" 拆分为两个 4 位独立的数据（其中高 4 位要右移 4 位），并且存放于两个不同的存储单元中，这样就可以正常地进行查表等操作了。

实际上，在利用 LED 进行数码显示时，无论是 BCD 码还是十六进制数，都要事先将其进行 "拆分" 处理并分别存放，这样才能正确查表、显示，所以上述的 "拆分" 操作也可作为数据采集后、显示前的 "参考模板"。

（3）实验连线。

单片机的 P1.0、P1.1 和 P1.7 分别与 I^2C 总线的 SDA、SCL 和/RST 连接。P0.0、P0.1 和 P0.2 分别与 SPI 总线的 ADSD、ADCLK 和 ADCS 连接。ADIN 与电位器的 VOUT 连接，ADREF 与基准电源 VREF5 连接。具体的实验连线见图 4.148。

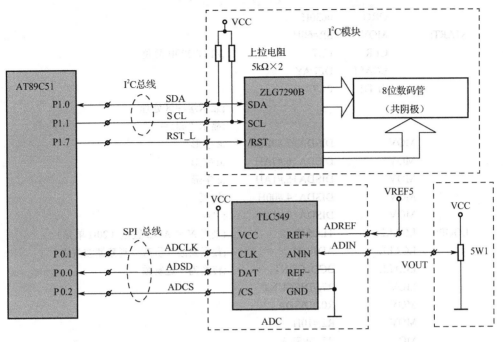

图 4.148 实验连线

（4）实验程序如下，流程图见图 4.149。

```
;****************************************************
;这是一个 I²C 总线的数据采集显示程序
;在 8 个数码管上显示 ADC（模数转换器）的十进制数据
;****************************************************
;这是一个具有数据滤波功能的 ADC 程序
;使用 ZLG7290B 电路以十进制的形式显示 ADC 的结果
;****************************************************
        SDA      BIT     P1.0        ;ZLG7290B 的引脚定义
        SCL      BIT     P1.1
        WSLA     EQU     070H
        RSLA     EQU     071H
        DAT      BIT     P0.0        ;TLC549 的引脚定义
        CLK      BIT     P0.1
        CS       BIT     P0.2
        CUNT     EQU     20H         ;每次 ADC 采集数据个数为 32
        SHIFT    EQU     05H         ;除数（与采集数据个数有关）
        ADDR     EQU     20H         ;数据缓冲区首地址
        DISDA    EQU     40H         ;显示缓冲区
        DISCUNT  EQU     08H         ;显示缓冲区长度
;****************************************************
        ORG      0000H
        LJMP     START
;****************************************************
```

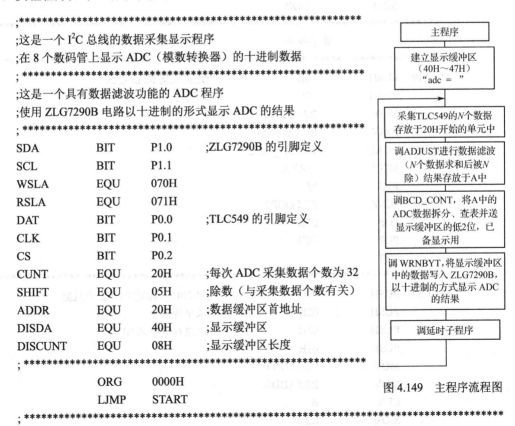

图 4.149 主程序流程图

```asm
            ORG     0030H
START:      MOV     SP,#60H
            CLR     P1.7            ;ZLG7290B 复位
            LCALL   DELAY
            SETB    P1.7

                                    ;显示缓冲区处理
                                    ;显示"adc = "
            MOV     DISDA+7,#0EEH   ;a 字形
            MOV     DISDA+6,#7AH    ;d 字形
            MOV     DISDA+5,#1AH    ;c 字形
            MOV     DISDA+4,#00H    ;熄灭
            MOV     DISDA+3,#12H    ;"="
LOOP:       LCALL   TLC549          ;采集 N 个 ADC 数据(20H 单元)
            LCALL   ADJUST          ;数据滤波(屏蔽以观察滤波效果)
            LCALL   BCD_CONT        ;转换为十进制数
            MOV     R7,#DISCUNT
            MOV     R0,#DISDA
            MOV     R2,#10H
            MOV     R3,#WSLA
            LCALL   WRNBYT          ;ZLG7290B 数字显示
            LCALL   DELAY
            SJMP    LOOP
;************************************************************
;                   各子程序
;************************************************************
TLC549:     PUSH    00H             ;连续采集 32 次数据
            PUSH    07H             ;存放于 20H~3FH 中
            MOV     R7,#CUNT
            MOV     R0,#ADDR
LOOP2:      LCALL   TLC549_ADC
            MOV     @R0,A
            INC     R0
            DJNZ    R7,LOOP2
            POP     07H
            POP     00H
            RET
;************************************************************
ADJUST:     PUSH    00H             ;将 20H 开始的 CUNT 个数据
            PUSH    02H             ;求平均值
            PUSH    03H             ;结果存放于 A 中
            PUSH    07H
            MOV     R7,#CUNT
            MOV     R0,#ADDR
            CLR     A
            MOV     R2,A
```

```
LOOP3:   CLR    C              ;累加得双字节：高位在 R2 中，低位在 A 中
         ADDC   A,@R0
         JNC    LOOP4
         INC    R2
LOOP4:   INC    R0
         DJNZ   R7,LOOP3
         MOV    R3,A           ;除以数据个数 CUNT
         MOV    A,R2           ;R2 为高位、R3 为低位
         MOV    R7,#SHIFT
LOOP5:   CLR    C              ;连续移位 SHIFT 次，在 A 中得到最终数据
         MOV    A,R2
         RRC    A
         MOV    R2,A
         MOV    A,R3
         RRC    A
         MOV    R3,A
         DJNZ   R7,LOOP5
         POP    07H
         POP    03H
         POP    02H
         POP    00H
         RET
;****************************************************************************
TLC549_ADC:
         PUSH   07H
         CLR    A
         CLR    CLK
         MOV    R7,#08H
         CLR    CS
LOOP1:   SETB   CLK
         NOP
         NOP
         NOP
         NOP
         MOV    C,DAT
         RLC    A
         CLR    CLK
         NOP
         NOP
         DJNZ   R7, LOOP1
         SETB   CS
         SETB   CLK
         POP    07H
         RET
;****************************************************************************
```

```
BCD_CONT:
        PUSH    07H
        PUSH    06H
        PUSH    05H
        PUSH    02H
        MOV     B,#64H
        DIV     AB
        MOV     R7,A            ;R7 中得到百位数
        MOV     R2,B            ;R2 中得到余数
        MOV     A,R2
        MOV     B,#0AH
        DIV     AB
        MOV     R6,A            ;R6 中得到十位数
        MOV     R5,B            ;R5 中得到个位数
        MOV     A,R7
        LCALL   CF              ;调拆分子程序
        MOV     DISDA+2,R3      ;高位 R4 无用
        MOV     A,R6
        LCALL   CF              ;调拆分子程序
        MOV     DISDA+1,R3
        MOV     A,R5
        LCALL   CF              ;调拆分子程序
        MOV     DISDA+0,R3
        POP     02H
        POP     05H
        POP     06H
        POP     07H
        RET
;*****************************************************************************
CF:     PUSH    02H             ;将 A 中的数据拆分为两个独立的 BCD 码并查表
        PUSH    DPH
        PUSH    DPL
        MOV     DPTR,#LEDSEG
        MOV     R2,A
        ANL     A,#0FH
        MOVC    A,@A+DPTR
        MOV     R3,A
        MOV     A,R2
        SWAP    A
        ANL     A,#0FH
        MOVC    A,@A+DPTR
        MOV     R4,A
        POP     DPL
        POP     DPH
        POP     02H
```

```
                RET
;*********************************************************************
DELAY:   PUSH     00H
         PUSH     01H
         MOV      R0,#00H
DELAY1:  MOV      R1,#01H
         DJNZ     R1,$
         DJNZ     R0,DELAY1
         POP      01H
         POP      00H
         RET
LEDSEG:  DB       0FCH,60H,0DAH,0F2H,66H,0B6H,0BEH,0E4H
         DB       0FEH,0F6H,0EEH,3EH,9CH,7AH,9EH,8EH
;*********************************************************************
;【提示】下列程序的系统时钟为 12MHz（或 11.0592MHz），即 NOP 指令为 1μs 左右
;（1）带有内部单元地址的多字节写操作子程序 WRNBYT
;*********************************************************************
;通用的 I²C 总线通信子程序（多字节写操作）
;入口参数
;R7 字节数
;R0 源数据块首地址
;R2 从器件内部子地址，R3 外围器件地址（写）
;相关子程序 WRBYT、STOP、CACK、STA
;*********************************************************************
WRNBYT:  PUSH     PSW
         PUSH     ACC
WRADD:   MOV      A,R3              ;取外围器件地址（包含 R/W=0）
         LCALL    STA               ;发送起始信号 S
         LCALL    WRBYT             ;发送外围地址
         LCALL    CACK              ;检测外围器件的应答信号
         JB       F0,WRADD          ;如果应答不正确返回
         MOV      A,R2
         LCALL    WRBYT             ;发送内部寄存器首地址
         LCALL    CACK              ;检测外围器件的应答信号
         JB       F0,WRADD          ;如果应答不正确返回
WRDA:    MOV      A,@R0
         LCALL    WRBYT             ;发送外围地址
         LCALL    CACK              ;检测外围器件的应答信号
         JB       F0,WRADD          ;如果应答不正确返回
         INC      R0
         DJNZ     R7,WRDA
         LCALL    STOP
         POP      ACC
         POP      PSW
         RET
```

;***
;(2) 带有内部单元地址的多字节读操作子程序 RDNBYT
;***
;通用的 I²C 总线通信子程序（多字节读操作）
;入口参数
;R7 字节数
;R0 目标数据块首地址
;R2 从器件内部子地址
;R3 器件地址（写），R4 器件地址（读）
;相关子程序 WRBYT、STOP、CACK、STA、MNACK
;***
```
RDNBYT: PUSH     PSW
        PUSH     ACC
RDADD1: LCALL    STA
        MOV      A,R3              ;取器件地址（写）
        LCALL    WRBYT             ;发送外围地址
        LCALL    CACK              ;检测外围器件的应答信号
        JB       F0,RDADD1         ;如果应答不正确返回
        MOV      A,R2              ;取内部地址
        LCALL    WRBYT             ;发送外围地址
        LCALL    CACK              ;检测外围器件的应答信号
        JB       F0,RDADD1         ;如果应答不正确返回
        LCALL    STA
        MOV      A,R4              ;取器件地址（读）
        LCALL    WRBYT             ;发送外围地址
        LCALL    CACK              ;检测外围器件的应答信号
        JB       F0,RDADD1         ;如果应答不正确返回
RDN:    LCALL    RDBYT
        MOV      @R0,A
        DJNZ     R7,ACK
        LCALL    MNACK
        LCALL    STOP
        POP      ACC
        POP      PSW
        RET
ACK:    LCALL    MACK
        INC      R0
        SJMP     RDN
```
;***
;(3) I²C 总线各个信号子程序
;***
;   启动信号子程序 STA
;***
```
STA:    SETB     SDA               ;启动信号 S
        SETB     SCL
```

```
            NOP                         ;产生 4.7μs 延时
            NOP
            NOP
            NOP
            NOP
            CLR     SDA
            NOP                         ;产生 4.7μs 延时
            NOP
            NOP
            NOP
            NOP
            CLR     SCL
            RET
;*******************************************************************************
;       停止信号子程序 STOP
;*******************************************************************************
STOP:       CLR     SDA                 ;停止信号 P
            SETB    SCL
            NOP                         ;产生 4.7μs 延时
            NOP
            NOP
            NOP
            NOP
            SETB    SDA
            NOP                         ;产生 4.7μs 延时
            NOP
            NOP
            NOP
            NOP
            SETB    SCL                 ;释放总线
            SETB    SDA
            RET
;*******************************************************************************
;       应答信号子程序 MACK
;*******************************************************************************
MACK:       CLR     SDA                 ;发送应答信号 ACK
            SETB    SCL
            NOP                         ;产生 4.7μs 延时
            NOP
            NOP
            NOP
            NOP
            CLR     SCL
            SETB    SDA
            RET
```

;**
;   非应答信号子程序 MNACK
;**
MNACK: SETB   SDA   ;发送非应答信号 NACK
        SETB   SCL
        NOP   ;产生 4.7μs 延时
        NOP
        NOP
        NOP
        NOP
        CLR   SCL
        CLR   SDA
        RET
;**
;   应答位检测子程序 CACK
;**
CACK: SETB   SDA   ;应答位检测子程序
        SETB   SCL
        CLR   F0
        MOV   C,SDA   ;采样 SDA
        JNC   CEND   ;应答正确时转 CEND
        SETB   F0   ;应答错误时 F0 置 1
CEND: CLR   SCL
        RET
;**
;   发送 1 个字节子程序 WRBYT
;**
WRBYT: PUSH   06H
        MOV   R6,#08H   ;发送 1 个字节子程序
WLP: RLC   A   ;入口参数 A
        MOV   SDA,C
        SETB   SCL
        NOP   ;产生 4.7μs 延时
        NOP
        NOP
        NOP
        NOP
        JNB   SCL,$
        CLR   SCL
        DJNZ   R6,WLP
        POP   06H
        RET
;**
;   接收 1 个字节子程序 RDBYT
;**

第4章 MCS-51（AT89C51）单片机基本结构及典型接口实验

```
RDBYT:  PUSH   06H
        MOV    R6,#08H           ;接收1个字节子程序，出口参数R2
RLP:    SETB   SDA
        SETB   SCL
        JNB    SCL,$
        MOV    C,SDA
        MOV    A,R2
        RLC    A
        MOV    R2,A
        CLR    SCL
        DJNZ   R6,RLP
        POP    06H
        RET
;***************************************************************************
        END
```

【C语言参考程序】

```
#include <reg52.h>
#include <intrins.h>
#define   DELAY5US _nop_();_nop_();_nop_();_nop_();
sbit      SDA=P1^0;
sbit      SCL=P1^1;
sbit      DAT=P0^0;
sbit      CLK=P0^1;
sbit      CS=P0^2;
sbit      P1_7=P1^7;
#define WSLA1 0x70         //宏定义：定义I²C总线接口的ZLG7290B芯片的写命令标识符
#define RSLA1 0x71
unsigned char TLC549_ADC();    //定义带参数返回值的串行TLC549 ADC子函数
void STA(void);                //定义I²C总线通信的5个子函数
void STOP(void);
void CACK(void);
void WRBYT(unsigned char  *p);
void WRNBYT(unsigned char  *R3,unsigned char  *R2,unsigned char  *R0,unsigned char  n);

unsigned char b[20]={0xfc,0x60,0xda,0xf2,0x66,0xb6,0xbe,0xe4,0xfe,0xf6,0xee,0x3e,0x9c,0x7a,0x9e,
0x8e,0xfa,0x1e,0x12,0x00};  //字符码表（"0"～"F"、"d"、"c"、"="、" "）

void     DELAY();
void main()                           //主函数
{
     unsigned char shu,n,*c,*y,*x,wai=0x10,WSLA=WSLA1;
     unsigned char a[8]={0xfc,0xfc,0xfc,0x12,0x00,0x1a,0x7a,0xee};
     unsigned long int h=0,hh=0,i,m;
     P1_7=0;
```

```c
            DELAY();
            P1_7=1;
        while(1)                        //无限循环
        {
            h=0;
            m=255;
            for(i=0;i<m;i++)            //m 次循环
                h+=(unsigned long int)TLC549_ADC();   //m 次累加于 h 中（强行转换数据类型）
            hh=h/m;                     //求平均值
            shu=(unsigned char)hh;      //平均值转换为单字节数据并赋予 shu
            a[0]=shu%10;                //8 位二进制数转换为 3 位十进制数并按位查表
            a[0]=b[a[0]];               //a[0]为十进制数的个位
            a[1]=shu%100;
            a[1]=a[1]/10;
            a[1]=b[a[1]];               //a[1]为十进制数的十位
            a[2]=shu/100;
            a[2]=b[a[2]];               //a[2]为十进制数的百位
            x=&WSLA;
            c=&wai;
            y=a;
            n=8;
            WRNBYT(x,c,y,n);            //调用 N 字节数据的 I²C 总线通信子函数
            DELAY();
        }
    }
    unsigned char TLC549_ADC()          //ADC 子函数（返回值为单字节的无符号数）
    {   unsigned char i,temx;
        temx=0;
        CLK=0;
        CS=0;
        _nop_();
        for(i=0;i<8;i++)
            { CLK=1;
              DELAY5US
              if(DAT)
                  temx++;
              if(i<7)
                  temx=temx<<1;
              CLK=0;
              _nop_();_nop_();
            }
        CS=1;
        CLK=1;
        return(temx);
    }
```

```c
void DELAY()
{   unsigned char i,j;
    for(i=0;i<255;i++)
      for(j=0;j<255;j++);
}
```

//**
```c
void STA(void)
{     SDA=1;
      SCL=1;
      DELAY5US
      SDA=0;
      DELAY5US
      SCL=0;
}
```
//**
```c
void STOP(void)
{     SDA=0;
      SCL=1;
      DELAY5US
      SDA=1;
      DELAY5US
      SCL=1;
      SDA=1;
}
```
//**
```c
void MACK(void)
{     SDA=0;
      SCL=1;
      DELAY5US
      SCL=0;
      SDA=1;
}
```
//**
```c
void NMACK(void)

{     SDA=1;
      SCL=1;
      DELAY5US
      SCL=0;
      SDA=0;
}
```
//**

```c
void CACK(void)
{
    SDA=1;
    SCL=1;
    DELAY5US
    F0=0;
    if(SDA==1)
    F0=1;
    SCL=0;
}
//***********************************************************************
void WRBYT(unsigned char  *p)
{    unsigned char  i=8,temp;
     temp=*p;
     while(i--)
     {   if((temp&0x80)==0x80)
         {   SDA=1;
             SCL=1;
             DELAY5US
             while(!SCL);
             SCL=0;
         }
         else
         {   SDA=0;
             SCL=1;
             DELAY5US
             while(!SCL);
             SCL=0;
         }
         temp=temp<<1;
     }
}
//***********************************************************************
void RDBYT(unsigned char  *p)
{    unsigned char i=8,temp=0;
     while(i--)
     {    SDA=1;
          SCL=1;
          DELAY5US
          while(!SCL);
          temp=temp<<1;
          if(SDA==1)
              temp=temp|0x01;
          else
              temp=temp&0xfe;
```

```c
            SCL=0;
        }
        *p=temp;
}
//*****************************************************************************
    void WRNBYT(unsigned char    *R3,unsigned char    *R2,unsigned char    *R0,unsigned char    n)
    {
     loop:      STA();
                WRBYT(R3);
                CACK();
                if(F0)
                goto loop;
                WRBYT(R2);
                CACK();
                if(F0)
                goto loop;
                while(n--)
                {   WRBYT(R0);
                    CACK();
                    if(F0)
                    goto loop;
                    R0++;
                }
                STOP();
    }
//*****************************************************************************
    void RDNBYT(unsigned char    *R3,unsigned char    *R4,unsigned char    *R2,unsigned char    *R0,
unsigned char    n)
        {
            loop1:  STA();
                    WRBYT(R3);
                    CACK();
                    if(F0)
                    goto loop1;
                    WRBYT(R2);
                    CACK();
                    if(F0)
                    goto loop1;
                    STA();
                    WRBYT(R4);
                    CACK();
                    if(F0)
                    goto loop1;
                    while(n--)
                    {    RDBYT(R0);
```

```
                if(n>0)
                {
                    MACK();
                    R0++;
                }
                else NMACK();
            }
            STOP();
        }
//*******************************************************************************
```

4.9.6 I²C 总线外围器件实验（五）：PCF8563T 低功耗时钟芯片编程实验

1. 相关知识

PCF8563T 是由飞利浦公司设计的低功耗 CMOS 实时时钟（RTC）日历芯片，它具有 1.0～5.5V 的工作电压，一个可编程的 4 种时钟（32.768kHz、1.024kHz、32Hz 和 1Hz）输出，一个漏极开路的中断输出，内部具有掉电检测电路。与外部主控器之间通过 I²C 总线连接。最大总线速度为 400kHz。每次对它进行读/写操作其内部的地址寄存器都会自动产生增量，器件地址：写地址为 A2H，读地址为 A3H。

（1）PCF8563T 的引脚及功能介绍。

PCF8563T 为 8 引脚封装，有贴片式或 DIP 两种，其引脚图及引脚功能见图 4.150 和表 4.34。

表 4.34 PCF8563T 引脚功能

引　脚	符　号	描　述
1	OSCI	振荡器输入
2	OSCO	振荡器输出
3	/INT-	中断输出（低电平）漏极开路结构
4	VSS	接地
5	SDA	串行数据线（双向）
6	SCL	串行时钟线（输入）
7	CLKOUT	时钟输出（漏极开路结构）
8	VDD	正电源

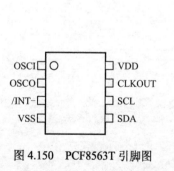

图 4.150 PCF8563T 引脚图

（2）PCF8563T 的基本结构与功能介绍。

PCF8563T 内部有 16 个 8 位的寄存器（见图 4.151）：一个可自动增量的地址寄存器；外接一个 32.768kHz 的振荡器（芯片内部具有集成的补偿电容）；一个用于为实时时钟 RTC 提供时钟源的分频器；一个可编程的时钟输出电路；一个定时器；一个报警器，漏极开路中断引脚，内部电源上电复位（POR）。

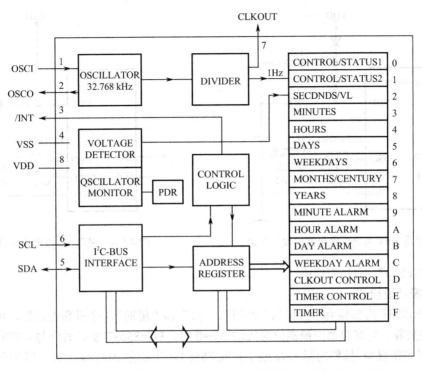

图 4.151 PCF8563T 内部结构

PCF8563T 为低功耗芯片。芯片在 1.0～5.5V 的电压范围内均可正常工作。芯片可以单独采用电池供电，以保证系统掉电时芯片得以继续工作，确保 RTC 系统工作的连续性。图 4.152 所示为芯片生产厂家提供的备用电源方案电路，实际应用中也可采用图 4.153 和图 4.154 所示的方案。

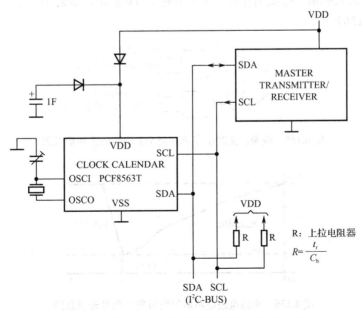

图 4.152 芯片生产厂家提供的备用电源方案电路

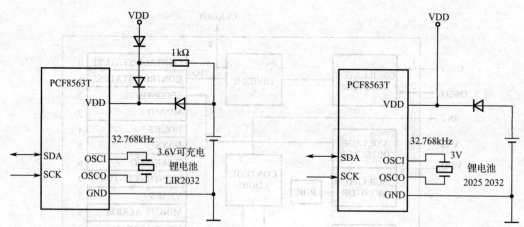

图 4.153　采用 3.6V 可充电锂电池的设计方案　　　　图 4.154　采用 3V 锂电池的设计方案

（3）PCF8563T 的功能描述。

① 报警功能模式。

在 PCF8563T 内部设有"分钟"、"小时"、"日"和"星期"4 个报警寄存器，可以实现这 4 种方式的报警。当寄存器中最高位对应的 AE=0 时，PCF8563T 实时时间与该寄存器中的设定值相等即实现报警。报警的标志为 AF，在 PCF8563T 内部的"控制/状态寄存器 2（地址 01H）"中，当 AF=1 时可以产生中断，该标志必须用软件清零。当然，AF 能否引发中断还取决于 AIE 是否为 1。

② 定时器功能模式。

在 PCF8563T 内部设有一个"8 位倒计数器"（地址：0FH），该倒计数器由"定时器控制寄存器"（地址：0EH）实现控制，如设定计数脉冲的信号频率（4 挡）、计数器有效或无效。定时器通过软件装入初值，每次倒计数结束时其标志 TF 置位，如果 TIE=1，则引发中断（见图 4.155 和图 4.156）。

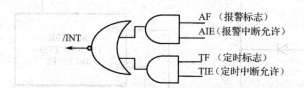

图 4.155　报警、定时引发 PCF8563T 中断的条件示意图

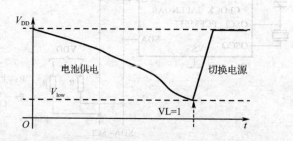

图 4.156　电源监控电路对掉电时的中断处理示意图

③ CLKOUT 输出功能。

在 PCF8563T 的 CLKOUT 引脚上，可以输出可编程的方波。其输出的频率由 CLKOUT 频率寄存器（地址：0DH）来决定。共有 4 种输出频率，分别是 32.768kHz、1024Hz、32Hz、1Hz。

CLKOUT 为漏极开路结构，上电默认有效且输出 32.768kHz，无效时为高阻状态。

④ 复位功能。

当振荡器停振时，复位电路开始工作。在复位状态下：I^2C 总线初始化，内部寄存器中的相应位 TF、VL、TD1、TD0、TESTC 和 AE 都被置位，其他寄存器和地址计数器清零。

⑤ 掉电检测监控功能。

当 PCF8563T 的 V_{DD} 小于 V_{low} 时，秒寄存器中的 VL 被置位（提示电压过低，时间可能不准），此标志只能使用软件清除。在电池供电的场合下，当电池的电压小于 V_{low} 时，VL 标志引发中断，可通过中断服务程序使问题得到处理。

(4) PCF8563T 内部寄存器的介绍。

在 PCF8563T 中共有 16 个 8 位的寄存器（见表 4.35），按照其功能和存储数据的格式，可分为二进制数格式（主要指控制/状态类）寄存器和 BCD 码格式（主要指以 BCD 码格式存储的时间参数）寄存器。

表 4.35　PCF8563T 内部寄存器一览表

地址	寄存器名称	格式	D7	D6	D5	D4	D3	D2	D1	D0
00H	控制/状态寄存器 1	二进制数	TEST1	0	STOP	0	TESTC	0	0	0
01H	控制/状态寄存器 2				0	0	TI/TP	AF	TF	AIE	TIE
02H	秒单元寄存器	BCD 码	VL	00～59 的 BCD 码						
03H	分单元寄存器			00～59 的 BCD 码						
04H	小时单元寄存器				00～23 的 BCD 码					
05H	日单元寄存器				01～31 的 BCD 码					
06H	星期单元寄存器							0～6		
07H	月/世纪单元寄存器		C		01～12 的 BCD 码					
08H	年单元寄存器		00～99 的 BCD 码							
09H	分报警寄存器		AE	00～59 的 BCD 码						
0AH	小时报警寄存器		AE		00～23 的 BCD 码					
0BH	日报警寄存器		AE		01～31 的 BCD 码					
0CH	星期报警寄存器		AE					0～6		
0DH	CLKOUT 输出寄存器		FE						FD1	FD0
0EH	定时器控制寄存器	二进制数	TE						TD1	TD0
0FH	倒计数定时器		二进制数倒计数定时器的初值							

① 控制/状态寄存器 1 的描述。

● TEST1=0 时：普通模式；TEST1=1 时：EXT_CLK 测试模式。

● STOP=0 时：芯片时钟运行；STOP=1 时：芯片时钟停止运行（CLKOUT 在 32.768kHz

时可用)。
- TESTC=0 时：电源复位功能失效（普通模式采用）；TESTC=1 时：电源复位功能有效。
② 控制/状态寄存器 2 的描述。
- TI/TP。TI/TP=0，当 TF=1 且 TIE=1 时/INT 有效；TI/TP=1，当 TF=1 且 TIE=1 时/INT 按照规律输出一个负脉冲，其宽度由定时器的计数脉冲决定（详见相关资料）。注意，若 AF、AIE 均有效，则/INT 一直有效。
- AF 为发生报警时的标志。当实时时钟与某个报警寄存器内容相符时，AF=1。如果 AIE=1 则可引发中断。AF 只可用软件清零。
- TF 为定时器定时时间标志。当定时计数器完成倒计数（回零）时，TF=1。如果 TIE=1 则可引发中断。TF 只可用软件清零。

【注意】AF、TF 为两个中断标志位，可通过对"控制/状态寄存器 2"的读操作了解其状态，如果需要清除某个标志，则要使用逻辑 AND 操作实现，即清除某一位时不能对其他位重新赋值。

- AIE、TIE 为控制报警、定时是否能够引发中断的"中断允许位"。AIE、TIE=1：允许中断；AIE、TIE=0：不允许中断。
③ 秒单元寄存器的描述。
- VL 为一个标志信号，当掉电时（V_{DD} 小于或等于 V_{low} 时）VL=1，表明系统的时钟参数可能不准确，VL=0 时表明一切正常，时钟准确。
④ 月/世纪单元寄存器的描述。
- C 为世纪位。C=0 时，指定世纪数为 20**；C=1 时，表明指定世纪数为 19**。在正常计数时，只要年单元寄存器的时间由 99 变为 00 时，其世纪位会自动变化。
⑤ 分报警寄存器的描述。
- AE 为分报警有效控制位。AE=0 报警有效；AE=1 报警无效。

【提示】小时、日、星期的报警控制与 AE 定义类同。
⑥ CLKOUT 输出寄存器的描述。
- FE 为时钟输出控制位。FE=0 时输出被禁止，引脚为高阻状态；FE=1 时允许输出。
- FD1、FD0 为输出方波的频率选择控制位，见表 4.36。

表 4.36　FD1、FD2 控制位

FD1	FD0	f_{CLKOUT}/Hz
0	0	32768
0	1	1024
1	0	32
1	1	1

⑦ 定时器控制寄存器的描述。
- TE 为定时器有效控制位。TE=0 时定时器无效（关闭），TE=1 时定时器有效（工作）。
- TD1、TD0 为定时器计数脉冲频率定义位，它决定定时器周期的大小。

2. PCF8563T 低功耗时钟芯片编程实验

（1）实验目的。

学习、掌握 PCF8563T 时钟芯片的编程原理，实现时间、日期参数的显示。

（2）实验要求。

将 PCF8563T 时钟芯片与 ZLG7290B 显示电路结合起来，构成一个电子万年历，起始时间通过程序的初始化给定。使用一个开关 S0，按下 S0 时（指示灯亮）显示"时、分、秒"，不按下 S0 时（指示灯不亮）显示"年、月、日"。

变量单元的分配及程序结构和算法如下。

- 10H～1DH：向 PCF8563T 输入的相关参数（有时间参数、控制字等）的数据块。
- 20H～26H：从 PCF8563T 中读取的时间参数（秒、分、小时、日、星期、月、年）。

通过 CHAIFEN（拆分子程序）将 20H～26H 中获取的时间参数拆分、查表并送入下列缓冲区：28H～2FH 为年（4 个单元）、月（2 个单元）、日（2 个单元）的显示缓冲区（字形码）；38H～3FH 为小时、分和秒（各占 2 个单元）的显示缓冲区（字形码）。

主程序的功能是将 10H～1DH 中一组特定的时间和控制命令送到 PCF8563T 的对应寄存器中，然后等待中断。由于 PCF8563T 的 CLKOUT 设定输出频率为 1Hz，并且将其 CLKOUT 输出与单片机的/INT0 连接，所以每秒 CLKOUT 的下降沿便会引发一次中断。在中断服务程序中读取时间参数，并且进行拆分、查表等操作，将年、月、日送 28H～2FH 缓冲区，将小时、分、秒送 38H～3FH 缓冲区。最后根据 P1.2 的电平决定将哪个缓冲区的内容送 ZLG7290B 进行显示。

（3）实验连线。

利用实验台上的 ZLG7290B 和 PCF8563T 构成一个时钟系统，P3.2 接 CLKOUT，利用 CLKOUT 的 1Hz 方波引发单片机的中断，在中断服务程序中读取时间参数并通过 ZLG7290B 显示。P1.0 接 SDA，P1.1 接 SCL，P1.2 接 S0，P1.7 接 RST_L，见图 4.157。

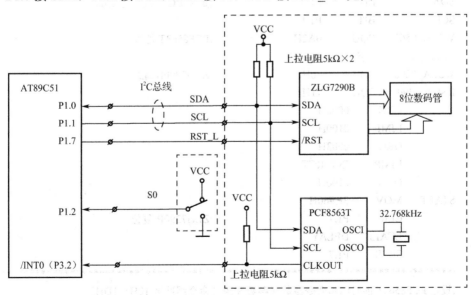

图 4.157　实验连线

(4)实验程序如下,流程图见图 4.158 和图 4.159。

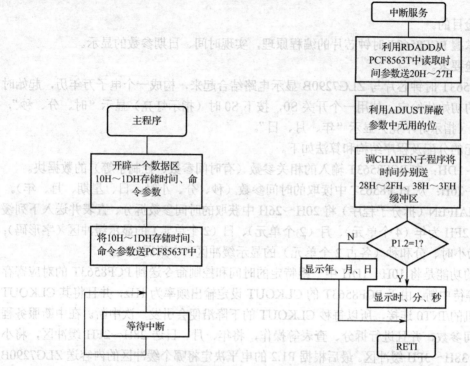

图 4.158 主程序流程图　　图 4.159 中断流程图

```
;******************************************************************
;P1.0 接 SDA, P1.1 接 SCL, P1.2 接 S0, P1.7 接 RST_L, P3.2 接 CLKOUT
;******************************************************************
    SDA        BIT     P1.0            ;定义 I²C 总线信号引脚
    SCL        BIT     P1.1
    WSLA_8563  EQU     0A2H
    RSLA_8563  EQU     0A3H            ;PCF8563T 地址
    WSLA_7290  EQU     70H             ;ZLG7290B 地址
    RSLA_7290  EQU     71H
           ORG     0000H
           LJMP    0100H
           ORG     0003H
           LJMP    INT_RCT
           ORG     0100H
    START: MOV     SP,#60H
           CLR     P1.7                ;ZLG7290B 复位
           LCALL   DELAY
           SETB    P1.7
;******************************************************************
;设定 PCF8563T 的时间和命令参数(参数和控制命令缓冲区 10H~1DH)
;******************************************************************
```

第4章　MCS-51（AT89C51）单片机基本结构及典型接口实验

```
        MOV     10H,#00H              ;启动控制字
        MOV     11H,#1FH              ;设置报警及定时器中断
        MOV     12H,#20H              ;秒单元
        MOV     13H,#03H              ;分单元
        MOV     14H,#10H              ;小时单元
        MOV     15H,#30H              ;日期单元
        MOV     16H,#03H              ;星期单元
        MOV     17H,#01H              ;月单元
        MOV     18H,#18H              ;年单元
        MOV     19H,#00H              ;设定分报警
        MOV     1AH,#00H              ;设定小时报警
        MOV     1BH,#00H              ;设定日报警
        MOV     1CH,#00H              ;设定星期报警
        MOV     1DH,#83H              ;设定CLKOUT的频率（1Hz）
;************************************************************************
        MOV     R7,#0EH               ;写入参数个数（时间和控制字）
        MOV     R0,#10H               ;参数和控制命令缓冲区首地址
        MOV     R2,#00H               ;从器件内部地址
        MOV     R3,#WSLA_8563         ;准备向PCF8563T写入数据串
        LCALL   WRNBYT                ;写入时间、控制命令到PCF8563T
        SETB    EA
        SETB    EX0
        SETB    IT0
        SJMP    $                     ;等待中断
;************************************************************************
;               中断服务子程序
;************************************************************************
INT_RCT:
        MOV     R7,#07H               ;读出数据的个数
        MOV     R0,#20H               ;目标数据块首址
        MOV     R2,#02H               ;从器件内部地址
        MOV     R3,#WSLA_8563
        MOV     R4,#RSLA_8563         ;准备读PCF8563T的时间参数
        LCALL   RDNBYT                ;调读数据子程序，读出的数据存放于单片机20～26H中
        LCALL   ADJUST                ;调时间调整子程序
        LCALL   CHAFEN                ;调拆分子程序（包含查表）
                                      ;将20H～26H中的参数分别存放于28～2FH、38H～3FH中
        MOV     R7,#08H
        MOV     R2,#10H
        MOV     R3,#WSLA_7290
        JNB     P1.2,YEARS            ;使用P1.2控制显示内容
        MOV     R0,#38H               ;显示小时、分和秒
        SJMP    DISP
YEARS:
        MOV     R0,#28H               ;显示年、月和日
```

```
DISP:
        LCALL   WRNBYT              ;调 ZLG7290B 显示
        JNB     P3.2,$
        RETI
;*****************************************************************************
;               各子程序
;*****************************************************************************
CHAIFEN:
        PUSH    PSW                 ;对 20H~26H 单元的参数拆分
        PUSH    ACC                 ;查表后送 28H~2FH（年、月、日）
        PUSH    03H                 ;送 38H~3FH（时、分、秒）
        PUSH    04H
        MOV     A,20H               ;取秒参数
        LCALL   CF                  ;拆分、查表在 R4（H）、R3 中
        MOV     38H,R3              ;送秒的个位
        MOV     39H,R4              ;送秒的十位
        MOV     3AH,#02H             ;送分隔符-
        MOV     A,21H               ;取分参数
        LCALL   CF                  ;拆分、查表在 R4（H）、R3 中
        MOV     3BH,R3              ;送分的个位
        MOV     3CH,R4              ;送分的十位
        MOV     3DH,#02H             ;送分隔符-

        MOV     A,22H               ;取小时参数
        LCALL   CF                  ;拆分、查表在 R4（H）、R3 中
        MOV     3EH,R3              ;送小时的个位
        MOV     3FH,R4              ;送小时的十位
        MOV     A,23H               ;取日期参数
        LCALL   CF
        MOV     A,R3
        ORL     A,#01H
        MOV     R3,A
        MOV     28H,R3
        MOV     29H,R4

        MOV     A,25H               ;取月参数
        LCALL   CF
        MOV     A,R3
        ORL     A,#01H
        MOV     R3,A
        MOV     2AH,R3
        MOV     2BH,R4

        MOV     A,26H               ;取年参数
        LCALL   CF
```

```
             MOV    A,R3
             ORL    A,#01H
             MOV    R3,A
             MOV    2CH,R3
             MOV    2DH,R4
             MOV    2EH,#0FCH              ;年的高2位处理
             MOV    2FH,#0DAH
             POP    04H
             POP    03H
             POP    ACC
             POP    PSW
             RET
;************************************************************************
CF:          PUSH   02H                    ;将A中的数据拆分为两个独立的BCD码并查表
             PUSH   DPH
             PUSH   DPL                    ;结果分别存放于R4、R3中
             MOV    DPTR,#LEDSEG
             MOV    R2,A
             ANL    A,#0FH
             MOVC   A,@A+DPTR
             MOV    R3,A
             MOV    A,R2
             SWAP   A
             ANL    A,#0FH
             MOVC   A,@A+DPTR
             MOV    R4,A
             POP    DPL
             POP    DPH
             POP    02H
             RET
;************************************************************************
LEDSEG:  DB    0FCH,60H,0DAH,0F2H,66H,0B6H,0BEH,0E4H
         DB    0FEH,0F6H,0EEH,3EH,9CH,7AH,9EH,8EH
;************************************************************************
;将20H～26H里从PCF8563T中读出的7个字节参数的无关位屏蔽
;************************************************************************
ADJUST:
             PUSH   ACC
             MOV    A,20H                  ;处理秒单元
             ANL    A,#7FH
             MOV    20H,A
             MOV    A,21H                  ;处理分单元
             ANL    A,#7FH
             MOV    21H,A
             MOV    A,22H                  ;处理小时单元
```

```
            ANL     A,#3FH
            MOV     22H,A
            MOV     A,23H           ;处理日单元
            ANL     A,#3FH
            MOV     23H,A
            MOV     A,24H           ;处理星期单元
            ANL     A,#07H
            MOV     24H,A
            MOV     A,25H           ;处理月单元
            ANL     A,#1FH
            MOV     25H,A
            POP     ACC
            RET
;***********************************************************************
;           延时子程序
;***********************************************************************
DELAY:
            PUSH    00H
            PUSH    01H
            MOV     R0,#00H
DELAY1:     MOV     R1,#00H
            DJNZ    R1,$
            DJNZ    R0,DELAY1
            POP     01H
            POP     00H
            RET
;***********************************************************************
;【提示】下列程序的系统时钟为12MHz（或11.0592MHz），即NOP指令为1μs左右
;（1）带有内部单元地址的多字节写操作子程序WRNBYT
;***********************************************************************
;通用的I$^2$C总线通信子程序（多字节写操作）
;入口参数
;R7 字节数
;R0 源数据块首地址
;R2 从器件内部子地址
;R3 外围器件地址（写）
;相关子程序 WRBYT、STOP、CACK、STA
;***********************************************************************
WRNBYT:PUSH        PSW
            PUSH    ACC
WRADD:  MOV        A,R3             ;取外围器件地址（包含R/W=0）
            LCALL   STA              ;发送起始信号S
            LCALL   WRBYT            ;发送外围地址
            LCALL   CACK             ;检测外围器件的应答信号
            JB      F0,WRADD         ;如果应答不正确返回
```

```
            MOV     A,R2
            LCALL   WRBYT           ;发送内部寄存器首地址
            LCALL   CACK            ;检测外围器件的应答信号
            JB      F0,WRADD        ;如果应答不正确返回
WRDA:       MOV     A,@R0
            LCALL   WRBYT           ;发送外围地址
            LCALL   CACK            ;检测外围器件的应答信号
            JB      F0,WRADD        ;如果应答不正确返回
            INC     R0
            DJNZ    R7,WRDA
            LCALL   STOP
            POP     ACC
            POP     PSW
            RET
;**************************************************************************
;（2）带有内部单元地址的多字节读操作子程序 RDNBYT
;**************************************************************************
;通用的 I²C 总线通信子程序（多字节读操作）
;入口参数
;R7 字节数
;R0 目标数据块首地址
;R2 从器件内部子地址
;R3 器件地址（写），R4 器件地址（读）
;相关子程序 WRBYT、STOP、CACK、STA、MNACK
;**************************************************************************
RDNBYT:     PUSH    PSW
            PUSH    ACC
RDADD1:     LCALL   STA
            MOV     A,R3            ;取器件地址（写）
            LCALL   WRBYT           ;发送外围地址
            LCALL   CACK            ;检测外围器件的应答信号
            JB      F0,RDADD1       ;如果应答不正确返回
            MOV     A,R2            ;取内部地址
            LCALL   WRBYT           ;发送外围地址
            LCALL   CACK            ;检测外围器件的应答信号
            JB      F0,RDADD1       ;如果应答不正确返回
            LCALL   STA
            MOV     A,R4            ;取器件地址（读）
            LCALL   WRBYT           ;发送外围地址
            LCALL   CACK            ;检测外围器件的应答信号
            JB      F0,RDADD1       ;如果应答不正确返回
RDN:        LCALL   RDBYT
            MOV     @R0,A
            DJNZ    R7,ACK
            LCALL   MNACK
```

```
        LCALL   STOP
        POP     ACC
        POP     PSW
        RET
ACK:    LCALL   MACK
        INC     R0
        SJMP    RDN
```
;**
;（3）I²C 总线各个信号子程序
;**
;   启动信号子程序 STA
;**
```
STA:    SETB    SDA                 ;启动信号 S
        SETB    SCL
        NOP                         ;产生 4.7μs 延时
        NOP
        NOP
        NOP
        NOP
        CLR     SDA
        NOP                         ;产生 4.7μs 延时
        NOP
        NOP
        NOP
        NOP
        CLR     SCL
        RET
```
;**
;   停止信号子程序 STOP
;**
```
STOP:   CLR     SDA                 ;停止信号 P
        SETB    SCL
        NOP                         ;产生 4.7μs 延时
        NOP
        NOP
        NOP
        NOP
        SETB    SDA
        NOP                         ;产生 4.7μs 延时
        NOP
        NOP
        NOP
        NOP
        SETB    SCL                 ;释放总线
        SETB    SDA
```

```
              RET
;****************************************************************
;         应答信号子程序 MACK
;****************************************************************
MACK:   CLR     SDA                ;发送应答信号 ACK
        SETB    SCL
        NOP                        ;产生 4.7μs 延时
        NOP
        NOP
        NOP
        NOP
        CLR     SCL
        SETB    SDA
        RET
;****************************************************************
;         非应答信号子程序 MNACK
;****************************************************************
MNACK:  SETB    SDA                ;发送非应答信号 NACK
        SETB    SCL
        NOP                        ;产生 4.7μs 延时
        NOP
        NOP
        NOP
        NOP
        CLR     SCL
        CLR     SDA
        RET
;****************************************************************
;         应答位检测子程序 CACK
;****************************************************************
CACK:   SETB    SDA                ;应答位检测子程序
        SETB    SCL
        CLR     F0
        MOV     C,SDA              ;采样 SDA
        JNC     CEND               ;应答正确时转 CEND
        SETB    F0                 ;应答错误时 F0 置 1
CEND:   CLR     SCL
        RET
;****************************************************************
;         发送 1 个字节子程序 WRBYT
;****************************************************************
WRBYT:  PUSH    06H
        MOV     R6,#08H            ;发送 1 个字节子程序
WLP:    RLC     A                  ;入口参数 A
        MOV     SDA,C
```

```
            SETB    SCL
            NOP                             ;产生 4.7μs 延时
            NOP
            NOP
            NOP
            NOP
            JNB     SCL,$
            CLR     SCL
            DJNZ    R6,WLP
            POP     06H
            RET
;****************************************************************************
;           接收 1 个字节子程序 RDBYT
;****************************************************************************
RDBYT:      PUSH    06H
            MOV     R6,#08H                 ;接收 1 个字节子程序，出口参数 R2
RLP:        SETB    SDA
            SETB    SCL
            JNB     SCL,$
            MOV     C,SDA
            MOV     A,R2
            RLC     A
            MOV     R2,A
            CLR     SCL
            DJNZ    R6,RLP
            POP     06H
            RET
;****************************************************************************
            END
```

【小结】

- 利用器件内部地址寄存器具有自动增量的特点，一次性连续读或写多个字节（尽管中间某些数据无用）。
- 为了配合对器件的连续读或写的操作，往往需要在单片机内部开辟若干个数据块，如"命令、数据"数据块、"显示缓冲"数据块等。
- 为了简化程序的结构，将所有的 I²C 总线标准信号和操作都定义为通用的子程序，需要时调用即可。
- 通用的子程序有"多字节数据写子程序"和"多字节数据读子程序"，而这两个子程序中还调用了"启动信号"、"停止信号"、"应答信号"、"8 位数据写"和"8 位数据读"等子程序。

【C 语言参考程序】

```
#include <reg52.h>
#include <intrins.h>
```

```c
    sbit     SDA=P1^0;
    sbit     SCL=P1^1;
    sbit  SELECTION=P1^2;
unsigned char wlsa_8563=0xa2;
unsigned char rlsa_8563=0xa3;
unsigned char wlsa_7290=0x70;
unsigned char rlsa_7290=0x71;
unsigned  char ledseg[16]={0xfc,0x60,0xda,0xf2,0x66,0xb6,0xbe,0xe4,0xfe,0xf6,0xee,0x3e,0x9c,0x7a,0x9e,0x8e};
void DELAY5US(void)
{
    _nop_();
    _nop_();
    _nop_();
    _nop_();
    _nop_();
}
void STA(void)
{   SDA=1;
    SCL=1;
    DELAY5US();
    SDA=0;
    DELAY5US();
    SCL=0;
}

void STOP(void)
{   SDA=0;
    SCL=1;
    DELAY5US();
    SDA=1;
    DELAY5US();
}

void MACK(void)
{   SDA=0;
    SCL=1;
    DELAY5US();
    SCL=0;
    SDA=1;
}

void NMACK(void)

{   SDA=1;
```

```
        SCL=1;
        DELAY5US();
        SCL=0;
        SDA=0;
    }
    void CACK(void)
    {
        SDA=1;
        SCL=1;
        DELAY5US();
        F0=0;
        if(SDA==1)
            F0=1;
        SCL=0;
    }

    void WRBYT(unsigned char    *p)
    {   unsigned char   i=8,temp;
        temp=*p;
        while(i--)
        {   if((temp&0x80)==0x80)
            {   SDA=1;
                SCL=1;
                DELAY5US();
                SCL=0;
            }
            else
            {   SDA=0;
                SCL=1;
                DELAY5US();
                SCL=0;
            }
            temp=temp<<1;
        }
    }

    void RDBYT(unsigned char    *p)
    {   unsigned char i=8,temp=0;
        while(i--)
        {   SDA=1;
            SCL=1;
            DELAY5US();
            temp=temp<<1;
            if(SDA==1)
                temp=temp|0x01;
```

```
            else
                temp=temp&0xfe;
            SCL=0;
        }
        *p=temp;
}

void WRNBYT(unsigned char  *R3,unsigned char  *R2,unsigned char  *R0,unsigned char  n)
{
 loop:   STA();
         WRBYT(R3);
         CACK();
         if(F0)
         goto loop;
         WRBYT(R2);
         CACK();
         if(F0)
         goto loop;
         while(n--)
         {  WRBYT(R0);
            CACK();
            if(F0)
            goto loop;
            R0++;
         }
         STOP();
}

void RDNBYT(unsigned char  *R3,unsigned char  *R4,unsigned char  *R2,unsigned char  *R0,
unsigned char  n)
    {
     loop1:  STA();
             WRBYT(R3);
             CACK();
             if(F0)
             goto loop1;
             WRBYT(R2);
             CACK();
             if(F0)
             goto loop1;
             STA();
             WRBYT(R4);
             CACK();
             if(F0)
             goto loop1;
```

```c
            while(n--)
            {   RDBYT(R0);
                if(n>0)
                {
                    MACK();
                    R0++;
                }
                else  NMACK();
            }
            STOP();
    }
    int main()
    {
        unsigned char wdata[]={0x00,0x1f,0x20,0x03,0x10,0x30,0x03,0x01,0x18,0x00,0x00,0x00,0x00,0x83};
                                                        //设定时间初值
        unsigned char n=14;
        unsigned char waddr=0x00;
        WRNBYT(&wlsa_8563,&waddr,&wdata,n);
        EA=1;
        EX0=1;
        IT0=1;
        while(1)
        {
            ;
        }
    }
    void INT_RCT(void) interrupt 0
    {
        unsigned char n=7;
        unsigned char raddr=0x02;
        unsigned char rdata[8];
        unsigned char waddr=0x10;
        unsigned char wdata[8];
        unsigned char temp;
        RDNBYT(&wlsa_8563,&rlsa_8563,&raddr,&rdata,n);
        //屏蔽参数无用的位
        rdata[0]=rdata[0]&0x7f;                         //秒
        rdata[1]=rdata[1]&0x7f;                         //分
        rdata[2]=rdata[2]&0x3f;                         //小时
        rdata[3]=rdata[3]&0x3f;                         //日
        rdata[4]=rdata[4]&0x07;                         //星期
        rdata[5]=rdata[5]&0x1f;                         //月
        n=8;
        if (SELECTION==1)                               //输出时、分、秒
        {
```

```
            temp=rdata[0];
            wdata[0]=ledseg[temp&0x0f];         //秒个位
            temp=temp>>4;
            wdata[1]=ledseg[temp&0x0f];         //秒十位
            wdata[2]=0x02;                      //分隔符-
            temp=rdata[1];
            wdata[3]=ledseg[temp&0x0f];         //分个位
            temp=temp>>4;
            wdata[4]=ledseg[temp&0x0f];         //分十位
            wdata[5]=0x02;                      //分隔符-
            temp=rdata[2];
            wdata[6]=ledseg[temp&0x0f];         //小时个位
            temp=temp>>4;
            wdata[7]=ledseg[temp&0x0f];         //小时十位
            WRNBYT(&wlsa_7290,&waddr,&wdata,n);
        }
        else
        {
            temp=rdata[3];                      //输出年、月、日
            wdata[0]=ledseg[temp&0x0f];         //日个位
            temp=temp>>4;
            wdata[1]=ledseg[temp&0x0f];         //日十位
            temp=rdata[5];
            wdata[2]=ledseg[temp&0x0f]+1;       //月个位,以.分隔
            temp=temp>>4;
            wdata[3]=ledseg[temp&0x0f];         //月十位
            temp=rdata[6];
            wdata[4]=ledseg[temp&0x0f]+1;       //年个位,以.分隔
            temp=temp>>4;
            wdata[5]=ledseg[temp&0x0f];         //年十位
            wdata[6]=ledseg[0];                 //年百位
            wdata[7]=ledseg[2];                 //年千位
            WRNBYT(&wlsa_7290,&waddr,&wdata,n);
        }
    }
```

第 5 章 远程实体操控实验应用举例

远程实体操控实验的前提是需要保证在实验室中的远程实体操控实验箱打开电源，连接网线。这样，学生可以在任何其他空间（如在宿舍、图书馆等）通过浏览器访问远程实验室的服务器。注意，要使用谷歌、火狐等支持 HTML5 技术的浏览器，如果使用 360、腾讯、搜狗等浏览器要使用极速/高速模式，计算机分辨率需要在 1600 像素×900 像素以上。

下面以利用远程实体操控单片机实验箱控制直流电动机、步进电动机驱动实验为例，介绍远程实验的方法。学生在远程端访问服务器后，输入姓名、学号及密码进入远程实验室系统界面，选择要做的实验，见图 5.1。

图 5.1 远程实验室系统界面

单击"远程实验"选项后出现实验项目管理界面，见图 5.2，学生可以逐项进行学习与分析。

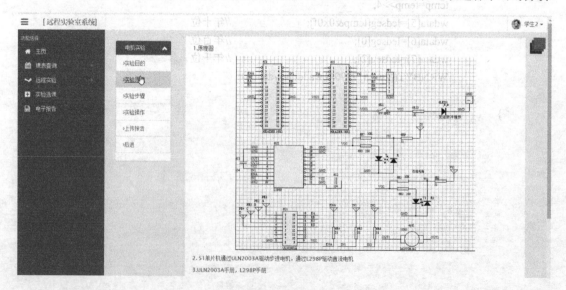

图 5.2 实验项目管理界面

第5章 远程实体操控实验应用举例

对实验目的、实验原理及实验步骤有了一定的了解后,单击"实验操作"选项,选择实验设备,此时客户端出现远程实验硬件初始化界面,等待硬件初始化完成,见图5.3。远程实验硬件初始化界面中包含AT89S51单片机、直流电动机、步进电动机、逻辑分析仪和示波器,硬件初始化完成后,远程实验箱的硬件配置就完成了。

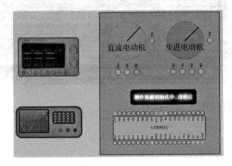
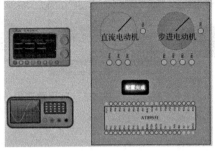

图 5.3　远程实验硬件初始化界面

硬件配置结束后,学生就可以真正地在远程端实体操控实验设备了。学生根据实验原理设计实验电路,根据硬件电路绘制流程图、编写实验程序。实验程序编译连接后生成 hex 文件。然后学生在客户端根据自己设计的实验电路进行硬件连线,用鼠标从AT89S51 单片机的引脚连线到直流电动机和步进电动机的外设端,包括数据线及控制信号线等。连线完成并检查无误后,学生可以单击 AT89S51 下载根据硬件电路所编写的软件程序,需要注意的是,此程序一定要与自己的硬件电路一一对应。远程端硬件连线及程序下载界面见图5.4。

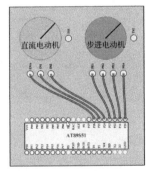

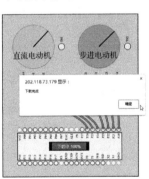

图 5.4　远程端硬件连线及程序下载界面

此时,学生用鼠标所连接的硬件连线已经从电气的角度上真实地在远程实体操控单片机实验箱上连接好了,hex 程序也真实地远程下载到实验室内实验箱上的单片机中了。

单击右侧的方块按钮可以返回系统界面,单击摄像头按钮可以打开摄像头,即可看到在实验室中的实验平台上的实验现象。如果学生发现实验现象和预期的不一致,一定要结合硬件和软件两个方面来排查错误。单击客户端的逻辑分析仪和示波器,可以查看控制信号和数据信号的波形并进行分析。结合自己编写的程序,利用调试软件,使用断点调试、单步调试等调试手段,通过观察寄存器及观察变量的内容来进行分析判断,同时观察逻辑分析仪和示波器的波形,以排查软件方面的错误,直到正确为止。硬件及软件的错误均排除后,重复之前所介绍的远程实验步骤,通过摄像头观察正确的实验现象。远程端逻辑分析仪的连线与信

265

号界面见图 5.5。

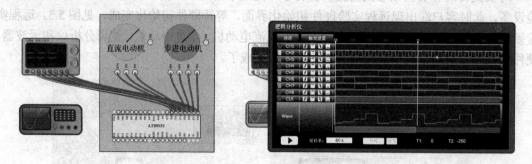

图 5.5　远程端逻辑分析仪的连线与信号界面

第6章 单片机综合设计题目

以前几章的内容为基础,完成具有一定功能的综合设计题目,为学生提供一个近似于实际工程应用设计的实践机会。与前几章的实验内容相比,综合设计类的题目强调综合设计能力,包括系统的整体设计、工程题目的模块化设计、流程图设计与规划、调试方法及纠错能力等。

综合设计不仅要求学生要有扎实的单片机知识,还要有较好的心理素质、良好的设计能力和编程能力。当然通过综合设计可以有效地提高学生的综合能力。

本章设计的题目从简到繁分为不同的难度,学生可以根据自己的能力选择适合自己的内容。学生也可以自行设计题目,但必须保证两点:具有可行性、实用价值,要与指导教师协商并获批准。

综合设计应尽可能包含前面实验中的内容,如定时器技术、中断技术、ADC 技术及 I^2C 总线通信或 SPI 接口等内容,使其接近工程设计要求,内容丰富。

综合类设计题目一览表见表 6.1,以表格的形式给出了设计的题目、具体要求和相关的说明,只要满足题目的要求,其细节学生可以自行掌握。综合设计的学时要求可根据实际情况确定。综合设计报告书样板示例详见附录 C。

表 6.1 综合类设计题目一览表

序号	设计题目	相 关 说 明
1	数字化(方波)函数发生器	【系统结构】 1. 由 TLC5620 数模转换器做函数发生器; 2. 由 TLC549 模数转换器和电位器配合、控制输出方波的幅值(或周期); 3. 由 12864LCD 屏显示波形的图形、周期和幅值等参数。 【设计要求】 1. 调节电位器实现对函数参数的控制,如方波的幅值或周期; 2. 利用 12864LCD 屏动态显示函数的参数; 3. 利用键盘设定参数(选作)
2	智能传感器	【系统结构】 由一台实验仪模拟智能传感器,将 ADC 电路采集的模拟电压进行处理: 1. 由电位器 W 产生模拟电压; 2. 由 ADC 模块采集电位器上的电压; 3. 由 SBF 串行接口实现数据发送功能。 由另一台实验台模拟接收装置: 1. 由 SBF 串行接口实现接收; 2. 由 LCD 屏或数码管实现数据显示功能。 【设计要求】 1. 发送方的 ADC 模块能够随时动态采集模拟电压的变化,并可以在本机上显示;

续表

序号	设计题目	相 关 说 明
2	智能传感器	2. 发送方还要完成将数据串行发送的任务； 3. 接收方将接收的数据利用 LCD 屏或数码管进行显示； 4. 接收方可以设定数据上限、下限的报警值； 5. 报警值可设定（选作）。 【设计步骤】 模块化设计：首先在一台设备上分别调试数据采集、数据显示的功能，完成后再采用"脱机 Flash"模式在两台设备上对串行接口通信进行统调
3	单总线高精度温度采集系统	【系统结构】 1. 由 DS18B20 实现对温度的采集； 2. 由 12864LCD 屏构成温度显示系统。 【设计要求】 1. 启动 DS18B20 进行 12 位高精度环境温度采集； 2. 利用 12864LCD 屏或数码管显示数据； 3. 具有温度上限声光报警功能； 4. 可以通过键盘设定报警上限值（选作）
4	歌曲播放器	【系统结构】 1. 利用定时器驱动蜂鸣器产生不同的音阶； 2. 由不同的音阶组合为一首歌曲。 【设计要求】 1. 歌曲的播放可由按键开关 SW1 控制； 2. 歌曲的音阶、节拍和休止符要准确
5	基于 PWM 的开关电源	【系统结构】 1. 由定时器产生 PWM 信号； 2. 由 P1.0 输出 PWM 波信号； 3. 将 P1.0 连接到 B6 区中的 PWM 电压转换电路（积分器）的输入端 PWM_IN； 4. 使用 1kΩ 电位器作为假负载并连接在 PWM 电压转换电路的输出端 PWM_OUT； 5. 利用 ADC 模块对 PWM_OUT 端的电压进行采集。 【设计要求】 1. 利用 P1.0 输出 PWM 波形，通过 PWM 电压转换电路（积分器）产生一个直流电压，用 10kΩ 电位器作为负载，改变电位器阻值时，输出电压会有波动（开环系统）； 2. 由 ADC 模块采集 PWM_OUT 端负载电压； 3. 设计一个算法：当负载电阻变化而影响直流电压时，控制、改变 PWM 的占空比使电压稳定不变，实现对电压的"闭环"调节，使输出电压稳定（推荐电压值小于 2V）； 4. 能够设定输出电压的电压值（选作）。 【调试要求】 1. 设定一个 SW1 进行"开环"或"闭环"两种模式选择，以观察"闭环控制"的效果。 2. 将 ADC 模块采集的电压定性显示，观察效果

续表

序号	设计题目	相 关 说 明
6	红外无线数据传输系统	【系统结构】使用一台设备上的 BUF 接收、发送缓冲器来模拟两台设备之间的通信。 1．由 ADC 模块对模拟电压进行检测； 2．由串行接口发送的 BUF 负责发送； 3．串行接口的 TXD 与红外线发送端连接，RXD 与红外线接收端连接； 4．将 ADC 模块的数据进行红外线发送，在发送与接收头附近使用一个纸板进行反射接收。 【设计要求】 在一台设备上的 BUF 模拟两台设备之间的数据通信，利用红外线发送、接收。 【设计步骤】 1．分别调试发送方的采集程序和接收方的显示程序模块。 2．利用"脱机 Flash"模式对通信进行统调，先采用导线将串行接口的 RXD、TXD 连接，正常后再改用红外线通信
7	基于 12864 LCD 屏时钟系统	【系统结构】 1．由 PCF8563T 日历芯片提供时间数据； 2．由 12864LCD 屏显示时间数据。 【设计要求】 1．编制 I^2C 总线通信程序，读取 PCF8563T 日历芯片的时间参数； 2．将时间数据通过 12864 LCD 屏上显示； 3．能够通过键盘修改时间、整点报时（模仿电台报时的方式——六声）
8	自动报时系统	同第 7 项，增加 8:00、11:30、12:30、17:00 这 4 个报时功能。采用 5s 的声光报警
9	数字电动机转速控制系统	【系统结构】 1．使用直流或步进电动机作为被控制对象； 2．使用键盘设定电动机的转速； 3．也可以使用 ADC 模块通过电位器抽头上的直流电压控制电动机的转速。 【设计要求】 利用键盘/电位器设定/控制直流电动机（或步进电动机）的转速
10	电冰箱制冷压缩机模拟控制系统	【系统结构】 1．使用步进电动机模拟压缩机； 2．使用直流电动机模拟循环风扇； 3．利用 DS18B20 进行温度采集。 【设计要求】 1．当温度高于某一值时启动压缩机（电动机运行的转速与温差有关——温差越大，转速越高，选作）； 2．利用 LCD 屏或数码管实现箱内温度、给定温度显示； 3．具有压缩机保护功能（停机后 10s 内不能再启动——实际是 3min）； 4．使用 SW1 模拟冰箱门开关：开门时风冷风扇停转，开门时间超过 20s 时蜂鸣器报警； 5．使用一个 LED 模拟冰箱开门后的照明灯； 6．可以通过键盘来设定制冷温度

续表

序号	设 计 题 目	相 关 说 明
11	数字模拟电压表	【设计要求】 1. 利用电位器产生连续可变的模拟电压，经 ADC 模块转换、数据处理转换为与电压值对应的数据，并且通过 LCD 屏或数码管显示。 2. 在调试程序时应配合数字式万用表对 ADC 模块采集的电压进行数字校正，使显示的数据等于实际电压
12	电梯运行控制系统	【设计要求】 利用步进电动机模拟电梯的升降电动机。 1. 楼层数为 8； 2. 每楼层之间电动机需运转 20 圈； 3. 使用 K7～K0 分别模拟 8～1 层的呼叫开关； 4. 利用 LED7～LED0 分别进行 8～1 层电梯位置运行显示； 5. 电梯的初始状态在 1 层。 【提示】设计 3 个计数器。 1. 电动机节拍计数器； 2. 电动机圈数计数器（首先测试一圈为多少拍）； 3. 楼层计数器（1～8 层）

附录A 由汇编语言编制的I²C总线通信子程序

```
;****************************************************************
;【提示】下列程序的系统时钟为12MHz（或11.0592MHz），即NOP指令为1μs左右
;（1）带有内部单元地址的多字节写操作子程序WRNBYT
;****************************************************************
;通用的I²C总线通信子程序（多字节写操作）
;入口参数
;R7 字节数
;R0 源数据块首地址
;R2 从器件内部子地址，R3 外围器件地址（写）
;相关子程序 WRBYT、STOP、CACK、STA
;****************************************************************
WRNBYT: PUSH    PSW
        PUSH    ACC
WRADD:  MOV     A,R3            ;取外围器件地址（包含R/W=0）
        LCALL   STA             ;发送起始信号S
        LCALL   WRBYT           ;发送外围地址
        LCALL   CACK            ;检测外围器件的应答信号
        JB      F0,WRADD        ;如果应答不正确返回
        MOV     A,R2
        LCALL   WRBYT           ;发送内部寄存器首地址
        LCALL   CACK            ;检测外围器件的应答信号
        JB      F0,WRADD        ;如果应答不正确返回
WRDA:   MOV     A,@R0
        LCALL   WRBYT           ;发送外围地址
        LCALL   CACK            ;检测外围器件的应答信号
        JB      F0,WRADD        ;如果应答不正确返回
        INC     R0
        DJNZ    R7,WRDA
        LCALL   STOP
        POP     ACC
        POP     PSW
        RET
```

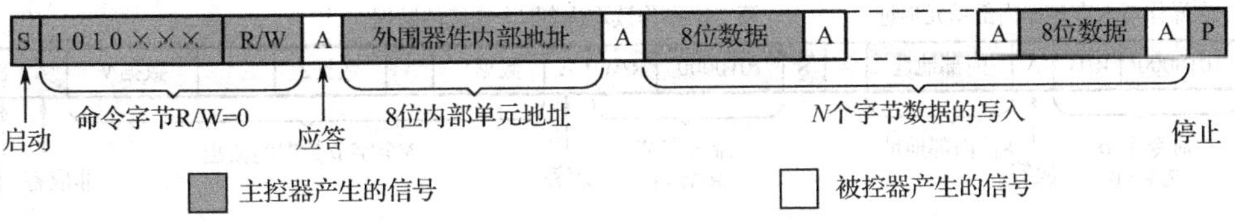

| S | 1010××× | R/W | A | 外围器件内部地址 | A | 8位数据 | A | ... | A | 8位数据 | A | P |

启动　命令字节R/W=0　应答　8位内部单元地址　　　N个字节数据的写入　　　停止

■ 主控器产生的信号　　　　□ 被控器产生的信号

图A.1 N个字节数据写入的帧格式

;（2）带有内部单元地址的多字节读操作子程序 RDNBYT
;***
;通用的 I²C 总线通信子程序（多字节读操作）
;入口参数
;R7 字节数
;R0 目标数据块首地址
;R2 从器件内部子地址
;R3 器件地址（写），R4 器件地址（读）
;相关子程序 WRBYT、STOP、CACK、STA、MNACK
;***

```
RDNBYT: PUSH    PSW
        PUSH    ACC
RDADD1: LCALL   STA
        MOV     A,R3            ;取器件地址（写）
        LCALL   WRBYT           ;发送外围地址
        LCALL   CACK            ;检测外围器件的应答信号
        JB      F0,RDADD1       ;如果应答不正确返回
        MOV     A,R2            ;取内部地址
        LCALL   WRBYT           ;发送外围地址
        LCALL   CACK            ;检测外围器件的应答信号
        JB      F0,RDADD1       ;如果应答不正确返回
        LCALL   STA
        MOV     A,R4            ;取器件地址（读）
        LCALL   WRBYT           ;发送外围地址
        LCALL   CACK            ;检测外围器件的应答信号
        JB      F0,RDADD1       ;如果应答不正确返回
RDN:    LCALL   RDBYT
        MOV     @R0,A
        DJNZ    R7,ACK
        LCALL   MNACK
        LCALL   STOP
        POP     ACC
        POP     PSW
        RET
ACK:    LCALL   MACK
        INC     R0
        SJMP    RDN
```

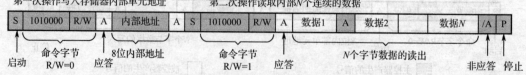

图 A.2　连续读取外围器件中 N 个字节数据的帧格式

;（3）I²C 总线各个信号子程序
;**
;   启动信号子程序 STA
;**
STA: SETB   SDA   ;启动信号 S
        SETB   SCL
        NOP   ;产生 4.7μs 延时
        NOP
        NOP
        NOP
        NOP
        CLR   SDA
        NOP   ;产生 4.7μs 延时
        NOP
        NOP
        NOP
        NOP
        CLR   SCL
        RET
;**
;   停止信号子程序 STOP
;**
STOP: CLR   SDA   ;停止信号 P
        SETB   SCL
        NOP   ;产生 4.7μs 延时
        NOP
        NOP
        NOP
        NOP
        SETB   SDA
        NOP   ;产生 4.7μs 延时
        NOP
        NOP
        NOP
        NOP
        RET
;**
;   应答信号子程序 MACK
;**
MACK: CLR   SDA   ;发送应答信号 ACK
        SETB   SCL
        NOP   ;产生 4.7μs 延时
        NOP
        NOP
        NOP

```
            NOP
            CLR     SCL
            SETB    SDA
            RET
;*********************************************************************
;                              非应答信号子程序 MNACK
;*********************************************************************
MNACK:      SETB    SDA         ;发送非应答信号 NACK
            SETB    SCL
            NOP                 ;产生 4.7μs 延时
            NOP
            NOP
            NOP
            NOP
            CLR     SCL
            CLR     SDA
            RET
;*********************************************************************
;                              应答位检测子程序 CACK
;*********************************************************************
CACK:       SETB    SDA         ;应答位检测子程序
            SETB    SCL
            CLR     F0
            MOV     C,SDA       ;采样 SDA
            JNC     CEND        ;应答正确时转 CEND
            SETB    F0          ;应答错误时 F0 置 1
CEND:       CLR     SCL
            RET
;*********************************************************************
;                              发送 1 个字节子程序 WRBYT
;*********************************************************************
WRBYT:      PUSH    06H
   MOV      R6,#08H             ;发送 1 个字节子程序
WLP:        RLC     A           ;入口参数 A
            MOV     SDA,C
            SETB    SCL
            NOP                 ;产生 4.7μs 延时
            NOP
            NOP
            NOP
            NOP
            JNB     SCL,$       ;时钟同步功能
            CLR     SCL
            DJNZ    R6,WLP
            POP     06H
```

```
                RET
;****************************************************************
;                       接收 1 个字节子程序 RDBYT
;****************************************************************
RDBYT:  PUSH    06H
        MOV     R6,#08H     ;接收 1 个字节子程序;出口参数 R2
RLP:    SETB    SDA
        SETB    SCL
        JNB     SCL,$       ;时钟同步
        MOV     C,SDA
        MOV     A,R2
        RLC     A
        MOV     R2,A
        CLR     SCL
        DJNZ    R6,RLP
        POP     06H
        RET
;****************************************************************
;
```

附录 B MCS-51 单片机指令系统一览表

表 B.1 数据传送类指令（28 条）

序号	助记符	指令功能	对标志位影响				操作码
			Cy	AC	OV	P	
1	MOV A,Rn	A←Rn	×	×	×	√	E8H~EFH
2	MOV A,direct	A←(direct)	×	×	×	√	E5H
3	MOV A,@Ri	A←(Ri)	×	×	×	√	E6H,E7H
4	MOV A,#data	A←data	×	×	×	√	74H
5	MOV Rn,A	Rn←A	×	×	×	×	F8H~FFH
6	MOV Rn,direct	Rn←(direct)	×	×	×	×	A8H~AFH
7	MOV Rn,#data	Rn←data	×	×	×	×	78H~7FH
8	MOV direct,A	direct←A	×	×	×	×	F5H
9	MOV direct,Rn	direct←Rn	×	×	×	×	88H~8FH
10	MOV direct1,direct2	direct1←(direct2)	×	×	×	×	85H
11	MOV direct,@Ri	direct←(Ri)	×	×	×	×	86H,87H
12	MOV direct,#data	direct←data	×	×	×	×	75H
13	MOV @Ri,A	(Ri)←A	×	×	×	×	F6H,F7H
14	MOV @Ri,direct	(Ri)←(direct)	×	×	×	×	A6H,A7H
15	MOV @Ri,#data	(Ri)←data	×	×	×	×	76H,77H
16	MOV DPTR,#data16	DPTR←data16	×	×	×	×	90H
17	MOVC A,@A+DPTR	A←(A+DPTR)	×	×	×	√	93H
18	MOVC A,@A+PC	A←(A+PC)	×	×	×	√	83H
19	MOVX A,@Ri	A←(Ri)	×	×	×	√	E2H,E3H
20	MOVX A,@DPTR	A←(DPTR)	×	×	×	√	E0H
21	MOVX @Ri,A	(Ri)←A	×	×	×	×	F2H,F3H
22	MOVX @DPTR,A	(DPTR)←A	×	×	×	×	F0H
23	PUSH direct	SP←SP+1,(direct)→(SP)	×	×	×	×	C0H
24	POP direct	direct←(SP),SP←SP-1	×	×	×	×	D0H
25	XCH A,Rn	A↔Rn	×	×	×	√	C8H,CFH
26	XCH A,direct	A↔(direct)	×	×	×	√	C5H
27	XCH A,@Ri	A↔(Ri)	×	×	×	√	C6H,C7H
28	XCHD A,@Ri	A3-0↔(Ri)3-0	×	×	×	√	D6H,D7H

表 B.2 算术运算指令（24 条）

序号	助记符	指令功能	Cy	AC	OV	P	操作码
1	ADD A,Rn	A←A+Rn	√	√	√	√	28H~2FH
2	ADD A,direct	A←A+(direct)	√	√	√	√	25H
3	ADD A,@Ri	A←A+(Ri)	√	√	√	√	26H,27H
4	ADD A,#data	A←A+data	√	√	√	√	24H
5	ADDC A,Rn	A←A+Rn+Cy	√	√	√	√	38H~3FH
6	ADDC A,direct	A←A+(direct)+Cy	√	√	√	√	35H
7	ADDC A,@Ri	A←A+(Ri)+Cy	√	√	√	√	36H,37H
8	ADDC A,#data	A←A+data+Cy	√	√	√	√	34H
9	SUBB A,Rn	A←A-Rn-Cy	√	√	√	√	98H~9FH
10	SUBB A,direct	A←A-(direct)-Cy	√	√	√	√	95H
11	SUBB A,@Ri	A←A-(Ri)-Cy	√	√	√	√	96H,97H
12	SUBB A,#data	A←A-data-Cy	√	√	√	√	94H
13	INC A	A←A+1	×	×	×	√	04H
14	INC Rn	Rn←Rn+1	×	×	×	×	08H~0FH
15	INC direct	direct←(direct)+1	×	×	×	×	05H
16	INC @Ri	(Ri)←(Ri)+1	×	×	×	×	06H,07H
17	INC DPTR	DPTR←DPTR+1	×	×	×	×	A3H
18	DEC A	A←A-1	×	×	×	√	14H
19	DEC Rn	Rn←Rn-1	×	×	×	×	18H~1FH
20	DEC direct	direct←(direct)-1	×	×	×	×	15H
21	DEC @Ri	(Ri)←(Ri)-1	×	×	×	×	16H,17H
22	MUL AB	BA←A*B	0	×	√	√	A4H
23	DIV AB	A÷B，商放在 A，余数放在 B	0	×	√	√	84H
24	DA A	对 A 进行 BCD 调整（紧跟在加法指令的后面）	√	√	√	√	D4H

表 B.3 逻辑运算和移位指令（25 条）

序号	助 记 符	指 令 功 能	对标志位影响				操作码
			Cy	AC	OV	P	
1	ANL A,Rn	A←A∧Rn	×	×	×	√	58H~5FH
2	ANL A,direct	A←A∧(direct)	×	×	×	√	55H
3	ANL A,@Ri	A←A∧(Ri)	×	×	×	√	56H,57H
4	ANL A,#data	A←A∧data	×	×	×	√	54H
5	ANL direct,A	direct←(direct)∧A	×	×	×	×	52H
6	ANL direct,#data	direct←(direct)∧data	×	×	×	×	53H
7	ORL A,Rn	A←A∨Rn	×	×	×	√	48H~4FH
8	ORL A,direct	A←A∨(direct)	×	×	×	√	45H
9	ORL A,@Ri	A←A∨(Ri)	×	×	×	√	46H,47H
10	ORL A,#data	A←A∨data	×	×	×	√	44H
11	ORL direct,A	direct←(direct)∨A	×	×	×	×	42H
12	ORL direct,#data	direct←(direct)∨data	×	×	×	×	43H
13	XRL A,Rn	A←A⊕Rn	×	×	×	√	68H~6FH
14	XRL A,direct	A←A⊕（direct）	×	×	×	√	65H
15	XRL A,@Ri	A←A⊕(Ri)	×	×	×	√	66H,67H
16	XRL A,#data	A←A⊕data	×	×	×	√	64H
17	XRL direct,A	direct←(direct)⊕A	×	×	×	×	62H
18	XRL direct,#data	direct←(direct)⊕data	×	×	×	×	63H
19	CLR A	A←0	×	×	×	√	E4H
20	CPL A	A←/A	×	×	×	×	F4H
21	RL A	累加器循环左移	×	×	×	×	23H
22	RR A	累加器循环右移	×	×	×	×	03H
23	RLC A	带 Cy 位的累加器循环左移	√	×	×	√	33H
24	RRC A	带 Cy 位的累加器循环右移	√	×	×	√	13H
25	SWAP A	累加器低 4 位与高 4 位交换	×	×	×	×	C4H

表 B.4 控制转移指令（17 条）

序号	助记符	指令功能	Cy	AC	OV	P	操作码
1	AJMP addr11	PC10-PC0←addr11（2KB 范围以内的跳转）	×	×	×	×	&0（注）
2	LJMP addr16	PC←addr16	×	×	×	×	02H
3	SJMP rel	PC←PC+2+rel	×	×	×	×	80H
4	JMP @A+DPTR	PC←(A+DPTR)	×	×	×	×	73H
5	JZ rel	若 A=0，则 PC←PC+2+rel 若 A≠0，则 PC←PC+2	×	×	×	×	60H
6	JNZ rel	若 A≠0，则 PC←PC+2+rel 若 A=0，则 PC←PC+2	×	×	×	×	70H
7	CJNE A,direct,rel	若 A≠(direct)，则 PC←PC+3+rel 若 A =(direct)，则 PC←PC+3 若 A≥(direct)，则 Cy=0;否则 Cy=1	√	×	×	×	B5H
8	CJNE A,#data,rel	若 A≠data，则 PC←PC+3+rel 若 A =data，则 PC←PC+3 若 A≥data，则 Cy=0;否则 Cy=1	√	×	×	×	B4H
9	CJNE Rn,#data,rel	若 Rn≠data，则 PC←PC+3+rel 若 Rn =data，则 PC←PC+3 若 Rn≥data，则 Cy=0;否则 Cy=1	√	×	×	×	B8H~BFH
10	CJNE @Ri,#data,rel	若(Ri)≠data，则 PC←PC+3+rel 若(Ri) =data，则 PC←PC+3 若(Ri)≥data，则 Cy=0;否则 Cy=1	√	×	×	×	B6H,B7H
11	DJNZ Rn,rel	Rn-1→Rn，若 Rn≠0，PC←PC+2+rel 若 Rn=0 则 PC←PC+2	×	×	×	×	D8H~DFH
12	DJNZ direct,rel	(direct)-1→direct 若(direct)≠0，PC←PC+3+rel 若(direct)=0，则 PC←PC+3	×	×	×	×	D5H
13	ACALL addr11	PC←PC+2 SP←SP+1，(SP)←PCL SP←SP+1，(SP)←PCH PC10-0←addr11 （2KB 范围以内的调用）	×	×	×	×	&1（注）
14	LCALL addr16	PC←PC+3 SP←SP+1，(SP)←PCL SP←SP+1，(SP)←PCH PC←addr16	×	×	×	×	12H
15	RET	PCH←(SP)，SP←SP-1 PCL←(SP)，SP←SP-1	×	×	×	×	22H
16	RETI	PCH←(SP)，SP←SP-1 PCL←(SP)，SP←SP-1（清除优先级 flag）	×	×	×	×	32H
17	NOP	PC←PC+1	×	×	×	×	00H

注：&0 为二进制指令代码，（高字节）a10,a9,a8, 0, 0, 0, 0, 1,（低字节）a7,a6,a5,a4,a3,a2,a1,a0

&1 为二进制指令代码，（高字节）a10,a9,a8, 0, 0, 0, 0, 1,（低字节）a7,a6,a5,a4,a3,a2,a1,a0

表 B.5 位操作指令（17 条）

序号	助记符	指令功能	对标志位影响				操作码
			Cy	AC	OV	P	
1	CLR C	Cy←0	√	×	×	×	C3H
2	CLR bit	bit←0	×	×	×	×	C2H
3	SETB C	Cy←1	√	×	×	×	D3H
4	SETB bit	bit←1	×	×	×	×	D2H
5	CPL C	Cy←/Cy	√	×	×	×	B3H
6	CPL bit	Cy←/(bit)	×	×	×	×	B2H
7	ANL C,bit	Cy←Cy∧(bit)	√	×	×	×	82H
8	ANL C,/bit	Cy←Cy∧/(bit)	√	×	×	×	B0H
9	ORL C,bit	Cy←Cy∨(bit)	√	×	×	×	72H
10	ORL C,/bit	Cy←Cy∨/(bit)	√	×	×	×	A0H
11	MOV C,bit	Cy←(bit)	√	×	×	×	A2H
12	MOV bit,C	bit←Cy	×	×	×	×	92H
13	JC rel	若 Cy=1，则 PC←PC+2+rel 若 Cy=0，则 PC←PC+2	×	×	×	×	40H
14	JNC rel	若 Cy =0，则 PC←PC+2+rel 若 Cy =1，则 PC←PC+2	×	×	×	×	50H
15	JB bit,rel	若(bit)=1，则 PC←PC+3+rel 若(bit)=0，则 PC←PC+3	×	×	×	×	20H
16	JNB bit,rel	若(bit)=0，则 PC←PC+3+rel 若(bit)=1，则 PC←PC+3	×	×	×	×	30H
17	JBC bit,rel	若(bit)=1，则 PC←PC+3+rel 且 bit←0 若(bit)=0，则 PC←PC+3	×	×	×	×	10H

附录 C 综合设计报告书样板示例

单片机综合设计题目及要求

（一）题目：单片机自动报时系统

在实际工作中经常会用到报时控制系统，如工厂、学校的作息时间。根据人为指定的方式在不同的时间输出一个或几个信号来控制相应执行机构，完成不同的操作。例如，报时、打铃、播放音乐等。

（二）系统功能要求

1. 显示功能
- 时间显示功能：用 8 位数码管显示时、分、秒。
- 可以通过键盘来设定当前时间（时、分、秒）和用户的作息时间表。

2. 控制功能

使用蜂鸣器和 2 个 LED 指示灯（L1、L2）来实现作息时间表的控制操作。
- 08:00 开始工作。蜂鸣器响、L1 亮，2s 后各自关闭。
- 11:30 午休。蜂鸣器响、L1 亮，2s 后各自关闭，L2 亮，1h 后熄灭。
- 12:30 下午工作开始。蜂鸣器响、L1 亮，2s 后各自关闭，L2 灭。
- 17:00 下班。蜂鸣器响、L1 亮，5s 后各自关闭。

（三）硬件组成

1. 调试环境

以 AT89C51 为核心，利用实验台上的对应模块，采用"在线仿真、调试"的模式实现上述功能。

2. 相关的外围器件
- 具有 I^2C 总线接口的键盘扫描、动态显示驱动芯片 ZLG7290B。
- 具有 I^2C 总线接口的低功耗日历芯片 PCF8563T 等。

3. 参考电路

综合设计的参考电路见图 C.1。

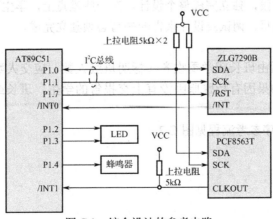

图 C.1 综合设计的参考电路

(四)设计步骤

(1) 根据设计任务、设计程序的流程图,采用模块化的设计思想,将整个设计任务模块化、分步完成。

(2) 对单片机的存储单元进行分配,以满足各个程序模块的需求并做到存储资源的优化、合理的应用。

(3) 整个程序的设计可分为4个步骤:
① 电子表的设计;
② 加入键盘按键修改时间功能;
③ 加入报时功能(可以做成子程序结构并调用);
④ 修改报时时间。

(五)设计报告的内容

1. 设计题目
2. 系统的功能及使用方法
3. 单片机的资源分配
- 存储资源的分配(各个变量、数据块的存储单元地址、存储数据的定义)。
- 各个子程序的说明(标号地址、入口和出口参数、实现的功能)。
4. 程序的流程图
- 主程序的流程图。
- 几个主要的子程序的流程图。
- 相关的中断服务程序流程图。
5. 程序清单要求
- 按列整齐排列。
- 关键的地方要有中文注释。
6. 整个单片机实验的体会和建议

(六)设计及报告的要求

- 运用各种调试手段,独立完成整个设计。在一些难点上,学生可以就方法问题互相研究,但程序的编写、调试及设计报告的书写必须独立完成。
- 使用 A4 纸打印。
- 设计验收一周后由班长或学委收齐(标明班级人数、应交人数和实交人数)统一上交到办公室。如果因有特殊原因没有上交报告的学生,班长或学委应标明名单和联系电话。

键值处理中断子程序参考流程见图 C.2。

附录C 综合设计报告书样板示例

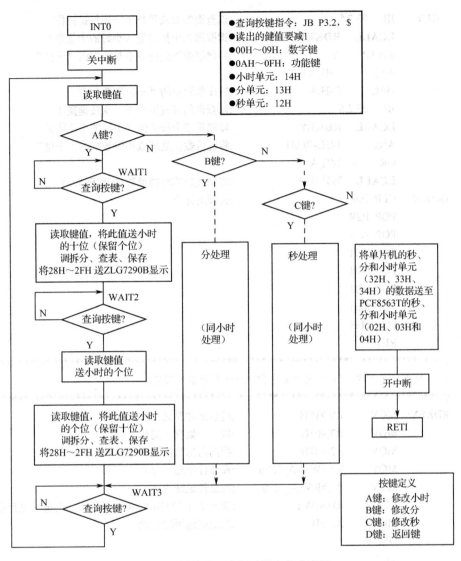

图 C.2 键值处理中断子程序参考流程

;***
; 键盘修改小时时间中断服务子程序 INT_7290（出口参数——14H 单元）
;***
INT_7290: PUSH   00H
          PUSH   02H
          PUSH   03H
          PUSH   04H
          PUSH   07H
          PUSH   ACC
          PUSH   PSW
          LCALL   RDKEY   ;读取第一个按键值（功能键）
          CJNE   A,#0AH,DOWN   ;判断是否为 A 键，不是返回
                                 ;是 A 键就开始处理小时数据

283

单片机原理实验教程

```
        AKEY:   JB      P3.2,$              ;以查询的方式等待下一次按键操作
                LCALL   RDKEY               ;读取第二个按键值（小时的十位数）
                SWAP    A                   ;将键值数据处理成小时数据的"十位"
                ANL     14H,#0FH
                ORL     14H,A               ;14H 单元中的"十位"数生成
                JB      P3.2,$              ;以查询的方式等待下一次按键操作
                LCALL   RDKEY               ;读取第三个按键值（小时的个位数）
                ANL     14H,#0F0H           ;将键值数据处理成小时数据的"个位"
                ORL     14H,A
                LCALL   WR8563              ;将修改后的时间参数送 PCF8563T
        DOWN:   CLR     IE0                 ;必须清标志
                POP     PSW
                POP     ACC
                POP     07H
                POP     04H
                POP     03H
                POP     02H
                POP     00H
                RETI
;*********************************************************************
;       读键值子程序 （出口参数累加器 A——获取到的键值）
;*********************************************************************
        RDKEY:  MOV     R0,#1FH             ;键值缓冲单元
                MOV     R7,#01H             ;取一个数据（键值）
                MOV     R2,#01H             ;指向内部数据键值寄存器地址
                MOV     R3,#WSLA_7290       ;取器件地址（写）
                MOV     R4,#RSLA_7290       ;取器件地址（读）
                LCALL   RDNBYT              ;读出 ZLG7290B 的 01H 单元中的键值（见附录 A）
                MOV     A,1FH               ;取键值送缓冲单元
                DEC     A
                RET
;*********************************************************************
;       向日历芯片写入时间参数子程序
;将 RAM 的 10H～1DH 中的时间参数（含控制字）写入芯片的 00H～0DH 单元
;*********************************************************************
        WR8563: MOV     R7,#0EH             ;写入参数个数（时间和控制字）
                MOV     R0,#10H             ;参数和控制命令缓冲区首地址
                MOV     R2,#00H             ;从器件内部从地址
                MOV     R3,#WSLA_8563       ;准备向 PCF8563T 写入数据串
                LCALL   WRNBYT              ;写入时间、控制命令到 PCF8563T
                RET
;*********************************************************************
```

附录 D 虚实结合远程实验平台使用说明

南京润众远程实验室管理系统使用指南

D1 系统概述

本系统是南京润众科技有限公司开发的用于实现远程管理、远程操作实验设备的一套实验室管理系统，其支持用户管理、课程管理、实验配置、远程实验、课件编辑与查看、实验报告提交与批改等功能。使用本系统时务必使用谷歌、火狐等支持 HTML5 技术的浏览器，360、腾讯、搜狗等浏览器请使用极速/高速模式，计算机分辨率最好在 1600 像素×900 像素以上。

D2 使用流程

首先系统安装后会提供一个管理员账号，管理员可以管理服务器内的一切事务。

管理员在配置系统内的开课学期、用户账户、部门分组、实验室信息、实验室设备这些基本信息后，可以让各级用户自行登录添加必要的业务功能，也可以由管理员逐一添加。

教师用户在管理员分配账户后可以设置课程基本信息、实验基本信息、修改实验内容、安排各学期开课情况、分配上课学生、发布实验信息、安排实验时间、指定实验学生。

学生用户在管理员分配账户且有教师指派实验课程后，可以进入系统查看实验时间、进行实验时间选择、进行实验预习和复习、进行实验操作、提交实验报告，等待任课教师批改完成后可以查看实验报告成绩。

D3 功能详述

D3.1 用户的登录

用户使用本系统时，管理员要先给用户分配登录账号，分配完成后用户可以通过浏览器访问系统（如打开 www.vsimlab.com:8008/web），输入用户名和密码后进入功能界面，该界面左侧有浏览器下载地址，支持用户自己注册，见图 D.1。

图 D.1 登录界面

D3.2 功能界面

功能界面见图 D.2。

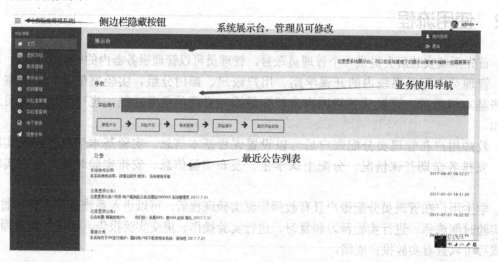

图 D.2 功能界面

D3.3 实验内容

系统将实验课件内容分为 3 类：预习课件、实验课件和复习课件。

1. 当实验时间有限制时

在实验时间前用户可以在远程实验中查看预习课件；在实验时间内用户可以通过远程实验进入实验课件进行实验操作；在实验时间后用户可以查看复习课件内容。

2. 当实验时间无限制时

用户可以在本学期内随时通过远程实验查看任意课件内容，进行实验操作。

D3.4 实验操作

用户在选好实验时间后可以在实验时间内进入实验操作。在功能菜单中单击"远程实验"下的"单片机实验"选项，见图 D.3。

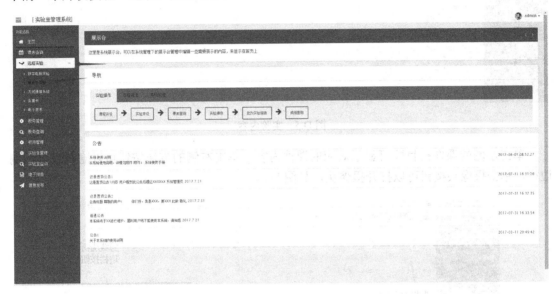

图 D.3 进入实验操作

进入实验信息列表，表中列出当前可以进行的实验，见图 D.4。其中实验类别分为分时实验、统一实验和自由实验。

分时实验是指定学生分时间段进行实验，不在时间段内只能查看预习或复习内容。

统一实验是指定学生在同一时间段内进行实验。

自由实验是指定学生在当前学期内进行实验。

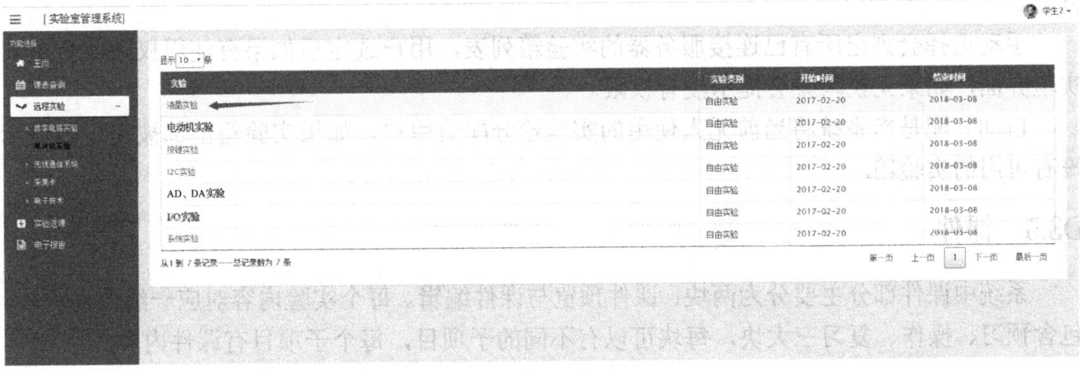

图 D.4 实验信息列表

单击实验名称即可进入实验内容，见图 D.5。

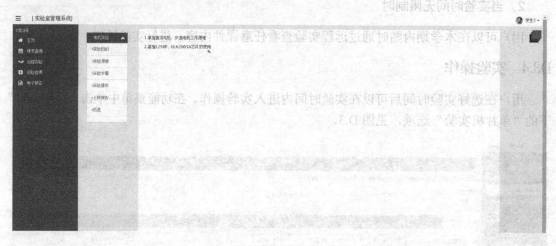

图 D.5　实验内容

单击左侧的课件栏目即可显示对应的课件内容，单击右侧的方块按钮可以隐藏或显示侧边栏，单击摄像头按钮可以打开摄像头，见图 D.6。

图 D.6　实验操作

如果在实验操作过程中使用实验箱，则系统提供两种实验箱分配方式：手动选择和自动分配。

手动选择会列出所有已连接服务器的实验箱列表，用户选定后如果有使用权限就会进入实验界面，如果无权限就会提示没有权限。

自动分配是指系统将当前无人使用的实验箱分配给用户，如果实验箱全部被使用则提示没有可用的实验箱。

D3.5　课件

系统中课件部分主要分为两块：课件预览与课件编辑。每个实验内容对应一组课件内容，包含预习、操作、复习三大块，每块可以有不同的子项目，每个子项目有课件内容。

1. 课件预览

单击左侧功能菜单的"课件查看"选项后可以进行课件预览,单击不同的课件类型,可以查看对应的可见内容,之后选择课件对应的课程、实验项目、课件栏目,即可显示出课件内容,见图 D.7。

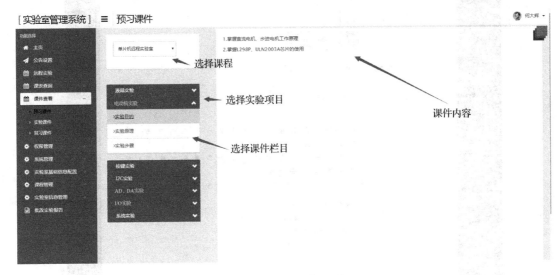

图 D.7 预习课件界面

2. 课件编辑

在左侧的功能菜单中单击"课程管理"下的"课件管理"选项,在右侧的实验项目列表中找到需要编辑的实验项目,见图 D.8。

图 D.8 课件管理界面

单击操作栏的按钮,在弹出的对话框中可以编辑可见的具体信息,栏目可以在此进行添加，用于区分课件具体内容，访问方式分为 3 种。

（1）自定义内容：在下方编辑框中编写内容并直接显示在界面上，可以编写文字、上传图片、上传附件等，见图 D.9。

图 D.9　自定义内容界面

（2）引用界面：将网络上的其他网页资源（访问路径写在下方）嵌入本系统的网页中进行显示，见图 D.10。

图 D.10　引用界面

（3）跳转界面：在进入此实验课件时会弹出新页面并打开下方路径所指向的网络资源，见图 D.11。

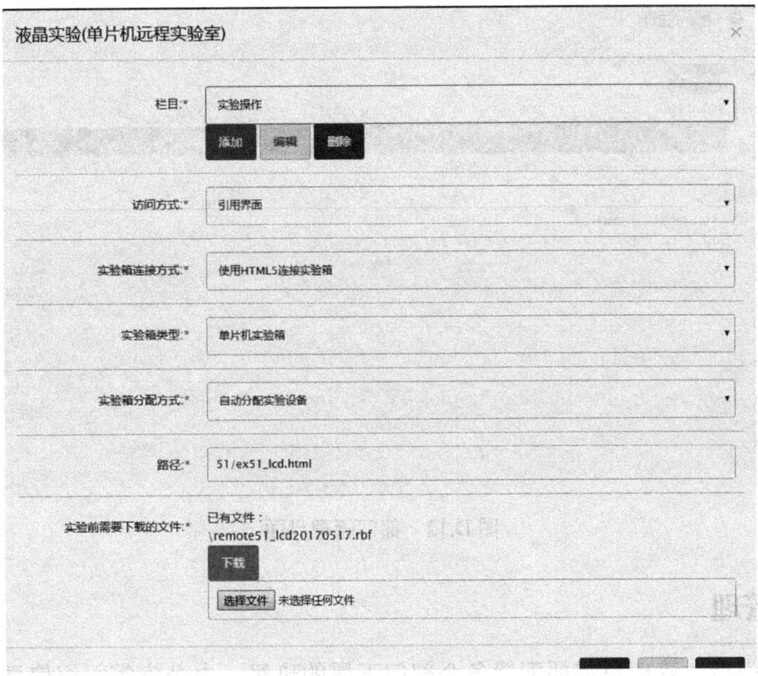

附录D 虚实结合远程实验平台使用说明

图 D.11 跳转界面

实验箱连接方式可以设置当前实验课件是否会由系统自动分配实验箱并调用实验箱的相关结构获取数据，此处分为 3 种。

① 不使用实验箱：表示当前课件不需要实验箱。

② 使用 HTML5 连接实验箱：表示使用最新的 HTML5 技术连接控制实验箱（此处需要课件支持）。

③ 使用其他方式连接实验箱：表示使用其他连接技术连接实验箱（此处需要课件支持，通常不使用此方法）。

选择使用实验箱后会出现实验箱类型，系统会在进行实验时根据系统配置的实验箱类型来分配实验箱，当前支持的实验箱类型为单片机实验箱、远程无线实验箱、NI RIO 采集实验模块。

实验箱分配方式分为自动分配和手动选择两种。

自动分配是指用户进入实验室，系统会自动分配实验箱，每次使用的实验箱是不确定的，并且实验箱遵循先来先得、后到等待的原则。

手动选择是指用户在实验时手动选择要使用的实验箱（以实验箱编号为准），教师用户可以抢占他人的实验箱，学生用户不可抢占他人的实验箱。

实验前需要下载的文件是单片机实验箱硬件设备的需要，每次实验前需要下载预设文件，此处是预设文件上传接口。

D3.6 部门管理

在系统使用过程中，管理员需要设置系统内所包含的部门信息，见图 D.12。

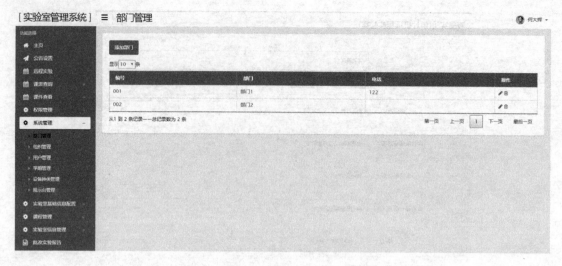

图 D.12　部门管理界面

D3.7　组织管理

配置好部门后，管理员需要配置各个部门下属的班级、办公室等组织信息，所有人员理应有归属的组织单位，见图 D.13。

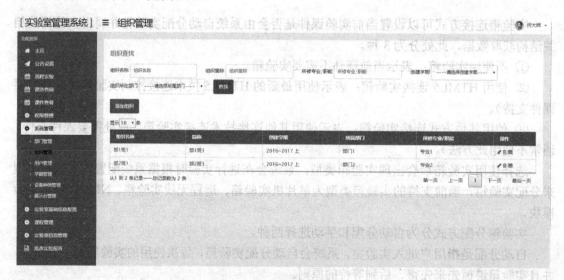

图 D.13　组织管理界面

D3.8　学期管理

每学期开始，管理员都需要将当前学期录入系统，并且配置正确的起止时间，见图 D.14。

附录D 虚实结合远程实验平台使用说明

图 D.14 学期管理界面

D3.9 用户管理

每学期,管理员需要将用户信息录入系统,每个用户理应有归属的部门、组织单位,以及用户的编号、校园卡号,管理员可以在此处复位用户密码(将登录密码设置为用户编号),见图 D.15。

图 D.15 用户管理界面

D3.10 展示台管理

管理员可以配置系统首页中展示台上显示框内显示的内容,展示台可以有多个页面循环播放,其编辑方式与课件相同,见图 D.16。

293

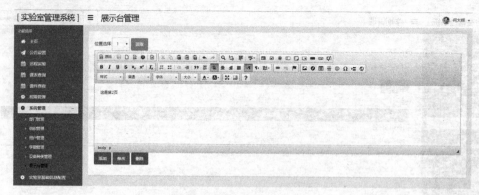

图 D.16 展示台管理界面

D3.11 权限管理

权限管理中的角色管理、菜单管理、资源管理不建议用户改动,见图 D.17。

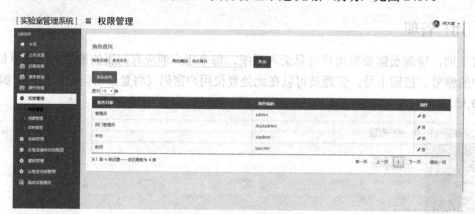

图 D.17 权限管理界面

D3.12 公告设置

管理员或教师可以在系统中发布公告,其编辑方式与课件、展示台相同,可以对某几个公告进行置顶操作,见图 D.18。

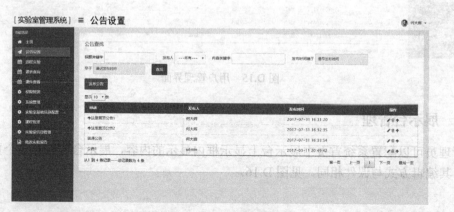

图 D.18 公告设置界面

D3.13 实验室管理

管理员可以配置实验室的基本信息，见图 D.19。

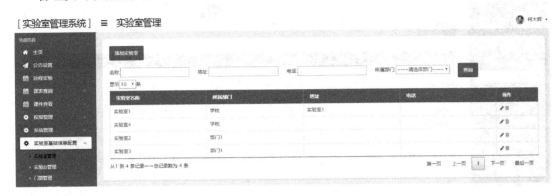

图 D.19　实验室管理界面

D3.14 课程管理

管理员或教师在教学大纲定出后需要在系统中配置课程和实验项目，课程信息管理用于保存教学大纲中课程的基本信息，见图 D.20。

图 D.20　课程信息管理界面

实验项目管理用于保存教学大纲中指定要开设的实验课程，包含实验的开设顺序，见图 D.21。

开课管理是每学期开始前管理员或教师需要输入当前学期实验开设的基本信息，其中包含任课教师、开课部门等，单击操作栏的 ≡ 图标可以配置上课学生名单，见图 D.22。

图 D.21　实验项目管理界面

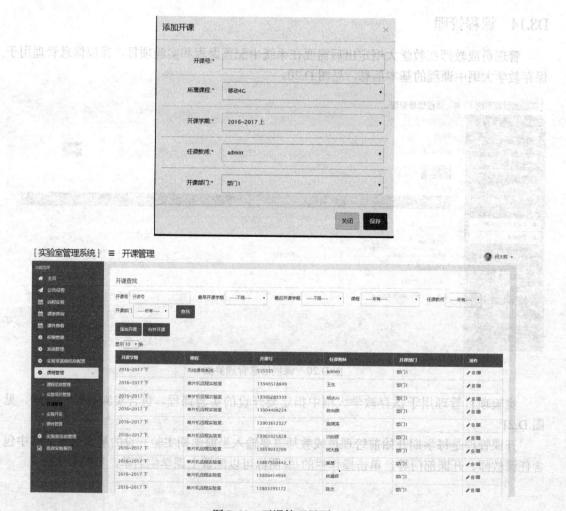

图 D.22　开课管理界面

添加学生可以通过树状结构进行，见图 D.23。

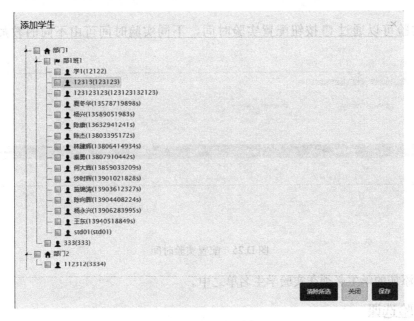

图 D.23　添加学生

实验开设用于配置当前学期的实验开设情况（见图 D.24），实验名单与上课名单互相独立，管理员可以自由添加或移除实验人员，教师或管理员需要手动开设实验，学生才能进行对应的实验操作，实验类型分为 3 种。

图 D.24　实验开设界面

自由实验：当前学期任意时间均可实验操作、查看实验课件。
统一实验：所有用户必须在同一时间内进行实验操作。
分组实验：教师将用户分为多个实验小组，各小组在不同的时间段内进行实验，学生可以选择自己喜欢的小组进行实验，选择实验小组有时间限制，超时后只有教师才能修改实验名单。

分组实验可以通过 ◎ 按钮配置实验时间，不同实验时间可由不同的教师带领，见图 D.25。

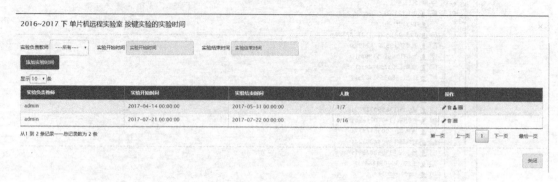

图 D.25　配置实验时间

在此处添加的学生必须在实验学生名单之中。

D3.15　实验选课

学生用户通过实验选课界面选择自己喜欢的实验时间进行实验，见图 D.26。

图 D.26　实验选课界面

选课成功后可以查看选课信息，见图 D.27。

附录D 虚实结合远程实验平台使用说明

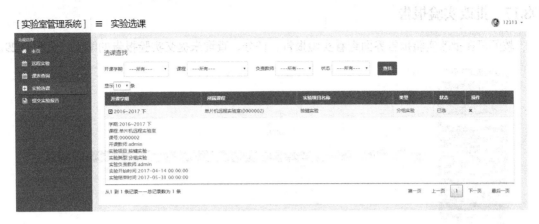

图 D.27　选课信息

D3.16　提交实验报告

学生用户可以在提交实验报告界面提交实验报告，系统支持上传文件或直接在网页上编写，上传并被教师批改后可在此处查看评分，见图 D.28。

图 D.28　提交实验报告界面

299

D3.17 批改实验报告

教师可在批改实验报告界面查看实验报告、评分、查询未提交实验报告的学生,见图 D.29。

图 D.29 批改实验报告界面

D4 单片机实验使用说明

当前可以进行的实验项目包括液晶实验、电动机实验、按键实验、AD DA 实验、I/O 实验，见图 D.30。

图 D.30 实验课件预览

（1）单击实验课件后出现硬件初始化界面（见图 D.31），等待硬件初始化完成。

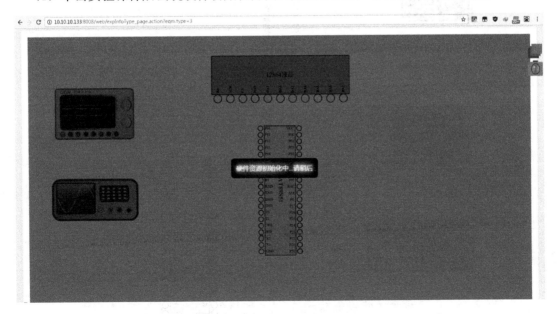

图 D.31 硬件初始化界面

（2）该界面上包含单片机、液晶接口、逻辑分析仪和示波器，见图 D.32。

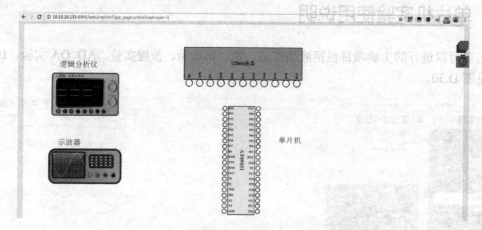

图 D.32　包含的硬件

（3）用户可以从单片机的引脚连线到液晶接口，见图 D.33。

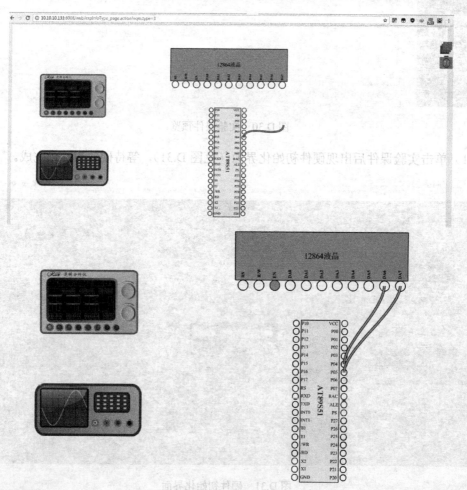

图 D.33　连线

附录D 虚实结合远程实验平台使用说明

（4）可以单击 AT89S51 下载预先编写好的程序（连线需要与下载的程序对应），见图 D.34。

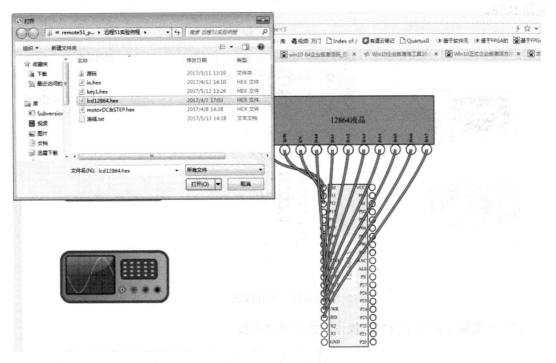

图 D.34　下载程序

（5）等待下载完成后查看实验结果，见图 D.35。

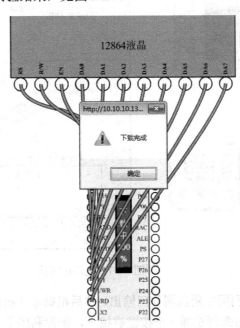

图 D.35　实验结果

303

（6）单击右侧的方块按钮可以返回菜单界面，单击摄像头按钮可以打开摄像头（另配），见图 D.36。

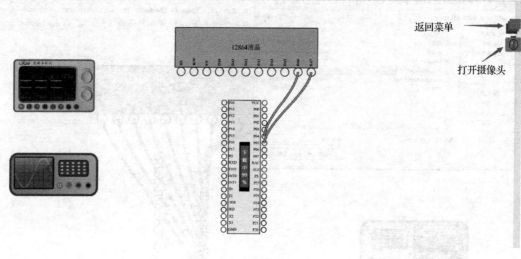

图 D.36 操作按钮

（7）电动机实验见图 D.37，操作方式同液晶实验。

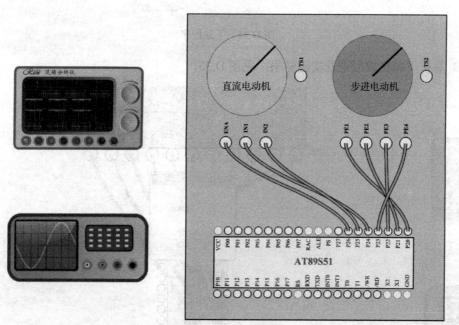

图 D.37 电动机实验

（8）按键实验是利用中断监测与门输出，然后根据单片机对 4 个 IN 接口输出不同电平时 4 个 OUT 电平的状态来判断哪一个按键被按下，例程利用了 LED 显示单片机检测到被按下的引脚，按键可以控制开闭。图 D.38 演示了 K11 被按下后 LED 显示的结果。

附录D 虚实结合远程实验平台使用说明

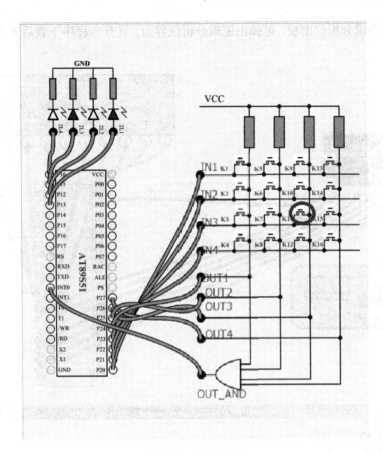

图 D.38　按键实验

（9）I/O 实验逻辑分析仪可以从它的引脚引出，连接到单片机的引脚上查看输出的波形，见图 D.39。例程实现的逻辑是 {P1=0; P2=P0; P1=0XFF;}。

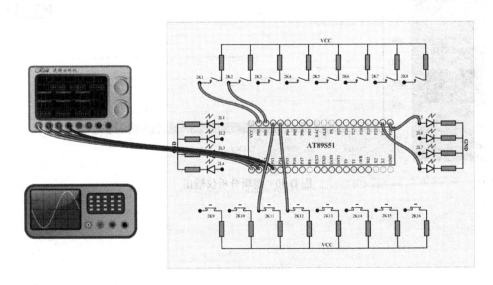

图 D.39　I/O 实验

305

（10）单击逻辑分析仪面板，可弹出逻辑分析仪界面，只有当程序下载后才会有波形输出，见图 D.40。

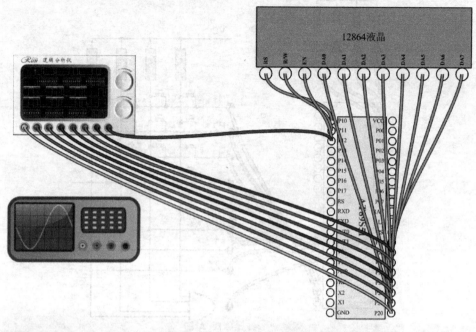

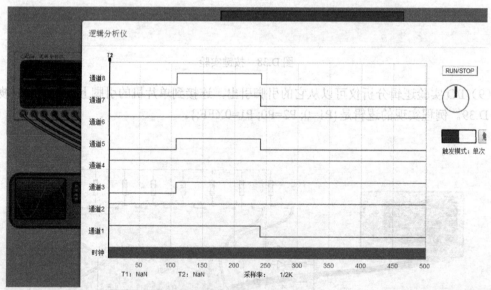

图 D.40 逻辑分析仪输出

参考文献

[1] 胡汉才. 单片机原理及其接口技术[M]. 北京：清华大学出版社，2010.
[2] 周立功. 单片及实验与实践教程（三）[M]. 北京：北京航空航天大学出版社，2006.
[3] 王幸之. AT89 系列单片机原理与接口技术[M]. 北京：北京航空航天大学出版社，2004.
[4] 李学海. PIC 单片机实用教程——提高篇（第 2 版）[M]. 北京：北京航空航天大学出版社，2007.
[5] 张萌. 单片及应用系统开发综合实例[M]. 北京：清华大学出版社，2007.
[6] 沙占友. 单片机外围电路设计（第 2 版）[M]. 北京：电子工业出版社，2006.
[7] 谭浩强. C 程序设计[M]. 北京：清华大学出版社，2014.
[8] 徐爱钧. Keil Cx51 V7.0 单片机高级语言编程与 μVision2 应用实践[M]. 北京：电子工业出版社，2004.
[9] 赵建领, 薛园园, 等. 51 单片机开发与应用技术详解[M]. 北京：电子工业出版社，2009.
[10] 刘同法, 等. 单片机外围接口电路与工程实践[M]. 北京：北京航空航天大学出版社，2009.
[11] 宋雪松, 李冬明, 崔长胜. 手把手教你学 51 单片机 C 语言版[M]. 北京：清华大学出版社，2014.
[12] 郭天祥. 新概念 51 单片机 C 语言教程：入门、提高、开发、拓展全攻略[M]. 北京：电子工业出版社，2009.

参考文献

[1] 张义文. 单片机原理及其接口技术[M]. 北京: 清华大学出版社, 2010.
[2] 杨文龙. 单片机原理及应用教程(二)[M]. 北京: 北京航空航天大学出版社, 2000.
[3] 王幸之. AT89系列单片机原理与接口技术[M]. 北京: 北京航空航天大学出版社, 2004.
[4] 李华等. PIC系列单片机实用指南使用——提高篇——提高篇(第2版)[M]. 北京: 北京航空航天大学出版社, 2002.
[5] 张毅刚. 单片机应用系统开发综合实例[M]. 北京: 清华大学出版社, 2007.
[6] 郑应忠. 单片机范围电路原理设计(第2版)[M]. 北京: 电子工业出版社, 2000.
[7] 谭浩强. C程序设计[M]. 北京: 清华大学出版社, 2014.
[8] 徐爱钧. Keil Cx51 V7.0 单片机高级语言编程与μVision2应用实例[M]. 北京: 电子工业出版社, 2004.
[9] 赵建领, 薛源国. 零基础学51单片机与应用技术详解[M]. 北京: 电子工业出版社, 2009.
[10] 刘同法. 等. 单片机C语言接口工程开发实例[M]. 北京: 北京航空航天大学出版社, 2009.
[11] 朱兆松, 李冬明, 林长圆. 手把手教你学51单片机C语言版[M]. 北京: 清华大学出版社, 2014.
[12] 郭天祥. 新概念51单片机C语言教程. 入门, 提高, 开发, 拓展全攻略[M]. 北京: 电子工业出版社, 2009.

反侵权盗版声明

电子工业出版社依法对本作品享有专有出版权。任何未经权利人书面许可，复制、销售或通过信息网络传播本作品的行为，歪曲、篡改、剽窃本作品的行为，均违反《中华人民共和国著作权法》，其行为人应承担相应的民事责任和行政责任，构成犯罪的，将被依法追究刑事责任。

为了维护市场秩序，保护权利人的合法权益，我社将依法查处和打击侵权盗版的单位和个人。欢迎社会各界人士积极举报侵权盗版行为，本社将奖励举报有功人员，并保证举报人的信息不被泄露。

举报电话：（010）88254396；（010）88258888
传　　真：（010）88254397
E-mail：　dbqq@phei.com.cn
通信地址：北京市海淀区万寿路173信箱
　　　　　电子工业出版社总编办公室
邮　　编：100036

反侵权盗版声明

电子工业出版社依法对本作品享有专有出版权。任何未经权利人书面许可,复制、销售或通过信息网络传播本作品的行为,歪曲、篡改、剽窃本作品的行为,均违反《中华人民共和国著作权法》,其行为人应承担相应的民事责任和行政责任,构成犯罪的,将被依法追究刑事责任。

为了维护市场秩序,保护权利人的合法权益,我社将依法查处和打击侵权盗版的单位和个人。欢迎社会各界人士积极举报侵权盗版行为,本社将奖励举报有功人员,并保证举报人的信息不被泄露。

举报电话: (010) 88254396; (010) 88258888
传　真: (010) 88254397
E-mail: dbqq@phei.com.cn
通信地址: 北京市海淀区万寿路 173 信箱
电子工业出版社总编办公室
邮　编: 100036